Gifte der Natur

Dr. Wesselin Denkow

Gifte der Natur

Aus dem Reich der Bakterien, Pflanzen, Pilze und Tiere

Bechtermünz

Genehmigte Lizenzausgabe für Weltbild Verlag GmbH, Augsburg

Umschlaggestaltung: Gestaltungsbüro Georg Lehmacher, Friedberg (Bayern)
Übersetzung aus dem Bulgarischen: Wilhelm Filipow
Gesamtherstellung: Offizin Andersen Nexö –
ein Betrieb der INTERDRUCK Graphischer Großbetrieb GmbH
Printed in Germany
ISBN 3-8289-1617-1

2004 2003 2002 2001
Die letzte Jahreszahl gibt
die aktuelle Lizenzausgabe an.

INHALT

1. Vorwort

Die Vielfalt und Vollkommenheit der lebenden Natur sind das Ergebnis einer langen Evolution. Im Laufe des viele Jahrhunderte währenden Evolutionsprozesses konnten sich nur jene Organismen behaupten, die sich ständig vervollkommnet und ihrer Umwelt angepaßt haben. Die Natur hat dafür „gesorgt", daß viele Organismen erstaunliche Abwehrmechanismen entwickelten (Giftapparat bei verschiedenen Tierarten, oft zusammen mit auffälliger Farbgebung, die Gefahr signalisiert, oder bitterer Geschmack und widerlicher Geruch bei vielen Pflanzenarten und Pilzen, die ebenfalls ein „Signal" für Giftigkeit darstellen). Auf diese Weise ist es ihnen gelungen, sich im kompromißlosen Existenzkampf zu behaupten. Organismen, die keine Abwehrmechanismen ausbildeten, waren zum Untergang verurteilt und sind von unserem Planeten verschwunden.

Im vorliegenden Buch sind die typischsten giftigen Vertreter einzelner Arten der Tier- und Pflanzenreiche vorgestellt und thematisch nach der Klassifizierung der Organismen von L. Margulis (1974) gruppiert:

I. Das Überreich Procaryota
1. Das Reich der Bakterien (Bacteria, Bacteriobiota)
2. Das Reich der Archaebakterien (Archaebacteria, Archaebacteriobiota)

II. Das Überreich Eukarioten (Eucaryota)
1. Das Reich der Pflanzen (Phytobiota, Plantae, Vegetabiota)
2. Das Reich der Pilze (Fungi, Mycobiota, Mycetalia, Mycota)
3. Das Reich der Tiere (Animalia, Zoobiota)

Es ist erstaunlich, daß in der Natur stark giftige Organismen in allen Pflanzen- und Tierreichen sowohl bei den Prokarioten als auch Eukarioten vorhanden sind. In diesem seinen Umfang hat das vorliegende Buch verständlicherweise keinen enzyklopädischen Charakter und erhebt auch keinen Anspruch auf absolute Vollständigkeit. In ihm sind vorwiegend die bekanntesten und von der modernen Wissenschaft am ausführlichsten untersuchten toxischen Organismen dargestellt, die schon im Altertum bis in unsere Zeit hinein als Mordwaffe aber auch in der Volksmedizin, und schließlich zur Herstellung effizienter Arzneimittel verwendet wurden und werden. Wir haben bei der Darstellung der Heileigenschaften giftiger

Pflanzen, Tiere und anderen Organismen bewußt auf die Anführung von Rezepten und Dosierung verzichtet, da die Gefahr einer Vergiftung auf der Hand liegt. Ihre diesbezügliche Verwendung kann nur unter ärztlicher Aufsicht erfolgen, da der schon im 16. Jahrhundert von Paracelsus formulierte Leitsatz – „Ob ein Stoff heilend oder giftig wirkt, hängt von der Dosis ab" –, auch heute noch gültig ist. Mit diesem Buch stellen wir uns eine bescheidene Aufgabe: das breite Leserpublikum über die in der Natur vorkommenden Gifte zu unterrichten, um dadurch unerwünschten Vorfällen mit schlimmen Folgen vorzubeugen, aber auch interessante Legenden und Fakten unter Berücksichtigung der gegenwärtigen wissenschaftlichen Erkenntnisse darzulegen.

Wir würden uns freuen, falls die im populärwissenschaftlichen Aspekt tretierten Fragen das Interesse einer breiten Leserschaft und bei Naturfreunden hervorrufen würde.

Abschließend möchten wir dem Verlag Wilhelm Ennsthaler für die Realisation unserer bescheidenen Arbeit danken.

Der Autor

2. Das Gift – seit Jahrhunderten „Waffe“ der Menschheit

Während der zahlreichen archäologischen Forschungen und Ausgrabungen in und um Höhlen – den ersten Behausungen unserer Urahnen – wurden Menschenknochen, Steinwerkzeuge, Tierzeichnungen und auch versteinerte Pflanzen und Früchte gefunden. Die Ergebnisse der Untersuchungen führten zur Schlußfolgerung, daß die Urmenschen sogar in jener fernen Epoche Kenntnisse über die Pflanzenwelt besaßen und zwischen giftigen und ungiftigen unterscheiden konnten. Instinktiv schützten sie sich vor Krankheiten – schleckten und saugten ihre Wunden aus, entfernten mechanisch lästige Parasiten von ihrem Körper und linderten ihre Schmerzen mit Hilfe überlieferter Erfahrungen. Den wachsamen Augen der Urmenschen entgingen die Verhaltensweisen kranker Tiere nicht, die nach dem Verzehr bestimmter Pflanzen gesundeten. So heißt es, zum Beispiel, in den uralten Legenden südamerikanischer Stämme, daß die Eingeborenen ihr Wissen vom Heileffekt des Chininbaumes den Pumas zu verdanken haben, weil sie beobachtet hatten, daß vom Fieber geschüttelte Tiere seine Rinde fraßen, wonach die Krankheit abflaute. In einer uralten arabischen Legende wiederum wird behauptet, daß die stimulierende Wirkung der Kaffeebohnen an Ziegen entdeckt wurde, die nach ihrem Verzehr in der nachfolgenden Nacht nicht eingeschlafen seien. Auf ähnliche Weise häuften sich Erfahrungen an, die die Heilung einiger Krankheiten mit bestimmten Kräutern und Früchten ermöglichten. Tausendjährige Erfahrungen lehrten unsere Urahnen, daß in der Natur auch viele, lebensgefährliche Giftpflanzen gedeihen. Die Behandlung mit ihnen führte oft zu ungewöhnlichen Zuständen – düstere seelische Verfassung oder Schläfrigkeit, Raserei, Wahnvorstellungen, Bewußtlosigkeit und Tod. Pflanzen, die solche Zustände hervorriefen, wurden als „geheimnisvoll und zauberhaft“ bezeichnet. Alle unerklärbaren Erscheinungen wurden mystisch verbrämt und mit bestimmten Ritualen begleitet. Man glaubte, daß sie unter dem Schutz böser Geister, Magier und Zauberer stehen.

Nach einem altgriechischen Mythos soll es im fernen Land Kolchis[1] einen zaubervollen Garten mit Heil- und Giftpflanzen gegeben haben. In diesem Land hätten bekannte Giftmischer des Altertums gelebt. Selbst Aites, der König von Kolchis, soll ein großer Magier, und seine Tochter Medea – Dienerin der Hektate, Göttin des Zaubers gewesen sein. Medea habe Pflanzen, insbesondere die giftigen in diesem Garten gekannt. Aus ihnen soll sie giftige Salben und „wunderwirkende" Mixturen zubereitet haben.

In den Schriften altgriechischer Gelehrter und Dichter werden ebenfalls, an Giftpflanzen und Heilkräutern reiche Länder erwähnt. Der altgriechische Dichter Homer schreibt schon im 9. Jahrhundert v. u. Z., daß in Ägypten „viele Heilkräuter (gute) und Giftpflanzen (böse) wachsen". Nach dem griechischen Gelehrten Theoprastos (372–287 v. u. Z.) sei auch Etrurien ein solches Land (später Toskana – Mittelitalien). Die mit Giftpflanzen verbundenen Überlieferungen und Legenden sind Quellen verschiedener, bis heute in der Lebensart vieler Völker erhaltenen Riten. Schon seit Jahrhunderten verwenden die Eingeborenen Neuguineas die einheimische Maraba-Pflanze im Zusammenhang mit bevorstehenden Feldzügen oder Jagden zu „Wahrsagungen". Auf der Insel Madagaskar wächst der giftige Tanein-Nußbaum. Eine seiner Früchte, obwohl nur von der Größe einer Mandel, reicht aus, um zwanzig Menschen zu vergiften. Die Eingeborenen glaubten, daß man mit dieser Nuß den Schuldigen aus dem Kreis der Verdächtigen folgendermaßen selektionieren kann: Alle Verdächtigen mußten etwas von der giftigen Nuß in der Erwartung verzehren, daß der Schuldige sterben würde, wonach man die am Leben gebliebenen Verdächtigen freisprach.

Seit dem Altertum wird auf Haiti ein interessantes Ritual gepflegt, das von Neger-Sklaven aus Benin eingeführt sein soll. In die Nahrung des gewählten Opfers mischte man das Gift einer Fischart mit stark nervenparalytischer Wirkung. Einige Tage nach der Bestattung wurde das Opfer ausgegraben und wieder belebt. Das Experiment gelangt zwar, aber das Opfer konnte nie wieder sein Bewußtsein völlig wiederherstellen.

Für die Völker des Altertums waren die Heileigenschaften der Pflanzen übernatürlichen Wesens. Die Behandlung mit Heilkräutern wurde nur von Priestern, Magiern und Schamanen vorgenommen. Die Diener der Götter gaben ihre Kennt-

1) Sklavenhalterstaat am Schwarzen Meer (7.–6. Jh. v. u. Z., heute Grusien), einst im Besitz der alten Griechen.

nisse über die Wirkung der verschiedenen Pflanzen auf den menschlichen Organismus nicht preis und führten sie auf übernatürliche Kräfte zurück. Die altägyptischen Priester, zum Beispiel, kannten die Wirkung der Mandragora-Früchte[2], die man aus Nubien einführte. Der Saft dieser Früchte führt zeitweilig zum Verlust des Sehvermögens. Priester, Magier und Schamanen nützten ihre Kenntnisse über die ihnen bekannten Giftpflanzen und Gifttiere während der kultischen Handlungen aus. Sie usurpierten das Recht zu heilen und mystifizierten die Heilmittel mit Hilfe religiöser Kulte. Die Medizin begann in der Sklavenhaltergesellschaft und in allen nachfolgenden Klassengesellschaften den Interessen der herrschenden Klasse zu dienen.

Die Schamanen waren Diener des mit animistischen Vorstellungen und Glauben an böse Geister verbundenen Kultes. Sie zelebrierten besondere Rituale im Trancezustand und nährten damit die Vorstellung, daß sie mit den Geistern kommunizierten. Schamanen hatten die Eskimos und Indianer in Nordamerika, die Indianer in Südamerika, die Völker Asiens und Afrikas.

Der Heileffekt oder die Toxizität der Pflanzen wurde in einigen Epochen von den herrschenden Klassen zur Festigung ihres Ansehens und ihrer Macht ausgenützt. Die Behandlung mit Heilkräutern, zusammen mit anderen Mitteln der Einflußnahme auf die Psyche (z.B. Zauberei), ging gänzlich in die Hände der Beschwörer über, die die treuesten Helfershelfer der damaligen Herrscher waren. Die unterdrückten Massen hatten eine äußerst primitive Weltanschauung und konnten spielend leicht manipuliert werden. Sogar die selbstbewußtesten Krieger horchten furchtergriffen auf die Zaubersprüche der Priester und tranken bangend von den ihnen gereichten Mixturen, die aufputschend wirkten, aber auch den Tod herbeiführen konnten. Selbst die Priester wurden Opfer magischer Denkweisen, die schon damals zu irrtümlichen Auffassungen führten und auch in später Zeit verbreitet blieben.

Mexikanische Priester, zum Beispiel, heiligten eine giftige Pilzart, die bei geringer Konsumation Halluzinationen hervorruft. Der Priester murmelte Zauberformeln und gab den im Kreis wartenden Mexikanern kleine Stücke von den „heiligen“ Pilzen. Vorerst fielen die Leute in Trance, tanzten, weinten oder lachten, dann schliefen sie entkräftet ein und träum-

2) Mittlerweile wurden in den Mandragora-Früchten die Alkaloide Atropin, Skopolamin und Hiosciamin nachgewiesen.

ten wunderbare Dinge, die mit ihrem tristen Alltag überhaupt nichts zu tun hatten. Sie wachten erschöpft auf und brauchten viel Zeit, um wieder Kräfte zu sammeln.

Eine ähnliche Wirkung erzielt eine Kaktusart, die in den sandigen und trockenen Gebieten Mexikos verbreitet ist. Die saftigen Blätterspitzen enthalten einen Giftstoff, der Halluzinationen und phantastische Träume hervorruft. Vor vielen Jahrunderten glaubte die örtliche Bevölkerung, daß dieser Kaktus einen ihrer zahlreichen Götter verkörpert. Sie pflückten die Blätter im Oktober und verzehrten dann kleine getrocknete Stücke. Bald verwandelten sich diese vollkommen gesunden Menschen in Geisteskranke. Der geplagte, rechtlose und getretene Mensch begann sich seelig und Herrscher über das Schicksal seiner Mitmenschen zu fühlen. Das Schlimme bestand aber darin, daß sie sich in ihren Phantasien und ephemerischen Wahnvorstellungen über ihre eigene Größe verstiegen, den Kontakt zur realen Umwelt völlig verloren und als Geistesgestörte verfrüht starben. Die alten Wikinger (Normannen), die Jütland und die skandinavische Halbinsel bevölkerten, stellten in Kriegszeiten Sonderscharen auf, die vor der Schlacht eine Art Giftpilze verzehrten oder eine aus ihnen zubereitete Mixtur tranken. Die toxische Reaktion fand in blutrot angelaufenen Gesichtern, hervorquellenden Augen und rasender Wut Ausdruck. Sie stürzten sich wie Berserker und mit tierischem Gebrüll in die Schlacht und zerstampften und metzelten alles nieder, was auf ihrem Weg lag. Daß viele dieser Krieger danach an Herzversagen starben, kümmerte keinen ihrer Heerführer.

Im alten China wurde zur Zeit der Han-Dynastie (3. Jh. v. u. Z.) ein Sondergesetz erlassen, in dem es wie folgt heißt: „Wenn der Fürst krank wird und Arzneien trinken muß, wird seinem ersten Minister die Hälfte der Arznei gegeben. Wenn ein Gast im Heim seines Gastgebers erkrankt, muß der älteste Sohn des Gastgebers von der Arznei einnehmen". Trotzdem wurde dieser Fürst im Alter von 34 Jahren vergiftet. Der chinesischen Medizin waren die Heileigenschaften und die Giftigkeit vieler Kräuter und Mineralien bekannt. Im ersten chinesischen Arzneibuch „Pen i'sao", das laut Überlieferung vom legendären Arzt Tschen Njung vor 5000 Jahren geschrieben worden sei, werden viele Heilmittel und Gifte aufgezählt. Obwohl die chinesischen Ärzte schon vor Jahrtausenden und auch danach die Gifte ausgezeichnet kannten, übertrieb man doch mit der Anwendung von Quecksilber, weil man glaubte, daß das Quecksilberoxid – Zinnober – Unsterblichkeit garantiert. Vier Kaiser der Tang-Dynastie waren derart auf Unsterblichkeit erpicht, daß sie nach übermäßiger Einnahme von Quecksilberpräparaten aus dem Leben schieden.

Es ist uns aus der Geschichte bekannt, daß Mithridates VI. Eupator, Herrscher des Königreiches Pontos (von 121–63 v. u. Z.), mit Gewalt den Thron bestieg und alle seine Verwandten und Konkurrenten hinrichten ließ, um zu verhindern, daß sie ihn stürzen. Trotzdem wurde er stets von Angst gebeutelt, man könnte ihn vergiften. Er persönlich und sein Hofarzt experimentierten mit zum Tode verurteilten Menschen, indem sie sie von verschiedenen Giftschlangen beißen ließen, um dann verschiedene Heilmethoden zu erproben. Bekannt ist auch, daß König Mithridates das von ihm und seinem Arzt zusammengemixte universale Gegengift aus 54 pflanzlichen, tierischen und mineralischen Substanzen (Opium, getrocknete und zerriebene Teile von Giftschlangen und Giftpflanzen u. a.) regelmäßig in geringen Dosen einnahm, um in seinem Organismus Immunität gegen alle möglichen Gifte zu entwickeln. Mit seinem Arzt faßte er die Ergebnisse dieser Experimente im Buch „Geheime Memoiren“ zusammen, das den Giften und Gegengiften gewidmet war und geheim gehalten wurde. Anno 66 v. u. Z. wurde dieses Buch vom römischen Heerführer Pompeius nach seinem Sieg über Mithridates entwendet und auf seinem Wunsch ins Lateinische übersetzt. Laut Überlieferung fiel dieses Experiment positiv aus. Ein Beweis dafür ist die Tatsache, daß er sich, nachdem er schließlich von den Römern besiegt worden und zu seinem Sohn Pharnakes geflüchtet war, der sich gegen ihn erhob, von einem Sklaven töten ließ, anstatt Gift zu nehmen.

Ihm zu Ehren nannte man später dieses Universal-Gegengift „Mithridatum“ und die Gewöhnung an Gifte – „Mithridatismus“. Auf Mithridatum-Basis wurde dann ein anderes Allheilmittel und Gegengift – „Theriak“ entwickelt, daß man im Laufe von Jahrhunderten bei Vergiftungen einnahm, obwohl es eher ein schmerzlinderndes und beruhigendes Mittel war.

Alle giftigen Tiere flößten schon in fernster Vergangenheit Grauen und Ehrfurcht ein. In den meisten Sippen der Urgesellschaft pflegte man den Kult an irgendeines dieser Tiere, weil man annahm, daß sie nicht nur die ganze Sippe sondern auch jedes einzelne ihrer Mitglieder schütze. Deshalb wurden Teile des Tieres als Talisman oder Amulett getragen, um Krankheiten abzuwehren. Sehr oft waren es Schlangen, weil man glaubte, daß sie Beschützer der Menschen seien und Krankheiten, Feinde und Naturgewalten bezwingen können.

Die Begegnung mit Schlangen rief beim Menschen spontan Furcht und Abscheu hervor. Diese Gefühle wurden und werden von alten Legenden und Mythen genährt, wonach Schlangen die dunklen Kräfte der Natur verkörpern. Es ist deshalb kein Zufall, daß die gemein gefährliche Schwarze Mamba von den Eingeborenen Afrikas schon immer „Schatten des Todes“, und die giftige Hornviper – „Ausgeburt der Hölle“, genannt wird. Die Indianer Amerikas nennen die Klapperschlange – „Donnerschlange“, und die Aborigines Australiens haben dem giftigen Reptil ihrer Heimat den Namen „Todesschlange“ gegeben.

Im alten Ägypten symbolisierte die Schlange den Tod, den man derart schreckenserregend und rätselhaft empfand, daß man sie auf Fresken darstellte und als Verkörperung der Macht auffaßte. Laut Überlieferung wachten die Schlangen über den ewigen Schlaf der Pharaone. Außerdem verkörperten sie den plötzlich und unabwendbar eintretenden Tod. Daß später gerade die Schlange zum Symbol der humanen Medizin erkoren wurde, klingt fast wie ein Paradoxon.

Die alten Griechen übernahmen von den Ägyptern die Verehrung der Schlange, deuteten sie allerdings als Symbol der Wahrsager und Propheten. In der altgriechischen Mythologie symbolisiert sie sowohl die Ahndung für begangene Sünden, die mit dem „Geboten der olympischen Götter“ unvereinbar waren als auch die Wiederkehr zum Leben im Jenseits.

Die Schlange erscheint in der Kunst der Etrusker (nichtindogermanisches Volk, 1. Jh. v. u. Z.), deren Religion Hoffnungen auf ein Leben im Jenseits nährte und Ängste vor Ahndung begangener Sünden und dem Jüngsten Gericht schürte.

Auch in der Mythologie anderer Völker trifft man Schlangen ebenfalls oft an. Die Götter dieser Völker sahen sie gern in ihrem Gefolge, da sie offensichtlich die von ihrem Aussehen ausgelöste Furcht schätzten.

Die ägyptische Kobra lenkte schon in fernster Vergangenheit, dank ihres starken Giftes und furchterregenden Aussehens, die Aufmerksamkeit des Menschen auf sich. Für die Ägypter war sie Symbol der Macht und deshalb zierte ihre plastische Darstellung die Kopfbedeckung der Pharaone. Ihr tödlicher Biß wurde als einfaches, sicheres und rasches Mittel für die Beförderung vom Leben zum Tod geschätzt. Man vertrat sogar die Meinung, daß man mit der Vollstreckung des Todesurteils durch Schlangenbiß dem Verurteilten eine „Gunst" erweist.

Die letzte Herrscherin des hellenistischen Ägyptens – die schöne und schlaue Kleopatra – verübte nach ihrer Niederlage bei Actium, die ihr von Octavianus, dem Enkel Julius Caesars zugefügt wurde, und nach dem Fall Alexandriens Selbstmord, um den Mißhandlungen seitens römischer Legionäre zu entgehen und nicht von Octavianus im Triumphzug schmachvoll nach Rom geführt zu werden. Sie ließ sich von ihrem Sklaven eine ägyptische Kobra bringen, die in einem Korb mit Feigen versteckt war. Am 15. August 30 v. u. Z. starb sie an ihrem Biß.

Voller Tragik ist die uns von Platon überlieferte Schilderung des Todes seines Lehrers Sokrates (ungefähr 469–399 v. u. Z.), den das Athener Gericht wegen angeblicher Verführung der Jugend, Leugnung der Staatsgötter und seiner Behauptung, daß die Tugend lehrbar sei, durch den Giftbecher zum Tode verurteilte. Im damaligen Griechenland war die Vollstreckung der Todesurteile mit Gift pflanzlicher Herkunft üblich. Für seine Schüler und Freunde war sein Tod ein schwerer Schlag. Viele von ihnen verlangten, daß er sich von seinen Lehren distanzieren soll, andere regten ihn zur Flucht nach Thessalien an. Sokrates aber ignorierte die Bitten seiner Schüler und leerte in ihrer Anwesenheit stoisch den Giftbecher. Der Überlieferung nach lauteten seine letzten Worte wie folgt: „Wir haben die Pflicht Asklepios einen Hahn zu opfern. Tut es sofort." Ungefähr zur selben Zeit und auf dieselbe Weise nahm sich der griechische Redner und Politiker Demostenes (384–322) das Leben. Er hatte seine ganze Tätigkeit und Beredsamkeit dem Kampf gegen die Eroberungspolitik des Philipp von Makedonien gewidmet. Nach dem Tod Alexander des Großen setzte er seine Beredsamkeit für die Sache der aufständischen Griechen ein, nahm aber wegen seiner fruchtlosen Bemühungen und um nicht in die Hände des makedonischen Heerführers Antipatros zu fallen, der die Erhebung der Griechen niedergeschlagen hatte, ebenfalls den Giftbecher.

Wir wissen aus der Geschichte, daß sich auch der berühmte karthagische Feldherr Hannibal (247–183 v. u. Z.), der während des 2. Punischen Krieges (218–201 v. u. Z.) mehrmals die Römer geschlagen und einen großen Teil Italiens erobert hatte, vergiftet hat. Als er aber anno 202 v. u. Z. vom römischen Feldherren Scipio bei Zama (Nordafrika) geschlagen wurde, verbarg er sich in einem kleinen Haus in der Stadt Libisa, das ihm von Prusias I., König des Kleinstaates Bithynien an der Südküste des Schwarzen Meeres geschenkt worden war. Anno 183 v. u. Z. wollte ihn Prusias I. den Römern ausliefern. Als diese in sein Haus eindrangen, schluckte Hannibal das in seinem Fingerring aufbewahrte Gift und sank seinen Feinden leblos in die Arme.

Die Giftmischerei hatte während der ganzen langjährigen mit unzähligen Giftmorden ausgefüllte Geschichte des Römischen Reiches ihre Blütezeit. Giftmorde oder Selbstmorde mit Gift wurden als „natürlich" empfunden und sogar von Plinius Secundus (23–79) in seine berühmte, 37 Bände starken „Historia naturalis" aufgenommen. Zu seiner Zeit galt in der römischen Gesellschaft der Selbstmord als einzig würdevoller Ausweg aus hoffnungslosen Situationen. Aus diesem Anlaß schrieb der kluge und scharfsinnige Beobachter folgenden Satz: „Die Natur hat Erbarmen mit dem Menschen und ihm verschiedene Tier- und Pflanzengifte geschenkt, die einen schmerzlosen Tod herbeiführen". Die Giftmischerei rückte im Römischen Reich sogar zu einem „ehrbaren" Beruf auf. Viele römische Kaiser oder ihre Konkurrenten kamen durch Gift ums Leben.

Der grausame Tiberius, Claudius Nero (42 v.u.Z. – 37), römischer Kaiser seit dem 17. September 14, Sohn der Livia Drusilla, Stiefsohn und Nachfolger des Kaisers Augustus, ließ seinen Adoptivsohn Julius Caesar Germancius vergiften, weil er sehr beliebt war und in Tiberius' Vorstellungen eine Gefahr für seinen Thron darstellte.

Kaiser Cajus Caesar Caligula (12–41), als einer der grausamsten, heimtückischsten und lasterhaftesten römischen Herrscher in die Geschichte eingegangen, befahl seiner streng sittsamen Großmutter Antonia (Tochter des Marcus Antonius und der Octavia – die Schwester Augustus) den Giftbecher auszutrinken, nur weil sie gegen sein unzüchtiges Treiben mit seinen eigenen Schwestern protestierte.

Der als „schwachsinnig" bekannt gewordene Kaiser Claudius (10 v.u.Z. – 54), befahl die Ermordung seiner Gattin Messalina und ehelichte danach die kaltblütige und grausame Agrippina, die aus ihrer ersten Ehe einen Sohn mitbrachte (Nero). Bald nach der Eheschließung gelang es ihr, Claudius zur Adoptierung ihres Sohnes zu gewinnen. Um sich des bereits gealterten und überflüssig gewordenen Claudius zu entledigen und danach ihren Sohn Nero auf den Thron zu bringen, ließ sie den als Schlemmer berüchtigten Claudius vergiften. Die mittlerweile bereits bekannt gewordene Giftmischerin Lokusta servierte Claudius seine Lieblingsspeise aus Pilzen, denen sie vorsorglich giftige beigegeben hatte.

Die Herrschaft Neros (36–68), römischer Kaiser seit 54, besteht ebenfalls aus einer ganzen Kette festlicher Gelage, Grausamkeiten und Morden. Es ist bekannt, daß die damals bereits legendär gewordene „Hoftgiftmischerin" Lokusta, die in der Gunst des Kaisers stand, seine engste Vertraute und Helfers-

Abb. 1:
Die Hofgiftmischerin Lokusta demonstriert vor Kaiser Nero die Wirkung des Giftes auf einen Sklaven (Gemälde vom Maler Silvester)

helferin war. Er schenkte ihr sogar ein Haus, sorgte für ihren Unterhalt und schickte ihr Schülerinnen, um sicher zu gehen, daß die „Kunst des Vergiftens" nach ihrem Tod erhalten bleibt. Während eines Festgelages mischte er das von ihr zubereitete Gift in das Essen seines „Bruders" Britannicus, da er dessen eventuelle Ansprüche als gesetzmäßiger Thronfolger fürchtete. Die nächsten Opfer des grausamen Herrschers waren seine leibliche Mutter Agrippina und seine Tante, Domitia Lepida, Schwester seines Vaters, die um ihn gesorgt hatte, als seine Mutter in der Verbannung war. Allmählich ließ er die meisten seiner Verwandten, Senatoren, Wohltäter, Lehrer usw. beseitigen.

Ein anderer, im Vergleich zu Claudius kaum geringerer Schlemmer war Kaiser Aulus Vitellius (15–69). Er ging in die Geschichte als „Sohnmörder" ein, obwohl er die Vision verbreiten ließ, daß ihn sein Sohn habe töten wollen, und als man ihn entlarvte, Selbstmord beging. In Wahrheit aber wurde er von Vitellius selbst vergiftet, weil er nach dem Tode seiner ersten Gattin, Petronia, ihren ganzen Reichtum an sich bringen wollte.

Vergiftet wurde auch Kaiser Commodus (Sohn des weisen Kaisers Marcus Aurelius), der von 180–191 regierte. Er bestieg den Thron kaum 19-jährig, nachdem er die Hofärzte überredet hatte, seinen kranken Vater mit großen Arzneidosen zu beseitigen. Er erklärte seine Regierungszeit zum Goldenen Jahrhundert, mußte aber schließlich für seine Sünden mit dem eigenen Leben bezahlen, nicht etwa weil er das Kaiserreich schlecht verwaltete, sondern weil er einigen seiner Höflinge den Tod androhte. Um ihr Leben zu retten, ließen sie ihn vergiften (nach dem Geschichtsschreiber Zonaras mit vergiftetem Rindfleisch).

Abb.2:
Unterricht in Giftzubereitung auf mittelalterlicher Gravüre.

Auch im Mittelalter standen Giftmorde hoch im Kurs. Es kam sogar so weit, daß der venezianische Rat der Dogen im 16. Jahrhundert die politischen Morde mit Gift als „zweckmäßig“ legitimierte. Dieser Akt hatte natürlich Auswirkung auf ganz Italien. In Venedig und Rom eröffnete man eigens Schulen für Giftmischer, die bis Anfang des 18. Jahrhunderts betrieben wurden. Während der endlosen Ränke und Machtkämpfe scheuten die Herrschenden vor dem Einsatz hochbezahlter Giftmörder nicht zurück, um alle zu beseitigen, die ihnen im Wege standen.

Eines der im Mittelalter am meisten eingesetzten Gifte war das Arsenik (Arsentrioxid – As_2O_3). Man darf ohne Übertreibung behaupten, daß mit diesem Gift hunderte Monarchen beseitigt worden sind. Daß die Giftmörder bevorzugt nach Arsenik griffen, ist auf drei seiner wichtigsten Eigenschaften zurückzuführen: Arsenik hat keinen Geschmack und kann jedem Nahrungsmittel oder Getränk beigemischt werden; es ist auch in geringen Dosen äußerst toxisch; es speichert sich im Organismus, bis die tödlich wirkende Dosis erreicht ist. Besonders diese Eigenschaft wurde hoch geschätzt, da sie die Spuren des Verbrechens und der Verbrecher zu verwischen half und den Tod sogar natürlich erscheinen ließ. Mit Arsenik wurden Taschentücher, Bücher, Handschuhe präpariert oder man mischte es den Speisen und Getränken bei. Es ist kein Zufall, daß die Diener der Herrscher jedesmal aus dem Weinbecher ihres Herren einen Schluck zu nehmen hatten.

Die in den Hofränken verstrickten Aristokraten wurden vor Angst gebeutelt, schon wenn sie an Arsenik dachten. Als sich der französische König Heinrich IV. zeitweilig in Paris aufhielt, aß er nur selbst gekochte Eier und trank nur Wasser, daß er sich selbst von der Seine holte, da er dem Brunnenwasser nicht traute.

Die wohl berüchtigste Giftmischerin des 17. Jahrhunderts war die Neapolitanerin Gräfin Tofa di Amado. Sie mixte das berühmte Gift Aqua Tofana, mit dem angeblich ungefähr 600 Menschen vergiftet worden sind. In der Opferliste sind auch Päpste vertreten. Das Aqua Tofana war eine Mixtur aus Arsenik, Antimon und Bleioxid. Die heimtückische Eigenschaft dieser Mixtur bestand darin, daß sie erst einige Monate nach der Einnahme zu wirken begann und deshalb als unidentifizierbar galt.

Nach diesem Gift griffen auch die Borgias, ein Adelsgeschlecht aus Spanien, das im 15. Jahrhundert nach Italien kam und um 1500 besonders mächtig war. Sie spielten eine bedeutende Rolle in der Geschichte Italiens, in der sie blutdurchtränkte Seiten hinterließen. Skrupellos strebten sie sowohl nach der weltlichen als auch geistlichen Macht. Die berüchtigsten Giftmörder unter ihnen waren Alfonso de Borgia – als Calixtus III. Papst, sein Neffe Roderigo – als Alexander VI. Papst, seine Tochter Lucrecia Borgia und ihr Bruder Kardinal Cesare Borgia. Zahlreiche Giftmorder begleiteten ihre Machtkämpfe. Sie kannten ausgzeichnet jede Giftmischung und setzten sie je nach den Umständen ein. Wenn sie absolut sicher gehen wollten, wandten sie das „Rezept" an, das vom Hofarzt des Kaisers Karl IV. stammte – Arsenik, mehrere Monate im Magen eines geschlachteten Schweines gelagert. Dieses Rezept war ihr großes Geheimnis und eine ihrer schrecklichsten Waffen, bei weitem stärker als das Aqua Tofana. Die Einzelheiten dieses Geheimnisses konnten bis heute nicht gelüftet werden, so daß man sich nur mit Vermutungen begnügt. Die Heimtücke der Borgias blieb unübertroffen. Es gelang ihnen sogar die vorsichtigsten ihrer Feinde zu beseitigen. So schenkten sie, zum Beispiel, dem vorgesehenen Opfer einen prachtvollen, aber mit Gift präparierten Fingerring, in arabischer Juweliertechnik gearbeitet. Sie bauten darauf, daß der Schenkende selbst oder eine andere Person bei der Begrüßung die Hand des Opfers etwas fester drücken wird, wobei ein winziger Stachel auf der Innenseite des Fingerringes für die tödliche Vergiftung sorgte.

Sie schenkten ihren Opfern auch teure Schatullen mit prachtvollen Inkrustierungen. Das Schloß des Schmuckkästchens aber ließ sich nur durch kräftige Umdrehung des Schlüssels öffnen. Wie beim Fingerring sorgte ein winziger „Defekt" am Schlüssel für die Vergiftung. Anderen ihrer Gegner schenkten die Borgias Alben oder Bücher, in denen einige der Seiten „zufällig" leicht zusammenklebten. Die von dieser „großen Aufmerksamkeit" geschmeichelten und neugierigen Empfänger, befeuchteten mit der Zunge Daumen und Zeigefinger, um die klebenden Seiten zu trennen. Bald danach starben sie einen „plötzlichen" Tod.

Höhepunkte der „Vergiftungskunst" erzielten die Borgias, wenn sie das vorgezeichnete Opfer in ihren Palast zu Gast einluden. Da der Ruf der Borgias als Giftmörder jedem bekannt war, verweigerte normalerweise das Opfer unter dem Vorwand der Unpäßlichkeit sowohl Speise als auch Trank. Aber ein Stück Apfel, den der Gastgeber vor den Augen des Opfers halbierte und selbst zu essen begann, konnte der Gast schwer abschlagen. Erst als die Konvulsionen eintraten, begriff das Opfer, daß man es trotz seiner Wachsamkeit vergiften konnte. Aber woher sollte der Gast wissen, daß nur jene Seite der Messerklinge mit Gift bestrichen war, die nur seine Apfelhälfte berührt hatte. – Die Herrschaft der Borgias verkörpert die „Blütezeit" rätselhafter politischer Giftmorde. König Heinrich IV. reichte man eine Gabel mit hohlen, giftgefüllten Zinken. In die Wunden des Papstes Urban VII. streute man Gift anstatt Arzneipulver. Papst Klemens VII. nahm keine, ihm verdächtig erscheinende Nahrung zu sich, wurde aber trotzdem von seinen Feinden überlistet und starb am vergifteten Rauch einer Fakkel. Dem „heimtückischen" Gift entging auch König Heinrich VII. nicht. Man hatte die Serviette mit Gift präpariert, mit der er sich nach dem Abendmahl die Lippen abtupfte.

Die verdächtigen Umstände im Zusammenhang mit dem Tod eines der größten Komponisten aller Zeiten – Wolfgang Amadeus Mozart (1756–1791), bewegen auch heute, genau 200 Jahre später, die Geister. Forscher und Musikhistoriker aus verschiedenen Ländern überprüfen erneut historische Dokumente und Mitteilungen in der Hoffnung, endlich die Wahrheit zu finden. Bekannt sind die veröffentlichten Publikationen und Versionen über seinen Tod vom Engländer Robins Leadon („Das letzte Lebensjahr Mozarts"), von Leopold Schäfer („Mozart und seine Freundin"), Wolfgang Götz („Franz Hofdehmel"), Otto Jahn, vom deutschen Publizisten Rolf Hochhuth u. v. a. Insbesondere interessant ist das Buch des Engländers Francis Car in dem alle bekannten Publikationen und Versionen über den geheimnisumwitterten und frühen Tod des großen Komponisten interpretiert werden. Bevor er sein Buch veröffentlichte, inszenierte er eine Art Vorführung aller Umstände und Begebenheiten die in ihm vorkommen. Dabei war den Zuschauern die Rolle der Geschworenen zugeordnet, die alle alten und neuen Fakten zu analysieren hatten sowie die mit dem Tode Mozarts verbundenen Gerüchte, insbesondere die Versionen einer eventuellen Vergiftung. Dabei kam es zu folgenden Resultaten. Die Mehrzahl der „Geschworenen" entschieden sich für die Vergiftung, indem 60 % den Juristen Franz Hofdehmel als Giftmörder bezeichneten, 39 % – Mozarts Schüler Süßmeier, und 28 % – den italienischen Komponisten Antonio Salieri, Hofkapellmeister in Wien, unrühmlich bekannt geworden durch seine Quertreibereien und als Ränkeschmieder gegen Mozart, um den Ruhm seines begabten Konkurrenten zu schmälern.

Das „Urteil der Geschworenen" war verständlicherweise von den Schlußfolgerungen des Autors stark beeinflußt. Ungeachtet aller offenen Fragen wurde das Buch, dank der dargelegten Dokumente ein „Besteller". Der Autor „berichtete" am 6.12.1791, einen Tag nach Mozarts Tod, ausführlich und begründet über das Drama, das sich in der Grünangergasse 10, im Heim des Mitglieds der Freimaurerloge, Franz Hofdehmel, abgespielt hatte. Seine 23-jährige, außergewöhnlich schöne Gattin, die Klavierspielerin Magdalene Hofdehmel, die als „Lieblingsschülerin" Mozarts bekannt geworden war und der er sein „intimstes" Klavierkonzert gewidmet hatte, soll gerade von einer im Stephansdom für den am vorausgehenden Tag verstorbenen Mozart zelebrierten Messe heimgekehrt sein, als ihr Gatte mit einem Rasiermesser in der Hand über sie herfiel und versuchte, die im 5. Monat Schwangere zu ermorden. Ihre verzweifelten Hilfeschreie retteten Magdalene das Leben. Die Nachbarn brachen die Tür auf und fanden eine grauenerregende Szene vor. Am Boden lag Hofdehmel mit durchtrenntem Hals, immer noch das Rasiermesser umklammernd, neben ihm seine bewußtlose Gattin mit zahlreichen, stark blutenden Schnittwunden am Hals, im Gesicht, an der Brust und den Händen. Die Ärzte konnte sie zwar retten, aber sie blieb für ihr ganzes Leben verstümmelt. Daraus schlußfolgert der Autor, daß Hofdehmel seine Gattin ermorden wollte, weil er befürchtete, daß sie über die Vergiftung Mozarts (wahrscheinlich mit dem langsam wirkenden Aqua Tofana) Bescheid wußte. Wenn man berücksichtigt, daß Mozart sehr oft zum Mittagessen in diesem Heim eingeladen war, in dem er regelmäßig musizierte und seiner Gastgeberin, in die er verliebt gewesen sein soll, Klavierunterricht gab, könnte eine Vergiftung ohne weiteres stattgefunden haben. Car zitiert eine Zeitungsnotiz von 21. Dezember 1791 , in der es heißt, daß die Kaiserin die gerettete Gattin des Selbstmörders Hofdehmel in ihren Schutz nahm und ihr die Reise nach Brünn ermöglichte, um in ihrem Vaterhaus ihr zweites Kind zu entbinden. Wahrscheinlich verließ Magdalene Wien, um den lästigen Reportern zu entfliehen. Der Kaiser jedoch soll ganz anderer Meinung gewesen sein, da er annahm, daß für dieses bedauerliche Drama nicht Hofdehmel, sondern Magdalene und Mozart Schuld seien. Wäre Hofdehmel schuldig, würde sie niemals die Erlaubnis erhalten haben, den Selbstmörder als „normal verstorbenen Menschen" in einem Einzelgrab zu bestatten, sondern an unbekannter Stelle und in eine Kuhhaut gewickelt, wie damals üblich.

Die Schlußfolgerungen des Autors fußen auf einer relativ überzeugenden kriminalistischen Analyse bestimmter Fakten, die man keineswegs als Gerüchte und Ränke negieren sollte, da sie zumindest den Stellenwert wichtiger Indizien haben. Deshalb bleibt diese Schilderung des Autors eine von den ernst zu nehmenden Versionen über die keineswegs endgültig geklärten Umstände, die das Ableben des großen Mozarts begleiten.

Über anderthalb Jahrhunderte befassen sich Journalisten und Schriftsteller mit dem rätselhaften Tod des französischen Kaisers Napoleon Bonaparte am 5. Mai 1821 auf der südatlantischen Insel St. Helena, wo er von den Engländern nach seiner Niederlage bei Waterloo verbannt worden war. Viele

Jahre danach wurden seine sterblichen Überreste exhumiert und durch kernresonanzspektroskopische Analyse[3] bestimmte Arsenmengen in den Haaren Napoleons festgestellt. Diese Tatsache beweist eindeutig, daß tatsächlich eine Vergiftung vorliegt. Insbesondere überzeugend klingt die These des schwedischen Zahnarztes Sten Forshwood, die er in seinem 1955 veröffentlichten Buch „Wer ist der Mörder Napoleons?" darlegt. Er behauptet auf Grund zahlreicher Fakten in erhaltenen historischen Schriftquellen, daß Napoleon Opfer einer Verschwörung wurde und daß seine Krankheit auf ständige Einnahme von Arsenmengen zurückzuführen sei, die eine Schwächung der Immunkräfte in seinem Organismus bewirkte. Außerdem habe man Napoleon auch bestimmte Dosen Animon und Quecksilber verabreicht, die die Magenschleimhaut angreifen (Napoleon litt tatsächlich an Brechreiz, Magenschmerzen und Darmverstimmungen, die autopsisch belegt wurden). Daraufhin schlußfolgert der Autor, daß man die Speisen Napoleons systematisch mit Gift präpariert habe, eine Behauptung, die von der Tatsache erhärtet wird, daß die meisten seiner Bediensteten und seines geringen Gefolges dieselben Beschwerden meldeten.

Heute gilt als erwiesen, daß Napoleon vergiftet wurde, obwohl diesbezüglich auch andere Versionen im Umlauf sind. Eine davon stammt vom englischen Chemiker David Jones, wonach für die Vergiftung Napoleons die grün gefärbten Tapeten seiner Räumlichkeiten auf St. Helena verantwortlich sind. Bei diesem Farbstoff (als Scheeles Grün bekannt), handelt es sich eigentlich um Kupferarsenit, womit man bis Anfang unseres Jahrhunderts Tapeten färbte. Für ihn, Jones, ist charakteristisch, daß es in trockenem Zustand und auch damit gefärbte Tapeten ungefährlich sind, bei Feuchtigkeit aber (und die Räumlichkeiten Napoleons befanden sich im feuchten Teil der Insel) die Tapeten schimmeln. Um zu überleben, scheiden die Schimmelpilze das giftige Arsen unter der Form von Trimethylarsen (oder auch einer anderen Verbindung) aus, das ständig von den Bewohnern dieser Räume eingeatmet wird. Jones hatte die Chance, im Tagebuch einer Napoleon-Verehrerin von 1823 ein Stück Tapete mit folgender Erklä-

---

3) Bei dieser Analyse wird die Probe (in unserem Falle Haare, in denen sich bei Vergiftung Arsen speichert) in einem Kernreaktor mit Neutronen (oder Photonen) bestrahlt. Diese nehmen an Kernreaktionen teil, wobei sich das untersuchte Element in radioaktive Isotopen verwandelt, deren Strahlungsenergie sogar bei geringsten Mengen gemessen werden kann.

rung zu finden: „... dieses kleine Stück Tapete stammt von der Wand des Zimmers, in dem der Geist Napoleons zu Gott zurückkehrte ..." Die Untersuchung des Tapetenstückes mit oben genannten Methoden ergab, daß die Tapete in Napoleons Räumen ausreichend Arsen und Blei enthielt, um eine Vergiftung zu verursachen.

Aus den bisherigen Schilderungen geht hervor, daß die Vergiftungsversionen in Bezug auf Napoleons Tod noch nicht endgültig geklärt sind.

Es ist bekannt, daß auch Heinrich Himmler (1900–1945), Reichsführer SS, mit Gift Selbstmord verübte. Nach dem Fall Berlins entfernte er seinen Schnurrbart, legte sich eine schwarze Augenbinde an und tauchte als Heinrich Hitzinger unter. Nach seiner Festnahme gab er sich dem amerikanischen Offizier Silvester zu erkennen und verlangte nach einer Begegnung mit Feldmarschall Montgomery. Als man seine Kleider durchsuchte, fand man in einer seiner Taschen eine Giftkapsel, die offensichtlich als Täuschungsmanöver gedacht war. Bei der nochmaligen Durchsuchung, befahl man ihm, den Mund aufzumachen. Himmler aber biß sofort energisch die Zähne zusammen und zermalmte eine kunstvoll angebrachte Giftkapsel (wahrscheinlich Blausäure), wonach er sofort tot zusammenbrach. Auf diese Weise entging er den Anklägern und Richtern des Nürnberger Prozesses und raubte ihnen die Möglichkeit, den Mann zu befragen und zu richten, der für die physische Vernichtung von 6 Millionen Juden verantwortlich war.

Alle bisherigen Ausführungen berücksichtigend, stellt man sich logischerweise die Frage, ob nun die schrecklichen Zeiten der Giftmorde wie während der Herrschaft von Nero und Caligula im Altertum und der Borgias im Mittelalter, die als „legales" Mittel der politischen Machtausübung galten, endgültig der Vergangenheit angehören. Die Tatsachen weisen leider darauf hin, daß diese Frage negativ zu beantworten ist. Am 8. September 1978 kam es um ungefähr 13.30 Uhr an der Haltestelle unter der Waterloo-Brücke in London zu einer scheinbar „unbedeutenden" Begebenheit. Der bulgarische Schriftsteller, Georgi Markow, politischer Emigrant in England und in der bulgarischen Sektion der BBC tätig, wurde von einem unbekannten Schirmträger leicht gerammt, der sich sofort in perfektem Englisch entschuldigte. Dabei spürter der Schriftsteller einen leichten Stich auf der Schenkelrückseite, dem er keine Beachtung schenkte. Nach seiner Dienstzeit in der

BBC fuhr er nach Hause. Etwa um 4.00 Uhr morgens wachte er auf und stellte fest, daß seine Körpertemperatur ununterbrochen anstieg. Man brachte ihn ins Londoner Krankenhaus „St. James“ und begann den Kampf um sein Leben. Nachdem er zu sich gekommen war, gelang es ihm, von dem Zwischenfall mit dem unbekannten Schirmträger und dem leichten Stich zu erzählen. Am 11. September 1978 verlor er plötzlich wieder das Bewußtsein und starb an Herzschwäche. Bei der Autopsie fanden die Ärzte in seinem Schenkel eine winzige Kugel. Laut der Untersuchungsergebnisse im Scotland Yard-Labor handelte es sich um eine außergewöhnlich fein bearbeitete Legierung aus 90% Platin und 10% Iridium, die vom Organismus nicht ausgestoßen wird. Die Kugel hatte einen Durchmesser von 1 mm und 4 Öffnungen mit Durchmesser 0,1 mm. Die Inhaltsreste konnten aber von den Scotland-Yard-Experten nicht identifiziert werden. Erst Toxikologie-Experten der staatlichen Top-Secret-Basis für chemische und bakteriologische Forschung in Port Dawn, Wiltshire, konnten feststellen, daß die Kugel ursprünglich eine Zuckerhülle hatte und daß sie mit Rizin (eigentlich Rizinderivat) gefüllt war. Dieser stark toxische Stoff wird aus der Rizinpflanze gewonnen (siehe „Gibt es giftige Bäume und Sträucher?“). Die Rizinvergiftung wurde auf ein Versuchstier (Schwein) nachvollzogen, wobei man dieselben Krankheitssymptome feststellte, die dem Tod Markows vorausgegangen waren. Der Test ergab, daß bereits 1 Mikrogramm auf den Menschen tödlich wirkt und daß die Kugel mit einem Luftdruckmechanismus, wahrscheinlich aus dem Schirm abgeschossen wurde. Alle diese Fakten sorgten für Schlagzeilen in den Massenmedien der Weststaaten, wurden aber vom Bulgarischen Rundfunk und den Zeitungen selbstverständlich verschwiegen. Die Sensation eskalierte, als man erfuhr, daß zehn Tage vorher (Ende August), ein anderer bulgarischer Emigrant, Wladimir Kostow, Journalist im Sender „Freies Europa“, ebenfalls Objekt eines ähnlichen Anschlags geworden war.

Als er nämlich einer der U-Bahnstationen in Paris verließ, hatte er einen leichten „Stich“ im Rücken verspürt und eine unbekannte Person mit Aktentasche in der Hand gesehen, die sich rasch entfernte. Wladimir Kostow entging nach Meinung der Ärzte dem Tod nur deshalb, weil zur Zeit des Anschlages die Zuckerhülle wahrscheinlich schon abgebröckelt und in der Kugel nur noch ein geringer Rest des Giftes vorhanden war. Beim Vergleich der beiden Kugeln stellte man fest, daß sie völlig identisch sind und daß ihre präzise Fertigung aus einer seltenen und teuren Legierung nur in einem hoch spezialisierten Labor und von Fachkräften realisiert werden kann.

Alle diese Fakten und damit verbunden Details wurden in Bulgarien erst nach Beginn der demokratischen Veränderungen im Jahre 1990 publik, und insbesondere nach Veröffentlichung der Bücher „Wer ermordete Georgi Markow“ von K. Todorow und Wl. Bereanu und „Der bulgarische Schirm“ vom am Leben gebliebenen Wladimir Kostow.

Interessante Informationen über die beiden Fälle bringen in ihrem Buch „Das KGB – von innen gesehen“ der ehemalige KGB-Resident in London, Oleg Gordiewski und Cr. Andrew, auch das vom Bulgarischen Fernsehen ausgestrahlte Interview mit dem ehemaligen KGB-General, Oleg Kalugin, in Moskau (ehemaliger Abgeordneter im Obersten Rat der UdSSR). Kalugin hat sogar den Wunsch geäußert, als Zeuge während der 1990 eingeleiteten gerichtlichen Voruntersuchungen im Zusammenhang mit der Mordsache Georgi Markow aufzutreten. Vielleicht wird der bevorstehende Prozeß alle Umstände in den beiden Fällen klären und die Frage beantworten „Wer in den Zeiten der Zivilisation und der Verteidigung der Menschenrechte immer noch nach den alten, abscheulichen Mitteln greift, um Andersdenkende und unbequeme politische Gegner zu beseitigen“.

3. Kurze Entwicklungsgeschichte der Gift- und Gegengiftforschung

Viele verschiedene Gifte waren schon im Altertum bekannt. Sie fanden in allen historischen Epochen Anwendung, waren anfangs geheimnisumwittert, wurden mit Zauber und bösen Geistern verbunden, dann zielstrebig als Mittel zur Beseitigung politischer Konkurrenten oder Gegner und später als Arzneimittel bei einigen Erkrankungen eingesetzt. Der griechische Arzt Hippokrates (460 bis ungefähr 370 v. u. Z.) ist der erste Gelehrte des Altertums, der die Meinung vertrat, daß für jedes Gift auch ein Gegengift vorhanden sei. Dieser seiner Meinung stimmten auch andere Gelehrte des Altertums zu, und sie blieb im Laufe vieler Jahrhunderte vorherrschend. Nikandros aus Kolophon (185–135 v. u. Z.), zum Beispiel, beschreibt in seinem Lehrgedicht „Alexipharmaka" ausführlich solche Gegengifte. Auf dieselbe Periode – ungefähr 1 Jahrhundert v. u. Z., beziehen sich die „Geheimen Memoiren" von König Mithridates VI. Eupator und seines Arztes, in denen alle damals bekannten Gifte und Gegengifte behandelt werden. Eine Beschreibung der Gifte und universellen Gegengifte finden wir auch in den Werken des römischen Gelehrten Plinius der Ältere (23–79). Er zählt die Milch zu den wichtigsten Gegengiften. Aber die erste systematische Beschreibung der bis zu dieser Periode bekannten Gifte verdanken wir dem griechischen Arzt und Botaniker Dioskurides Pedanios (zweite Hälfte des des 1. Jahrhunderts). Seine Schrift „Über Arzneistoffe" war während des Mittelalters das Standardlehrbuch der Pharmakologie. Zu dieser Periode gehören auch die Publikationen des namhaften römischen Arztes und Naturforschers Claudius Galenos (129–199), der in seiner Schrift „Antidote" eine ausführliche Liste aller bis dahin bekannten Gifte und Gegengifte veröffentlichte, die im Laufe von fast zwei Jahrhunderten in der Praxis angewendet wurden. Charakteristisch jedoch für das 1. Jahrtausend u. Z. ist die Tatsache, daß die Gift- und Gegengiftforschung wenig Fortschritte erzielte. In den Schriften dieser Epoche überwiegen Auffassungen, Vorschriften und Empfehlungen, die von religiösen Vorstellungen und scholastischen Schlußfolgerungen belastet sind. Nur die Werke des deutschen Arztes Paracelsus lieferten im

16. Jahrhundert wesentliche Beiträge für die Entwicklung der Giftforschung.

Der französische Wissenschaftler Mathieu Orfila gilt als Begründer der Toxikologie (aus dem gr. toxikon – Gift, und logos – Wissenschaft). Er verfaßte Anfang des 19. Jahrhunderts sein fundamentales Werk über Toxikologie als Wissenschaft für Gifte, ihrer Wirkung auf den Organismus, entsprechende Schutzmaßnahmen und Heilung, aber auch Möglichkeiten ihrer Anwendung auf verschiedenen Gebieten der Biologie und Medizin. Die nächste Entwicklungsetappe der Toxikologie umfaßt die zweite Hälfte des 19. Jahrhunderts und ist mit der Entwicklung der experimentellen Physiologie und dem Wirken des großen französischen Physiologen Claude Bernard (1813–1878) verbunden. Er untersuchte die Wirkung der Gifte Nikotin, Kurare und anderer Giftstoffe auf den Organismus der Versuchstiere.

Derart wurden schrittweise die Geheimnisse der verschiedenen Gifte gelüftet. Dabei stellte man fest, daß viele Gifte als wertvolle Arzneimittel verwendet werden können. Und diese Geheimnisse waren es, die stets die Neugier des Menschen schürten und ihn immer wieder anregten, Näheres über Gifte und Vergiftungen zu erfahren.

4. Mit Gift und Vergiftung verbundene Grundbegriffe

Während aller historischen Epochen riefen die Giftstoffe in den Menschen nur Angstgefühle hervor, weil sie nicht ausreichend bekannt waren. Sie bewegten die Geister schon zur Geburtsstunde der menschlichen Zivilisation und sind auch heute Objekt wissenschaftlicher Forschung.

Was sollte man eigentlich unter Gift verstehen? Die gegenwärtige Toxikologie würde diese Frage damit beantworten, daß man unter Gift einen Stoff zu verstehen habe, von dem bestimmte, in den Organismus von Mensch und Tier geratene Mengen dessen normale Lebensfunktionen stören, Krankheitszustände hervorrufen und sogar den Tod verursachen können. Die Wissenschaftler würden sicherlich noch hinzufügen, daß die Gifte „Xenobiotica" (gr. xenos – fremd) darstellen, d. h. Fremdstoffe im Organismus. Sie können von Pflanzen und Tieren sowie von Mikroorganismen produziert und ausgeschieden werden, chemische Verbindungen aber auch Arzneimittel darstellen. In diesen Fällen nennt man sie exogene Gifte. Giftstoffe können allerdings auch infolge Stoffwechselprozesse im Organismus entstehen und unter bestimmten Bedingungen eine endogene Vergiftung (Intoxikation) herbeiführen. Das Eindringen exogener Gifte in den tierischen oder menschlichen Organismus erfolgt über den Verdauungstrakt, den Atemwegen, der Haut und den Schleimhäuten. Das Gift wirkt am schnellsten, wenn es direkt in die Blutbahn gerät, etwas langsamer bein Einatmen und noch langsamer durch die Haut.

Jede Vergiftung wird von der Art und den Eigenschaften des Giftstoffes, vom Zustand des betroffenen Organismus, von der Zeitdauer der Giftwirkung und vor allem von der toxischen Dosis bestimmt. Über die Bedeutung der Dosis hat sich übrigens schon – in seinem 1564 im Druck erschienenen Buch – der berühmte deutsche Arzt und Naturforscher Philippus Aureolus Theophrastus Bombastus von Hohenheim (1493–1541) geäußert. Er ist der Menschheit eher als Paracelsus bekannt. Diesen Namen legte er sich zu, um mit dem griechischen Wort „para" in der Bedeutung von ähnlich anzudeuten, daß er sich dem berühmten Arzt der Antike – Celsus, gleichstellt. Unter anderem stammt von ihm der berühmte

Gedanke, daß alle Stoffe zugleich Gifte und Arzneien sind, daß nichts giftfrei ist und daß nur die Dosis darüber entscheidet, wann ein Stoff giftig oder heilend wirkt. Dieser sein Gedanke, in altdeutscher Sprache formuliert, wurde zum Leitprinzip der Toxikologie und hat bis heute seinen Sinn und seine Bedeutung behalten.

Was sollte man unter Dosis verstehen? In der Toxikologie versteht man unter Dosis (gr. dosis – Portion, verabreichen) die Menge eines bestimmten Giftes, die zu einer Vergiftung führen kann. Und unter letaler Dosis (Dosis Letalis) – Abkürzung DL, versteht man die Giftmenge pro 1 kg Körpermasse eines bestimmten Individuums, die unheilbare Veränderungen im Organismus verursachen und zum Tod führen. Dies bedeutet, daß für einen Menschen mit einer Körpermasse von 60 kg schon 120 mg irgendeines Giftes ausreichen, um den Tod herbeizuführen. In diesem Fall wäre die Dosis $^{120}/_{60}$ = 2 mg/kg Körpergewicht. Diese Dosis Giftstoff, die zum letalen Ausgang führt, ist dementsprechend individuell. Verständlicherweise stellt man sich sofort die Frage, wie die tödliche Dosis der verschiedenen Giftstoffe zu bestimmen ist. An Menschen kann sie selbstverständlich nicht bestimmt werden (im Altertum experimentierte man mit Sklaven). Heute wird die DL im Labor an Mäusen, Ratten, Meerschweinchen u. a. (vorwiegend Mäusen) erprobt. Zu diesem Zweck nimmt man, zum Beispiel, 100 Mäuse und injektiert jedes Tier mit einer bestimmten Menge des zu untersuchenden Giftstoffes. Falls nach dem Experiment 50% der Versuchstiere sterben, beträgt die durchschnittliche tödliche Dosis – DL_{50}. Sollten aber alle injektierten Mäuse sterben, beträgt die absolute tödliche Dosis DL_{100} *(siehe Tafel 1 und 2 auf Seite 32).*

Natürlich sind damit die Experimente nicht abgeschlossen. Sie werden serienweise nach einer bestimmten Methode weitergeführt, deren Ergebnisse die Grundlage für Schlußfolgerungen in bezug auf die anzunehmenden DL_{50} und DL_{100} des jeweiligen Giftstoffes für den Menschen liefern, indem die für Mäuse festgestellten Dosen auf Menschen „übertragen" und statistisch die entsprechenden Durchschnittswerte festgelegt werden. Sie stellen dementsprechend relative Durchschnittsdosen dar. In der Natur (Luft, Wasser, Erde etc.) findet der Gehalt an exogenem Gift in seiner **Konzentration** Ausdruck, d. h. seine Menge in einer gegebenen Volumeneinheit des entsprechenden Naturelements (z. B. 5 mg Gift in 1 m^3 Luft wird mit 5 mg/m^3 gekennzeichnet).

Davon ausgehend können Giftstoffe die größte zulässige Konzentration (GZK) besitzen, ohne dem Menschen gefährlich zu werden, aber auch eine letale Konzentration haben (LK), die den Tod herbeiführt. In diesem Zusammenhang ist die ständige GZK-Kontrolle der Luft in Produktionsräumen, in denen mit Giftstoffen gearbeitet wird, absolut notwendig.

Die Wirkung der Giftstoffe hängt nicht nur von der Dosis und der Konzentration ab, sondern auch von ihren chemischen Eigenschaften und von der Art und den Besonderheiten des lebenden Organismus, in dem sie eingedrungen sind. Dies bedeutet, daß die Giftstoffe selektiv toxisch wirken. Einige Pflanzen, zum Beispiel, sind für bestimmte Tierarten stark giftig, für andere dagegen überhaupt nicht. Dasselbe bezieht sich auf die Giftigkeit einiger Tiere. Der Biß bestimmter Schlangen kann für den Menschen tödlich enden, bei Igeln, Mungos, Störchen u. a. dagegen überhaupt keine Wirkung auslösen.

Die Stärke der Giftwirkung richtet sich auch nach einigen physeologischen Faktoren – Körpergewicht, zeitweiliger Gesundheitszustand des Organismus, altersbedingte Besonderheiten usw. Bei wiederholtem Eindringen ein- und desselben Giftes in den menschlichen oder tierischen Organismus kann es zu interessanten Erscheinungen kommen, die man Toleranz (Anpassung, Adaption), Sensitivität (gesteigerte Empfindlichkeit) und Kumulation (Anhäufung) nennt.

Die Anpassung des tierischen oder menschlichen Organismus an bestimmte Gifte ist auf ihre Stimulation oder Induktion durch die Aktivität von Enzymen zurückzuführen, die im Organismus ihre Toxizität entkräften, oder aber auf die Fähigkeit des tierischen und menschlichen Organismus gegen das Gift Antikörper zu produzieren.

Die Sensitivität ist ein Zustand des Organismus, der in einer gesteigerten Empfindlichkeit gegenüber wiederholt eingeführtes Gift Ausdruck findet, das nun offensichtlich einen gesteigerten toxischen Effekt erzielt. Ein typisches Beispiel in dieser Hinsicht ist die überempfindliche Reaktion einiger Menschen auf Bienenstiche (siehe Gifttiere – lebende toxikologische Laboratorien).

Die Kumulation ist die ständige Anhäufung toxischer Stoffe in einem tierischen oder menschlichen Organismus. Die heimtückische Eigenschaft einiger Gifte besteht darin, daß bestimmte Dosen keine Vergiftung verursachen aber vom jeweiligen Organismus nicht ausgeschieden werden. Jede nachfolgende Einführung erhöht die Menge des bereits angehäuften

Giftes bis zum kritischen Niveau, das zur Vergiftung mit tödlichem Ausgang führt. Ein typisches Beispiel in dieser Hinsicht sind die Kumarinpräparate (Mäuse- und Rattengift), die bei erstmaliger Einnahme keine tödliche Wirkung haben, bei mehrmaliger und nacheinanderfolgender den Tod verursachen. Die Kumulation ist besonders für Menschen gefährlich, die ständig der Wirkung toxischer Stoffe ausgesetzt sind (Chemieproduktion mit toxischen Stoffen u. a.).

TAFEL 1

Klassifizierung einiger Pflanzengifte nach ihrer toxischen Dosis
(nach W. Danilenko und P. Rodionow, 1981)

Letale Dosis (DL_{100}), perorale Einführung	*Name des Pflanzengiftes*	*Toxititätsgrad*
Nicht mehr als 0,01 g (10 Milligramm)	Rizin, Akonitin, Faloidin	besonders toxisch
Von 0,01 bis 0,05 g (10 bis 50 Milligramm)	Anabasin, Atropin, Veratrin, Nikotin, Blausäure, Zikutotoxin	sehr toxisch
Von 0,05 bis 2,0 g (50 Milligramm bis 2 Gramm)	Strychnin	stark toxisch
Von 2,0 bis 20,0 g (2 bis 20 Gramm)	Koffein, Chinin, Mykotoxin (ergotoxin)	toxisch

TAFEL 2

Vergleichsdaten über die Toxizität einiger Naturgifte
(nach E. A. Demjaschkin, 1977)

Giftstoff	*Quelle*	*Molekülmasse*	*DL_{50} für Versuchstiere in mg/kg*
Botulin-Toxin A	Clostridium botulinum	150 000	$2,6 \times 10^{-8}$
Botulin-Toxin B	Clostridium botulinum	167 000	$1,0 \times 10^{-8}$
Tetanus-Toxin	Clostridium tetani	140 000	$2,8 \times 10^{-8}$
Rizin	Rizin-Früchte	65 000	$2,8 \times 10^{-3}$
Taipotoxin	Gift der Taipan-Schlange	42 000	$2,0 \times 10^{-3}$
β-Bungarotoxin	Gift der Bungar-Schlange	28 500	$2,5 \times 10^{-2}$
Kobra-Toxin	Gift der Kobra-Schlange	6 782	$5,0 \times 10^{-2}$
Scorpiotoxin	Gift des Skorpions	7 249	$0,9 \times 10^{-2}$

5. Hauptmerkmale akuter Vergiftungen

Die wichtigsten Merkmale akuter Vergiftungen, die es ermöglichen, sie von anderen Erkrankungen zu unterscheiden, sind vor allem das plötzliche Auftreten und die rasche Entwicklung von Krankheitssymptomen bei bis dahin völlig gesunden Menschen. Sie werden ausgelöst durch das Einatmen chemischer Giftstoffe, Havarien am Arbeitsplatz, zufällig in den Mund, in die Augen und auf ungeschützte Haut geratene Giftpräparate, durch den Verzehr giftiger Pflanzen, toxischer Nahrungsmittel und verseuchten Trinkwassers, Einnahme zwecks Gesundheitsschädigung oder Selbstmord von verschiedenen Flüssigkeiten, Säuren, Basen, stark wirkenden Arzneien, Einwirkung besonders toxischer Insektiziden bei Arbeiten ohne Schutzmaßnahmen, Stiche oder Bisse giftiger Insekten und Tiere etc.

Nach dem sowjetischen Wissenschaftler E. Koposow treten bei akuten Vergiftungen folgende Hauptsymptome (Gruppe von Merkmalen) auf:

1. **Syndrom gestörten Bewußtseins.** Es ist auf die direkte Einwirkung des Giftes auf die Großhirnrinde und die dadurch verursachte Störung der Durchblutung mit nachfolgender Sauerstoffinsuffienz zurückzuführen. Seine Symptome (Koma, Zusammenbruch) treten bei schweren Vergiftungen mit chlorierten Kohlenwasserstoffen, phosphororganischen Verbindunden, Ethanol, Rausch- und Schlafmitteln u. a. auf.

2. **Syndrom gestörte Atmung.** Dieses Syndrom wird bei Komazuständen und von ihnen verursachter Hemmung des Atemzentrums beobachtet. Atemstörungen treten auch bei Paralyse der Atemmuskulatur auf, ein Zustand der die Vergiftung zuspitzt. Schwere Atemstörungen werden auch bei toxisch bedingter Anschwellung der Lungen und verringerter Durchlaßfähigkeit der Atemwege beobachtet.

3. **Syndrom des Sauerstoffmangels im Blut.** Es ist ein charakteristisches Symptom bei Vergiftungen mit Kohlenoxid, die Oxidation des Hämoglobins auslösenden Substanzen und hämolytischen Giften. Dabei wird das Hämoglobin inaktiviert und der Sauerstoffgehalt im Blut gesenkt.

4. **Syndrom gestörten Blutkreislaufes.** Dieses Syndrom ist fast immer bei akuten Vergiftungen zu beobachten. Die Ursachen für Funktionsstörungen des Blutgefäßsystems können

folgende sein: Unterdrückung des Bewegungszentrums der Blutgefäße, Funktionsstörung der Nebennieren, erhöhte Durchlässigkeit der Blutgefäßwände u. a.

5. **Syndrom gestörter Wärmeregulation.** Es wird bei vielen Vergiftungen beobachtet und findet Ausdruck in Senkung der Körpertemperatur (infolge Intoxikation mit Alkohol, Schlafmitteln, Zyaniden) oder ihren Anstieg (bei Vergiftungen mit Kohlenoxid, Schlangengift, Säuren, Basen, phosphororganischen Verbindungen). Diese Störungen im Organismus sind einerseits auf verringerte Stoffwechselprozesse und erhöhte Wärmeabgabe und andererseits auf das Eindringen von toxischen Produkten aus dem Gewebezerfall, Störungen der Sauerstoffversorgung des Gehirns, sowie Komplikationen infektiöser Art zurückzuführen.

6. **Syndrom konvulsiver Bewegungsstörungen.** Dieses Syndrom ist der Regel nach ein Merkmal schwer oder äußerst schwer verlaufender Vergiftung. Konvulsionen treten infolge akuter Sauerstoffinsuffizienz des Gehirns (bei Vergiftung mit Zyaniden und Kohlenoxid) ein oder im Ergebnis der spezifischen Giftwirkung auf die zentralen Nervenstrukturen (Vergiftung mit Äthylenglycol, chlorierten Kohlenwasserstoffen, phosphororganischen Verbindungen, Strychnin).

7. **Syndrom psychischer Störungen.** Es ist charakteristisch bei Vergiftungen mit toxischen Stoffen, die selektiv das Zentralnervensystem angreifen (Alkohol, Diethylamid, Lyserginsäure, Atropin, Haschisch, Bleitetraäthyl).

8. **Syndrom gestörter Leber- und Nierenfunktion.** Es tritt bei vielen Intoxikationen auf, bei denen das Gift direkt diese Organe angreift, oder infolge indirekter Wirkung toxischer Produkte aus der Zersetzung von Gewebestrukturen (besonders oft bei Vergiftungen mit Dichlorethan, Ethanol, Essigessenz, Hydrazin, Arsenik, Schwermetallsalze, Phosphor).

9. **Syndrom des gestörten wasser-elektrolytischen und säure-alkalischen Gleichgewichts.** Es tritt bei starken Vergiftungen infolge Funktionsstörungen des Verdauungs- und des Ausscheidungssystems und auch der sekretorischen Organe auf. Dabei ist die Entwässerung des Organismus, die Störung der oxidierenden und regenativen Prozesse in den Geweben und die Anhäufung unzureichend oxidierter Stoffwechselprodukte möglich.

6. Das Reich der Bakterien
(Bacteria, Bacteriobiota)

6.1. Bakterien als Giftproduzenten

Wie eingangs bereits erwähnt, suchten der König des pontischen Reiches Mithridates I. und sein Hofarzt ununterbrochen nach verschiedenen Giftstoffen und dementsprechenden Gegengiften. In einer alten Legende heißt es, daß eines der tödlichsten Gifte Mithridates wie folgt zubereitet wurde: In ein Gefäß mit engem Hals wird frisches Rinderblut gegossen, dann etwas Erde beigerührt und das Gefäß dicht abgeschlossen. Nach einer gewissen Zeit wurde das Gefäß geöffnet und sein Inhalt, der ein unglaublich starkes Gift darstellte, den Gegnern Mithridates verabreicht.

Logischerweise stellte man sich die Frage, ob etwas an dieser Legende wahr sein könnte. Der gewöhnliche Leser würde wahrscheinlich verneinend antworten. Die zeitgenössischen Mikrobiologen äußern aber überraschenderweise die Meinung, daß sich Mithridates und sein Arzt auf rein empirischem Wege an mikrobiologische Gesetzmäßigkeiten herangetastet haben. Heute wissen wir, daß in der Erde die günstigsten Bedingungen für die Entwicklung von Mikroorganismen gegeben sind. Aus 1 g Erde können manchmal bis 3 Milliarden Mikroben isoliert werden. Bekannt ist auch, daß in der Erde Botulin-Bazillen zahlreich vorhanden sind, die man im Zusammenhang mit dem Gift des Mithridates verdächtigt, denn man weiß, daß sie bei entsprechenden Bedingungen eines der furchtbarsten Gifte produzieren, die der Menschheit bekannt sind. Noch erstaunlicher ist die Tatsache, daß Mithridates und sein Arzt eben die wichtigste Voraussetzung für die Produktion des schrecklichen Giftes errieten – die anaeroben (sauerstofffreien) Bedingungen, weshalb sie auch das Gefäß hermetisch abdichteten. In diesem Zusammenhang sei erwähnt, daß die Menschheit von diesen Bazillen bis zu ihrer Entdeckung ungefähr 1857 von L. Pasteur keine Ahnung hatte. Erstaunlich ist ebenfalls die Tatsache, daß die beiden Giftmischer auch den idealen Nährboden für die Entwicklung des tödlichen Giftes entdeckten – Blut mit beigemischter Erde. In diesem Gemisch scheiden die Botulin-Bazillen große Mengen

Toxin aus. Auch heute noch kultivieren Mikrobiologen diese Bazillen in blutversetzten Nährböden. Interessant in diesem Zusammenhang ist zu erwähnen, daß auch die anderen, sich in der Erde befindlichen Mikroorganismen für die Entstehung anaerober Bedingungen beigetragen haben. Als aerobe, d.h. Sauerstoff atmende Organismen verbrauchen sie den im abgedichteten Gefäß noch enthaltenen Sauerstoff und fördern damit die Entwicklung der anaeroben Botulin-Bazillen.

Es gibt auch andere Legenden, die von der Entdeckung auf empirischem Wege verschiedener Bakteriengifte berichten. In alten englischen Chroniken ist nachzulesen, daß auf die englischen Kolonialtruppen, als sie auf den Neuen Hebriden unweit von Australien debarkierten, die Wurfspeere und Pfeile der Einheimischen niederhagelten. Diese waren verständlicherweise den Feuerwaffen der Invasoren unterlegen, aber alle, sogar nur die leicht verwundeten Kolonisatoren erkrankten und starben, trotz der ihnen erwiesenen medizinischen Hilfe. Die Nachforschungen der Engländer ergaben, daß es sich weder um Schlangengift noch um Kurare handelt, wie sie vermuteten. Verblüfft stellten sie fest, daß die Eingeborenen ihre Pfeil- und Speerspitzen in gewöhnlichem, mit tierischem Kot vermischten Schlamm getaucht hatten. Und solchen fanden die Eingeborenen in Hülle und Fülle an den Tränken der Wildtiere. Die Eingeborenen wußten selbstverständlich nicht, daß es im Schlamm von Tetanus-Bazillen wimmelte (wie später festgestellt), aber auch sie hatten auf rein empirischem Weg entdeckt, daß in diesem Schlamm ein tödliches Gift enthalten ist.

Vor der Entwicklung der Mikrobiologie, als man noch nichts von den für den Menschen unsichtbaren Mikroorganismen und den von ihnen verursachten Krankheiten wußte, vermutete man, daß diese Krankheiten auf das Eindringen von Dünsten und Giften aus der Umwelt zurückzuführen ist. Was die Vergiftungen mit Nahrungsmitteln betrifft, vertrat man die Auffassung, daß es sich um chemische Gifte handelt. Vorherrschend war die Meinung, daß sich unter bestimmten Bedingungen in Fleisch und Fisch Blausäure speichert, die für Nahrungsmittelvergiftungen verantwortlich sei. Der namhafte französische Wissenschaftler und Schriftsteller Jean Jacques Rousseau sah die Ursache dieser Vergiftungen in Kupferverbindungen, die von den Kochtöpfen in das Fleisch eindringen. Später, als man die Ptomaïne entdeckt hatte, die bei der Zersetzung von Eiweißstoffen entstehen, dachte man, daß sie die

Vergiftungen verschulden. Mit der Entwicklung der Wissenschaft erwiesen sich alle diese Hypothesen für eine überzeugende Erklärung der Krankheitserreger als unzulänglich. Aber auch nach der Entdeckung der Mikroorganismen und insbesondere der krankheitserregenden Mikroben, versuchten die Wissenschaftler die auftretenden Krankheiten mit der Wirkung von Giftstoffen zu erklären, die bei Fäulnisprozessen der von Krankheitserregern verseuchten Gewebe entstehen. Erst in der zweiten Hälfte des 19. Jahrhunderts vertrat der französische Wissenschaftler E. Roux, ein Schüler Pasteurs, die Meinung, daß die Infektionen als Intoxikationen zu deuten sind, die von spezifischen, von patogenen Bakterien ausgeschiedenen Giftstoffen verursacht werden. 1888 gelang es ihm, in Zusammenarbeit mit dem Schweizer Wissenschaftler A. Jersen, ein Toxin zu isolieren, das vom Erreger der Diphtherie produziert wird. Mit dieser Entdeckung schufen sie die Voraussetzungen für die Erarbeitung einer Methode, die sich die Aufgabe stellte, die Wirkung der Toxine zu bekämpfen und nicht die sie prodzierenden Mikroben zu vernichten, worin man bis dahin den Ausweg sah. Im selben Jahr 1888 entdeckte der deutsche Arzt A. Gärtner den Erreger einer massenhaften Vegiftung mit Fleisch und nannte ihn Bacterium enteritidis. Er vertrat die Meinung, daß eben diese Mikrobe Toxine ausscheidet.

Zwei Jahre später gelang es dem deutschen Bakteriologen E. v. Behring – ein Schüler Robert Kochs – Antitoxine einzusetzen und er stellte dabei fest, daß das Blutserum von im Labor tretierten Versuchstieren, die mit mengenmäßig zunehmenden Dosen einiger Toxine immunisiert worden waren, diese Toxine neutralisieren kann. Auf diese Weise schufen E. Roux und E. v. Behring ein Serum gegen Diphtherie, das dann am 24. Oktober 1891 von Behring zum ersten Mal bei der Behandlung von Diphtherie-Kranken erfolgreich eingesetzt wurde. Dieser Erfolg war ein epochemachendes Ereignis im Kampf gegen alle Krankheiten, deren Mikroben-Erreger Gifte ausscheiden, die man Exotoxine nennt. Später, im Jahre 1924 gelang dem französischen Wissenschaftler, G. Ramon, eine wichtige Entdekkung: Durch Tretierung des bakteriellen Toxins mit Formalin erhielt er Anatoxin, in dem die Immuneigenschaften des Ausgangsstoffes erhalten geblieben waren und das ein ungefährliches Derivat des Toxins darstellte. Es bewirkte die Immunität des Organismus gegenüber dem entsprechenden Toxin und ist damit eine Vakzine zur Bekämpfung der Diphtherie.

Heute ist bekannt, daß viele krankheitserregende Bakterien (ungefähr einige Hunderte) während des Ablaufs ihrer Lebensfunktionen, oder aus den Strukturenelementen der bakteriellen Zelle Gifte – Toxine genannt – produzieren, die die physeologischen Funktionen des menschlichen und tierischen Organismus schädigen und sowohl zu Krankheitszuständen als auch zum Tod führen. Man unterscheidet entspre-

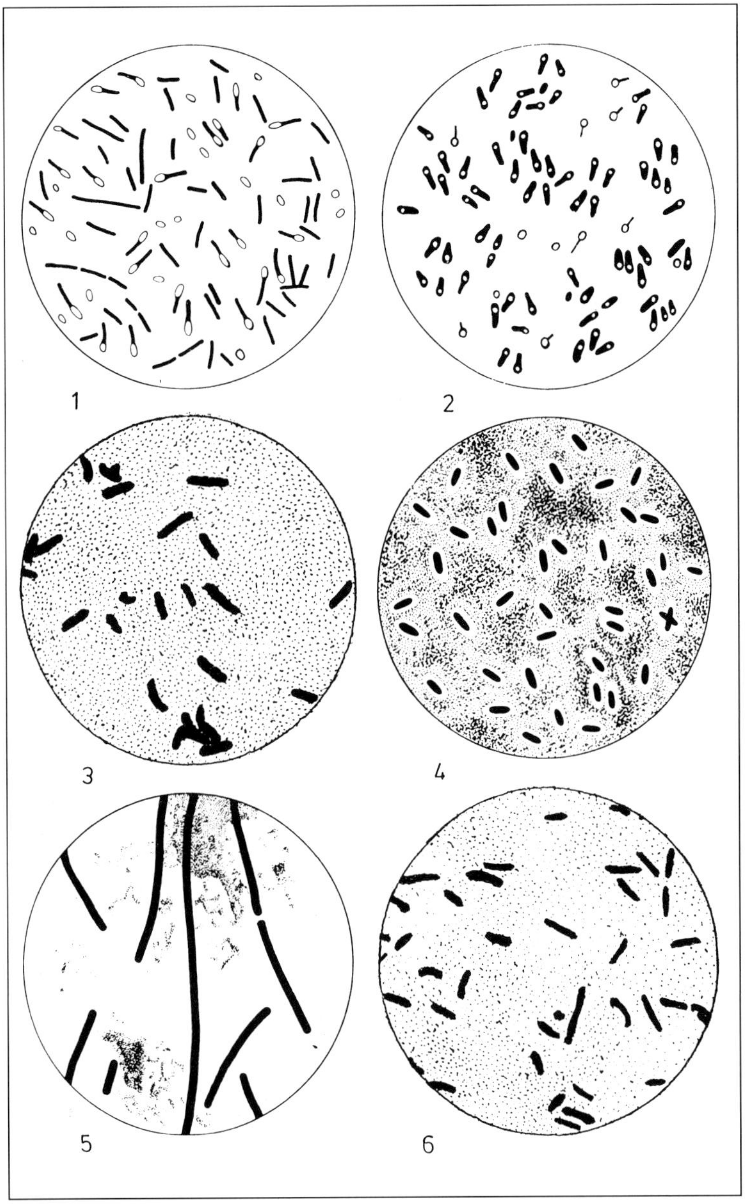

Abb. 3:
Exotoxine produzierende Clostridienarten:
1. Clostridium botulinum;
2. Clostridium tetani und Clostridium sporogenes;
3. Clostridium histolyticum;
4. Clostridium perfringens;
5. Clostridium septicum;
6. Clostridium novyi.

chend der Lokalisierung und Entstehungsart der Toxine zwischen Exotoxinen und Endotoxinen.

Die Exotoxine sind stark giftige Stoffe, die von der Mikrobenzelle entsprechend der äußeren Lebensbedingungen produziert werden. Man bezeichnet sie auf Grund folgender Eigenschaften noch als echte Toxine: 1. Spezifische krankheitserregende Wirkung – das mikrobenfreie Filtrat, in dem nur

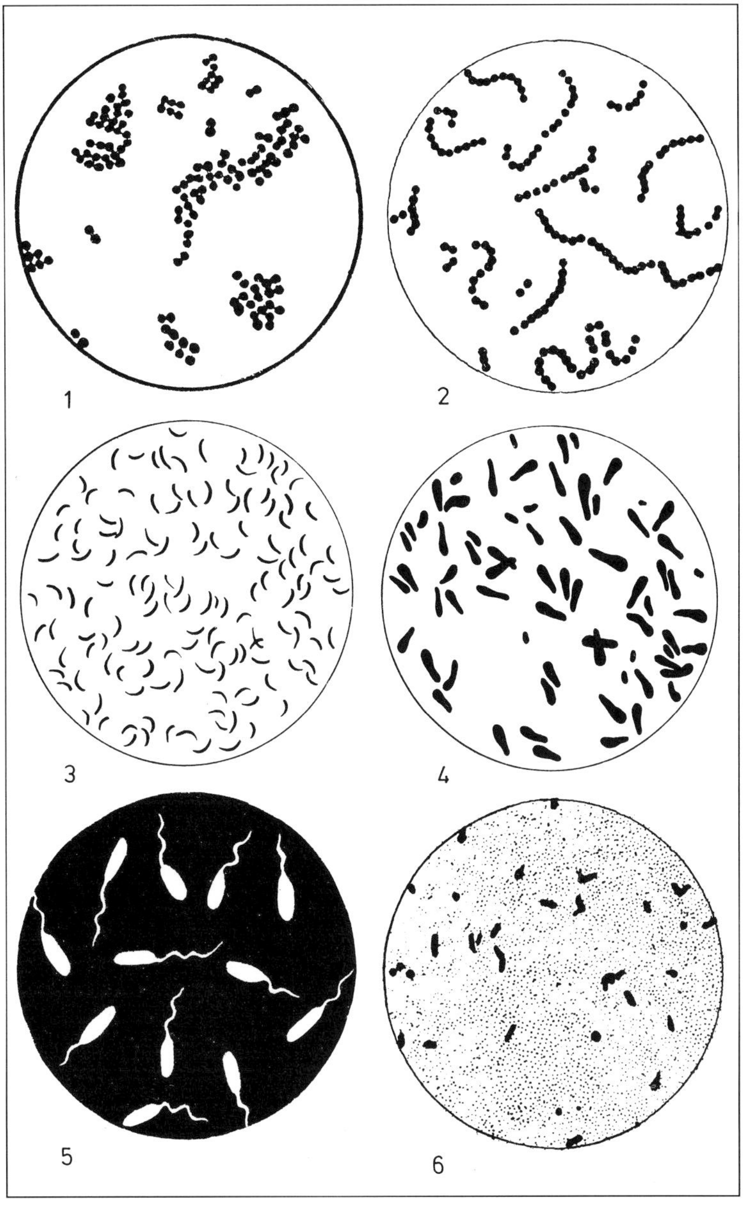

Abb. 4:
Toxine produzierende Mikroorganismen:
1. Staphylococcus aureus;
2. Streptococcus faecalis;
3. Vibrio cholerae;
4. Corynebacterium diphtheriae;
5. Salmonella typhi;
6. Salmonella choleraesuis.

noch Exotoxine anwesend sind, verursacht für die jeweilige Mikrobenart spezifische Krankheitssymptome; 2. Starke Wirkung des Toxins auch bei geringen Mengen; 3. Die Fähigkeit den menschlichen oder tierischen Organismus zur Bildung von Antikörpern/Antitoxinen anzuregen; 4. Inkubationszeit in bezug auf die toxische Wirkung.

Die vom Exotoxin herbeigeführte Immunität wehrt die entsprechende Erkrankung erfolgreich ab.

Die Endotoxine sind ebenfalls von Mikroben produzierte Giftstoffe, unterscheiden sich aber von den Exotoxinen dadurch, daß sie dauerhaft mit der sie produzierenden Mikrobe verbunden bleiben; sie sind Strukturelemente des Mikrobenkörpers und entstehen nicht außerhalb von ihm. Die Gewinnung von Endotoxinen ist nur durch Zerstörung der Bakterienzelle infolge physischer, chemischer und biologischer Prozesse möglich. Im Unterschied zu den Exotoxinen, die sich durch ihre spezifische und starke Wirkung auf Mensch und Tier auszeichnen, findet die Wirkung der Endotoxine in Symptomen einer allgemeinen Intoxikation des Organismus Ausdruck, und zwar nur bei einer zahlreichen Entwicklung.

Die Exo- und Endotoxine unterscheiden sich in ihrer chemischen Zusammensetzung. Die Exotoxine sind ihrem Wesen nach Proteine, die Endotoxine – Lypopolysaccharid-Protein-Komplexe. Außerdem sind die Exotoxine meistens wärmeempfindlich und verlieren bei Temperaturen von 60–80°C ihre Aktivität (allerdings mit einigen Ausnahmen). Die Endotoxine dagegen sind widerstandsfähiger und zerfallen erst über 100°C.

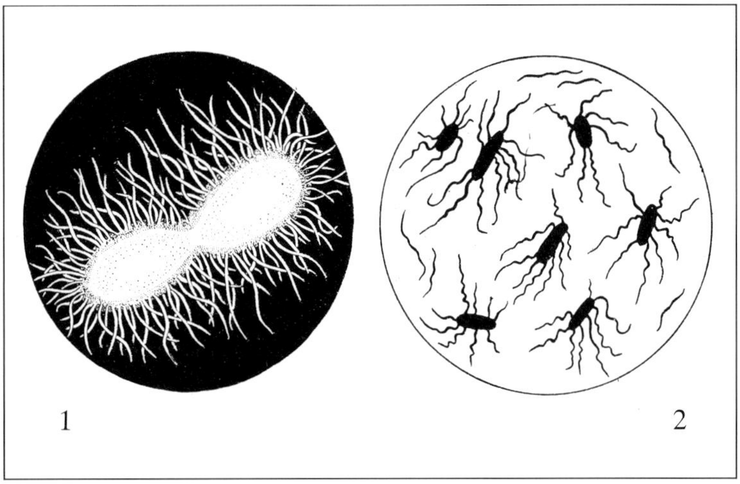

Abb. 5:
Toxine produzierende Mikroorganismen:
1. Proteus morganii;
2. Shigella flexneri.

Die Exotoxine werden von folgenden Bakterien produziert: Clostridium botulinum, Clostridium tetani, Clostridium perfringens, Staphylococcus aureus, Streptococcus faecalis, Corynebacterium diphtheriae, Vibrio cholerae, Shigella dysenteriae, Escherichia coli u. a.

Endotoxine bilden die Bakterien Salmonella typhimurium, Salmonella entertidis, Salmonella choleraesuis, Shigella dysenteriae, Escherichia coli, Vibrio cholerae u. a.

Einige der krankheitserregenden Bakterien haben die Fähigkeit gleichzeitig Exo- und Endotoxine zu produzieren.

Die krankheitserregenden Mikroorganismen bilden nicht nur Exo- und Endotoxine. Man hat festgestellt, daß einige der extrazellulären Enzyme patogener Bakterien eine starke Toxizität besitzen, die sich durch nichts von den spezifischen Mikrobengiften unterscheiden. Dazu gehören zum Beispiel, Proteasen, Nukleasen, Hialuronidase, Phospholipase, Lezitiniase, Urease, Hämolisine, Kolagenasen, Peptidasen u. a. Sie zerstören (durch Hydrolyse) wichtige Komponenten des Organismus – Eiweißstoffe, Nukleinsäuren, Polysaccharide, Lipide u. a.

Einige der Bakterienenzyme verursachen eine Anhäufung von toxischen Metaboliten wie Ammoniak, Katonsäuren, Methylmerkaptan, Indol, Schwefelwasserstoff, biogene Amine u. a.

Ein Teil der Krankheitserreger, die Exo- und Endotoxine prodzieren, bilden bei ungünstigen Lebensbedingungen Sporen, die sie vor ihrem Verenden bewahren. Sie stellen ein Entwicklungsstadium dar, bei dem die Bakterien in latentem Zustand und mit stark eingedämmten Lebensfunktionen weiterexistieren. Sie können in diesem Zustand Dutzende Jahre unter einer undurchlässigen Hülle aus harzähnlichen Stoffen und Lipiden ausharren. Die Sporen zeichnen sich durch große Widerstandskraft gegenüber einer Reihe chemischer und physikalischer Faktoren aus – hohe und niedere Temperaturen, Austrocknung, chemischer Desinfektionsmittel u. a. Sporen bildende Miktroben heißen Bazillen (Bacillus). Mit einigen Ausnahmen gehören dazu meistens die stäbchenförmigen Bakterien. Von den krankheitserregenden Mikroben bilden folgende Sporen: Clostridium botulinum, Clostridium tetani, Clostridium perfringens, Clostridium histolyticum u. a.

Viele Exo- und Endotoxine produzierende Bakterien sind die Ursache für Lebensmittelvergiftungen bei Menschen und Tieren und werden in der Fachsprache Lebensmittelintoxikationen und Toxikoinfektionen genannt.

Lebensmittelintoxikationen werden von mit krankheitserregenden, Exotoxine produzierende Mikroorganismen verseuchten Lebensmitteln verursacht. Die Wirkung der Exotoxine tritt einige Stunden nach der Konsumation der verseuchten Nahrung ein. Lebensmittelintoxikationen werden von Clostridium botulinum, Staphylococcus aureus u.a. verursacht.

Lebensmitteltoxikoinfektionen werden mit krankheitserregenden oder bedingt krankheitserregenden Mikroorganismen verseuchten Lebensmitteln hervorgerufen. Sie geraten zusammen mit der Nahrung in den Darmtrakt, wo sie sehr gute Entwicklungsbedingungen vorfinden. Ein Teil von ihnen geht in das Blut über, wobei sie zerfallen und Endotoxin ausscheiden. Dabei kommt es neben einer akuten Magen-Darm-Vergiftung auch zu Symptomen einer infektiösen Erkrankung mit Temperaturanstieg usw. Zu diesen Bakterien gehören Vertreter der Gattung Salmonella und Proteus, Escherichia coli u. a.

Wichtigere Erkrankungen die von folgenden Exo- und Endotoxinen produzierende Bakterien hervorgerufen werden:

Clostridium botulinum – anaerober, sporenbildender, stäbchenförmiger Bazillus, Erreger der Krankheit Botulismus. Sein Artname ist vom lateinischen Wort botulus (Wurst) abgeleitet; es handelt sich also um eine Wurstvergiftung, die der Menschheit noch vor der mikrobiologischen Epoche bekannt war und häufig nach Wurst- und Fischkonsumation auftrat. 1895 entdeckte der belgische Forscher, Emil Pierre Mark von Ermengen, den Erreger einer massenhaften Lebensmittelvergiftung. Von den 23 betroffenen Personen starben 3. Alle hatten mit dem Bacillus botulinum (Namensgebung von Ermengen) verseuchten Schinken gegessen.

Heute ist bekannt, daß der Erreger des Botulismus in der Natur weit verbreitet ist. Man findet ihn in menschlichen und tierischen Fäkalien, vorwiegend in der Erde aber auch in den Gedärmen von Fischen und im Schlamm der Meere und Seen. Er bildet bei ungünstigen Bedingungen Sporen, die jahrelang in der Erde erhalten bleiben. Die Sporen zeichnen sich durch große Widerstandsfähigkeit aus. Sie halten Kochtemperaturen bei Zubereitung von Konserven (zu Hause) bis 5 Stunden aus, Temperaturen von 105°C – bis 2 Stunden, und verenden nach 20 Minuten erst bei Temperaturen von 120°C. Botulinsporen werden auf der Haut, im Fell und an den Hufen von

Haustieren gefunden, und wenn die sanitären Regeln beim Schlachten nicht eingehalten werden, können sie leicht in das Fleisch geraten.

Lebensmittel, die bei Temperaturen von 12–40°C und ohne Sauerstoffzutritt rasch schlecht werden, sind das beste Medium für die Entwicklung von Botulinbazillen. Dazu gehören hausgemachte Gemüse-, Obst- und Fleischkonserven aber auch Schinken, Räucherfleisch, Würstchen, eingelegte und geräucherte Fische usw. Bei starker Entwicklung des Botulinbazillus heben die Gase die Konservendeckel an. Der Inhalt riecht nach ranziger Butter.

Bisher sind 7 antigene Stämme des Clostridium botulinum bekannt – A-, B-, C-, E-, F- und G-Clostridium botulinum, die sich in bezug auf morphologische und toxische Eigenschaften wenig unterscheiden. Die A-, B-, E- und F-Stämme greifen den menschlichen Organismus an, der Rest führt zu Vergiftungen bei Tieren.

Daß der Krankheitserreger selbst weder bei Menschen noch bei Tieren die Erkrankung provoziert, gehört zu seinen charakteristischen Eigenschaften. Die Vergiftung erfolgt durch Nahrungsmittel als Medium für seine Entwicklung, wobei Exotoxin mit außergewöhnlich starker Wirkung gebildet wird. Es wird Botulotoxin (Botulin) genannt und ist der eigentliche Krankheitserreger. In bezug auf seine biologische Aktivität überbietet es alle bakteriellen Gifte. Schon 0,035 mg sind für den Menschen tödlich. Und nicht nur das: Das Botulotoxin ist das stärkste von allen der Wissenschaft bisher bekannten Gifte – 1 g würde ausreichen, um den Tod von 8 Millionen Menschen herbeizuführen, d.h. daß es tausendmal giftiger ist als Zyankali.

Es ist ein Glück für die Menschheit, daß die Möglichkeit einer Immunisierung gegen die Wirkung des Botulotoxins besteht. Bei Tretierung mit Formaldehyd erhält man einen Abwehrstoff (Anatoxin), der die Immunität sichert, allerdings nur gegen die Wirkung eines bestimmten Stammes der Botulinbazillen und nicht vor der toxischen Wirkung der anderen Arten.

Es ist wissenschaftlich belegt, daß die maximale Toxinbildung bei ungefähr 35°C des Nährbodens erfolgt, wobei die Beschaffenheit des Produktes, die Kochsalz- und Zuckerkonzentration, der pH-Wert des Mediums, die Zeitdauer und insbesondere die Temperatur während der Lagerung von wesentlicher Bedeutung sind. In Konserven findet der Botulinbazillus ausgezeichnete anaerobe Entwicklungsbedingungen und produziert große Mengen Botulotoxin.

Daß sich das Botulin-Exotoxin außerhalb des Organismus von Mensch und Tier entwickelt, gehört zu seinen charakteristischen Merkmalen. Eine Toxinbildung im Organismus von Menschen und Tieren kommt nur selten vor, zum Beispiel bei Säuglingen, in deren Verdauungstrakt Sporen oder vegetative Formen der Botulinbazillen eingedrungen sind, die Botulotoxin ausgeschieden haben. Der Botulin-Erreger kann auch in tiefe Wunden eindringen, sich im nekrotisierten Gewebe entwickeln und Toxine produzieren. Es handelt sich dabei aber um Seltenheitsfälle.

Das Botulotoxin wird vom Magensaft und den Enzymen des Verdauungssystems nicht zersetzt. Im Gegenteil, der Krankheitserreger des E-Stammes scheidet schwach giftiges Prototoxin aus, das sich unter Einwirkung des Enzyms in ein starkes Gift verwandelt, dessen Toxizität von 10–100mal ansteigt. Zu den Besonderheiten des Botulotoxins gehört seine Eigenschaft die Magen- und Darmschleimhaut zu durchdringen, wonach es mit dem Blut alle Teile des Organismus erreicht. Es hemmt stark das parasymphathische Nervensystem und provoziert damit die Erhöhung der Adrenalinmenge in den Geweben und eine erhöhte Sauerstoffkonsumation. Die beim Botulismus typische Paralyse verschiedener Muskeln wird mit der unterbrochenen Ausscheidung von Azetylcholin in den Synapsen in Verbindung gebracht, wobei aber die Cholin-Esterase-Funktion der Synapsen wenig gestört wird.

Das Botulotoxin ist gegen hohe Temperaturen nicht widerstandsfähig – bei Kochtemperaturen von 100°C verliert es rasch seine Aktivität. In alkoholischem Medium (pH über 8) zerfällt es, wird aber von hohen Kochsalzkonzentrationen nicht beeinflußt. Die Inkubationszeit des Botulismus beträgt 2 Stunden bis 10 Tage (meistens 12–36 Stunden). Die Krankheit ist ihrem Wesen nach eine schwere Lebensmittelintoxikation und verläuft mit Schädigung des Zentralnervensystems. Während des ersten Krankheitsstadiums treten Magen- und Darmschmerzen, Brechreiz, Erbrechen und Verstopfung auf. Danach wird das Nervensystem angegriffen – Paralyse der Augenmuskeln, Pupillenerweiterung, Unempfindlichkeit gegenüber Licht u.a. Allmählich kommt es zur Paralyse der Zunge und des Halses mit Sprach-, Kau- und Schluckstörungen. Die Körpertemperatur bleibt meistens normal oder sinkt etwas ab. Bei Botulismus besteht keine Ansteckungsgefahr.

Im Spätstadium der Krankheit beginnen schwere Störungen der Atmung, die ihre Ursache in der Paralyse der Hals-, Kehlkopf- und Atmungsmuskulatur haben, die Atmung blockieren und die Entwicklung der Aspirationspneumonie fördern. Damit kommt es zu Sauerstoffmangel im Organismus. Bei Weiterentwicklung diese Prozesses treten Erscheinungen septischen Charakters auf.

Die Heilung besteht in rechtzeitiger Anwendung von Antibotulinserum. Bei Ausfall dieser Behandlung tritt der Tod zwischen dem 2. und 8. Tag nach Krankheitsbeginn ein.

Die prophylaktischen Maßnahmen gegen Botulismus bestehen in strenger sanitär-veterinärer Kontrolle bei der Fleischgewinnung und -verarbeitung, insbesondere bei der Konservierung von Lebensmitteln unter häuslichen Bedingungen.

Clostridium tetani. Dieser Bazillus wurde 1883 von Nikolaer entdeckt und zwei Jahre später vom japanischen Mikrobiologen, Sh. Kitasato, als Reinkultur isoliert. Der Bazillus ist Krankheitserreger der Starrkrampfes (Tetanus), der schon im Altertum bekannt war und vom berühmten Hippokrates (460–370 v. u. Z.) beschrieben wurde. Der Tetanus-Bazillus ist in den Gedärmen gesunder Wild- und Haustiere ständig anwesend, ohne dem Wirtsorganismus Schaden zuzufügen. Er gerät mit den Fäkalien in die Erde, bildet Sporen und kann dutzende Jahre seine Entwicklungsfähigkeit aufbewahren.

Der Starrkrampf ist eine typische Wundinfektion, die sich dann entwickelt, wenn Tetanussporen mit Erde- oder Staubpartikeln in tiefe Wunden oder in Risse der Schleimhäute bei Menschen und Tieren eindringen. Die Infektion kann auch durch Verletzungen mit rostigen Nägeln, Stacheldraht, Landwirtschaftsgeräten, Sporen u. a. erfolgen. Einmal in die Wunde eingedrungen, entwickeln die Sporen vegetative Bazillusformen, vermehren sich bei mikrobenfreiem Medium und prodzieren ein äußerst starkes Exotoxin, das aus zwei Fraktionen besteht: Tatanospasmin (verursacht Muskelkrämpfe) und Titanohämolysin (verantwortlich für die Hämolyse der roten Blutkörperchen). Das Exotoxin erreicht mit dem Blut das Rückenmark und schädigt das Nervensystem. Die Krankheit hat eine Inkubationsperiode von 2–3 Wochen, wonach schmerzhafte Krämpfe der Gesichts-, Hals- und Rükkenmuskulatur auftreten, und bei schweren Fällen – am ganzen Körper. Wenn nicht sofort, noch im Anfangsstadium, ärztliche Hilfe erfolgt und Serum gespritzt wird, ist die Sterberate sehr hoch. Die Immunisierung mit Tetanus-Anatoxin ist eine sichere Vorbeugungsmaßnahme.

Clostridium perfringens. Bekannt sind 6 Stämme dieses Bazillus (A, B, C, D, E und F), die in der Natur weit verbreitet sind (bis 10.000 Bazillen in 1 g Erde). Seine Sporen behalten in der Erde jahrelang ihre Vitalität. Dieser anaerobe Bazillus, zusammen mit noch einigen anderen anaeroben sporenbildenden Stäbchenbakterien (Clostridium hystolyticum, Clostridium septicum, Clostridium novyi), ist der Erreger der Gangräne (Gasbrand). In die Wunde des Menschen oder Tieres geraten, scheiden sie während ihrer Entwicklung starke artspezifische Exotoxine aus. Der Clostridium perfringens, zum Beispiel, produziert Miotoxin, Hämolysin und Neurotoxin, die zuerst ein Anschwellen des Wundrandes, denn Nekrose und Gasausscheidung verursachen. Nachfolgend dringen die Exotoxine der Gangräne-Erreger und die toxischen Produkte von der Gewebenekrose in das Blut ein und führen zur allgemeinen Intoxikation. Als Vorbeugungs- und Heilmittel wurde ein antitoxisches Serum entwickelt, das gleichzeitig gegen mehrere Erreger dieser Krankheit wirksam ist.

Die Sporen des Clostridium perfringens sind gegen hohe Temperaturen widerstandsfähig (überleben sogar 100°C). Sie geraten oft in verschiedene Nahrungsmittel und verursachen Lebensmittelintoxikationen. Die Vergiftung erfolgt durch Gemüse, Milch- und besonders oft durch Fleischprodukte (gekochtes Fleisch, Zunge), die langsam abkühlend einen ausgezeichneten Nährboden für die Entwicklung der Mikroben liefern, umsomehr daß die gelierende Brühe ein anaerobes Medium schafft. Mit ihrer Entwicklung setzt auch die Produktion eines äußerst aktiven Exotoxins mit komplizierter Zusammensetzung der Enzyme (10 Arten Enterotoxin – D, B, usw.) ein. Oft treten Vergiftungen nach Konsumation aufgemachter Fleisch- und Fischkonserven auf. In den Gedärmen greifen die Enterotoxine die Schleimhaut an, schmälern ihre resorbierende Funktion, treten in das Blut über und dringen mit ihm in verschiedene Körperorgane ein, wobei sie sich mit den Chondriosomen der Leber-, Nieren-, Milz- und Lungenzellen verbinden. Sie schädigen ebenfalls die Innenwände der Blutgefäße und verursachen damit Hämorrhagie. Manchmal gerät auch der Erreger selbst und nicht nur seine Toxine in das Blut. In solchen Fällen besteht die Gefahr akuter anaerober Sepsis.

Prophylaxe wie bei Botulismus.

Staphylococcus aureus. Diese Staphylokokken verursachen die sogenannten Staphylokokkose oder Staphylokokken-Erkrankung. Die Staphylokokken wurden zum ersten Mal 1878 vom deutschen Mikrobiologen Robert Koch aus Eiter isoliert. Die Infektion umfaßt eine ganze Gruppe akuter und chronischer Krankheitsformen, die sich durch verschiedene Symptome manifestieren – von leicht verlaufenden Eiterungsprozessen auf der Haut bis lebensbedrohender Sepsis und Toxämie. Bei Ansteckung mit dem Krankheitserreger entwickelt sich an der Kontaktstelle ein Infektionsherd, gewöhnlich mit dickflüssigem Eiter und nekrotischen Veränderungen. Über das Lymph- und Blutgefäßsystem werden die Staphylokokken in alle Körperteile transportiert und können Sepsis verursachen.

Staphylococcus aureus dringt gewöhnlich in die Lebensmittel über eitrige Hautentzündungen bei Menschen und Tieren ein (Abszesse, Furunkeln, eiternde Wunden u. a.). Die Haut und das Fell der Tiere sind ebenfalls ein reichhaltiges Staphylokokken-Reservoir (ebenfalls Mastiden).

Die Staphylokokkose ist in den meisten Fällen mit der Konsumation von Milch und Milchprodukten (Quark, Sahne, Butter, Speiseeis und verschiedenen Käsesorten), Torten mit Creme, aber auch Fleisch- und Fischprodukten verbunden, insbesondere aus gemahlenen oder gehackten Zutaten. Eingangstor für die Intoxikationen sind meistens die Schleimhäute des respiratorischen Apparates und des Verdauungssystems. Staphylococcus aureus bildet im Organismus verschiedene Exotoxine – 4 Hämolysin-Typen (α, β, γ, δ), Hekrotoxin, Leukozydin und letales Toxin. Die 4 Hämolysin-Typen verursachen die Hämolyse der roten Blutkörperchen, das Leukozydin zerstört die weißen Blutkörperchen, das Nekrotoxin – das Gewebe, und das letale Toxin führt zur Schädigung des Herz- und Gefäßsystems, allgemeinen Intoxikation des Organismus und Kollaps. Der Staphylokokkus produziert auch Endotoxine – 6 Enterotoxin-Typen (A, B, C, D, E und F). Sie sind thermostabil und zerfallen bei der kulinarischen Verarbeitung der Nahrungsmittel nicht (sogar bei 125°C und 1 Stunde Kochzeit). Im Unterschied zum eigentlichen Krankheitserreger und ihren Produzenten. Sie werden auch von den Verdauungsenzymen nicht zerstört und haben die Fähigkeit, durch die Schleimhäute des Verdauungssystems zu treten. Man vermutet, daß die Wirkung des Enterotoxins mit seiner Einflußnahme auf das parasympathische Nervensystem verbunden ist. Es ist erwiesen, daß schon – A – 1 mg Enterotoxin ausreicht, um eine Vergiftung zu verursachen. Staphylococcus aureus produziert auch toxische Enzyme – die Hyaluronidase, die das Eindringen der Enzyme in das Gewebe erleichtert, die Penizillinase, die das Penizillin inaktiviert und die Plasmakoagulase, die die Koagulation des Blutplasma fördert.

Staphylokokkus hat eine kurze Inkubationszeit – 1–6 Stunden, und auch einen kurzen Verlauf – 20–25 Stunden. Krankheitssymptome sind Brechreiz, Erbrechen, Kopfschmerzen, Gleichgewichtsstörungen, allgemeine Schwäche, Anstieg der Körpertemperatur, Durchfall. Möglich sind Entwässerung und Bewußtseinsstörungen.

Schwerpunkt der Prophylaxe ist die sanitär-veterinäre Kontrolle in den Viehfarmen, Schlachthöfen, Molkereien und Verarbeitungsbetrieben. Anzuheben ist auch das Niveau der sanitären Kultur in Gaststätten.

Streptococcus faecalis. Die Fäkalien-Streptokokken (mehrere Arten und Unterarten) sind Erreger des Haverhill Fiebers (Streptobacillosis). Sie umfassen eine große Gruppe von Mikroorganismen. Einige von ihnen sind die Ursache für Infektionsprozesse (Abszesse, Furunkeln, Phlegmone, Meningitis), andere für Infektionskrankheiten (Mastitis bei Tieren), dritte nehmen an sekundären Infektionen teil (Bronchopneumonien, Angina, Arthritis, Wundinfektionen u. a.).

Die Streptokokken haben auch enteropatogene Eigenschaften – sie verursachen Lebensmittelintoxikationen. Man nennt sie noch Enterokokken oder „Fäkalien-Streptokokken", da sie in den Gedärmen von Menschen und Tieren ihren ständigen Lebensraum haben. Sie sind in der Natur weit verbreitet und geraten oft in Nahrungsmittel.

Die Lebensmittelintoxikation mit Enterokokken ist im wesentlichen auf ihre Eigenschaft zurückzuführen, sich bei niedrigen Temperaturen in Fleisch, Fisch, Fleischprodukten, Milch und Milchprodukten zu vermehren und in nur 1–2 Tagen die maximal möglichste Zahl zu erreichen. Sie produzieren Hämotoxin und auch Enzyme (Dekarboxylase, bildet eines der giftigsten Amine – das Histamin Ayso). Die Streptokokken-Intoxikationen haben eine kurze Inkubationszeit (3–5 Stunden). Ihre Symptome sind Magenschmerzen, Erbrechen, Durchfall und hohe Körpertemperatur. In den meisten Fällen klingt die Erkrankung nach 1 Tag ab. Letale Fälle sind nicht bekannt.

Corynebacterium diphtheriae. Der Diphtherie-Erreger wurde 1883 vom deutschen Arzt F. Löffler entdeckt. Charakteristisch für die Krankheit sind die toxische Schädigung des Nerven- und Kreislaufsystems, der lokale Entzündungsprozeß und die Bildung fibrinöser Beläge. In den meisten Fällen dringt die Infektion durch die Schleimhäute in Hals, Kehlkopf und Nase in den Körper ein. Der Erreger entwickelt sich an der Kontaktstelle und scheidet Exotoxin aus, das Koagulationsnekrose des Epithels verursacht und die Gefäße schädigt. Das führt zum Ansaugen der flüssigen, an Eiweißstoffen reiche Blutsubstanz. Das in ihr enthaltene Fibrinogen verwandelt sich bei Kontakt mit dem nekrotischen Gewebe in Fibrin und bildet fibrinöse Beläge.

In Körperteilen mit mehrschichtigem Epithel (Hals, Kehlkopf) entwickelt sich die diphtherische Entzündung, wobei sich der fibrinöse Belag mit dem darunter liegenden Gewebe verbindet. Auf mit einschichtigem Zylinderepithel bedeckten Schleimhäuten (Kehlkopf, Tracheen, Bronchien) kommt es zu diphtherischen Entzündungen, bei welchen sich der Belag leicht vom Gewebe löst. Unter Einfluß des Exotoxins schwellen das Gewebe und die regionalen Lymphknoten bedeutend an. Nach der Größe der Anschwellungen kann man die Stärke der Intoxikation bestimmen. Die Resorptionsfähigkeit des Exotoxins führt zur Schädigung der Nebennieren, des Myokardiums, des Nervensystems (vorwiegend des peripheren) und der Leber. Ursachen für den tödlichen Verlauf der Krankheit sind: Die starke Insuffienz der Hypophyse und der Nebennieren, das angegriffene Myokardium, die Paralyse der Atemmuskulatur und Ersticken infolge der Kehlkopfverengung. Als Prophylaxe sind Impfungen vorzunehmen, die eine Immunität von 3–5 Jahren gewährleisten.

Shigella dysenteriae. Der Krankheitserreger wurde 1898 vom japanischen Wissenschaftler Shiga entdeckt und nach ihm benannt. Ähnliche Arten wurden 1900 von Kruse in Deutschland, von Flexner auf den Philippinen und von Boyd in England isoliert. Diese Bakterie ist Erreger der Bakterien-Ruhr (Disenteria bacterialis/Shigellosis), die unter schmerzhaften Magenkrämpfen und blutigen Durchfällen, d. h. mit Symptomen einer allgemeinen Intoxikation verläuft. Die Infektion wird von an akuter oder chronischer Ruhr leidenden Kranken, aber auch von geheilten Bakterienträgern übertragen. Am meisten sind für die Ansteckung mit Shigella verseuchte Lebensmittel (insbesondere ungekochte Milch), Obst und Gemüse, aber auch verseuchtes Wasser verantwortlich. Die Bakterienarten Shigella flexneri, Shigella boydi und Shigella sonnei können ebenfalls Ruhr verursachen, aber nur die Shigella dysenteriae bildet Exotoxin. Die angeführten drei anderen Arten scheiden thermostabiles Endotoxin aus – ein Komplex aus Lipoiden, Polysacchariden und Eiweißstoffen. Die Erkrankung beginnt nach dem Eindringen der Toxine in das Blut. Sie sind Nerven- und Gefäßgifte, schädigen die Gefäßwände, hemmen ihre Resorptionsfähigkeit und greifen das Zentralnervensystem, die peripheren Nervenganglien und das Sympathiko-Adrenalin-System an. Die Toxine schädigen die Leber und stören damit den Stoffwechsel und verletzen die Schleimhaut des Dickdarmes.

Als Prophylaxe ist eine strikte Lebensmittelhygiene zu empfehlen.

Vibrio cholerae. Der klassische Cholera-Vibrio wurde 1883 von Robert Koch in Afrika während einer Cholera-Epidemie entdeckt. 1910 fand Gottschlich noch eine Variante des Cholera-Vibrio, der El-Tor bezeichnet wird. Die Cholera grassierte schon im Altertum und nahm Hunderttausende Menschenopfer (einige Jahrhunderte v. u. Z.). In der Periode von 1816 bis 1926 brachen 6 Cholera-Pandemien (Länder und Kontinente umfassende) aus, die in der Regel immer wieder von Indien und Pakistan ausgingen. Im Flußtal des Ganges und des Nebenflusses Brahmaputra befinden sich die endemischen Herde der asiatischen Cholera. 1961 brach die 7. Pandemie (diesmal mit Krankheitserreger El-Tor-Vibrio) nördlich von Indonesien und in Südostasien aus, von der 80 Länder der Welt (vorwiegend in Asien und Afrika) ergriffen wurden.

Der Cholera-Vibrio ist äußerst widerstandsfähig und auch nach langer Zeit entwicklungsfähig. Seine Vermehrung erfolgt im Wasser und in Fischen, Krabben, Garneelen und Muscheln. Die Cholera wird auf verschiedenem Wege übertragen. Oft bei Kontakten mit Cholera-Kranken, häufiger durch Konsumation von mit dem Cholera-Vibrio verseuchten Lebensmitteln, meistens aber durch Wasser aus infizierten Quellen. Es ist deshalb kein Wunder, daß die Völker des Ostens die Cholera „Wassertod“ nennen.

Fast 150 Jahre stritten die Wissenschaftler über den Charakter der Cholera und der von ihr verursachten Schädigung des Magen- und Darmtraktes. Noch Ende des vorigen Jahrhunderts vertrat R. Koch die Meinung, daß die Cholera-Vibrionen irgendwelche Stoffe ausscheiden, die für den schweren Krankheitsverlauf verantwortlich sind. Erst in den letzten Jahren konnte man bei Experimenten mit Darmsegmenten feststellen, daß die Cholera-Vibrione in den Versuchstieren (Hasen) ein starkes Exotoxin und auch ein Endotoxin bilden. Das Endotoxin wurde Cholerogen (Enterotoxin) genannt. Die Wirkung dieser Giftstoffe besteht nicht in der Funktionshemmung und Schädigung des Magen-Darm-Epithels, sondern im Gegenteil – in der abrupten Steigerung seiner Ausscheidungsfunktionen. Bevor die Bildung der Cholera-Toxine beginnt, haften sich die Vibrione fest an das Epithel des Magen-Darm-Traktes, um nicht selbst hinausgespült zu werden.

Die Inkubationszeit erstreckt sich von einigen Stunden bis auf einige Tage. Die Krankheit verläuft mit verschiedenen klinischen Erscheinungsformen: 1. Enteritis-Form mit häufigem, schmerzlosen Defäkationsdrang; 2. Mittelschwere Form mit Gastroenteritis und häufiger Defäkation (20–30 mal in 24 Stunden), häufigem Erbrechen und starker Entwässerung des Organismus als Folgeerscheinung (bis 30 Liter Flüssigkeit), allgemeine Intoxikation, Blutverdickung, akuter Proteinmangel, Azidose, Krämpfe; 3. Schwere Form mit Anzeichen schwerer Intoxikation; die Elastizität und der Turgor der Haut sinken derart stark ab, daß sie sich zwischen den Fingern genommen, nicht mehr glättet; Verlust der Stimme und Urinausscheidung.

Bei dieser Form beträgt die Letalität über 60 % der Krankheitsfälle. Die Behandlung erfolgt im Krankenhaus mit Antibiotika der Tetracyklin-Reihe, symptomatischen Arzneimitteln, Transfusion salzhaltiger Lösungen u. a. Bei Epidemiegefahr ist die massenhafte Impfung mit abgetöteten Cholera-Vibrionen und Cholergen-Anatoxin vorzunehmen, wobei aber zu bedenken ist, daß die Immunität 3–6 Monate wirksam bleibt. Aber weder Impfungen noch Quarantänemaßnahmen waren bisher imstande, die Verbreitung der El-Tor-Cholera aufzuhalten. Nur strenge hygienische Maßnahmen und die strikte Befolgung medizinischer Vorschriften gewährleisten sicheren Schutz gegen diese gefährliche Seuche.

Salmonelle. Von diesen Darmbakterien wurden bisher 2200 Arten entdeckt. Sie wurden nach ihrem Entdecker, dem Bakteriologen D. E. Salmon benannt, der 1885 zusammen mit Th. Smith die erste Art dieser Bakterien aus den Eingeweiden verendeter Schweine isolierte. Die Salmonellen sind Erreger verschiedener Krankheiten, die man mit dem Sammelbegriff Salmonellen-Enteritis (Salmonellosis) bezeichnet. Der deutsche Arzt A. Gärtner isolierte 1888 den Erreger einer massenhaften Vergiftung (58 Personen mit 1 letalen Fall) nach Konsumation von Rindfleisch, das wegen Darmentzündung von einer notgeschlachteten Kuh stammte. Gärtner gab dem isolierten Erreger den Namen Bacterium enteritidis. Schon damals vertrat er die Auffassung, daß der Erreger thermostabiles Toxin produziert.

Heute wissen wir bereits, daß die verschiedenen Salmonellenarten artspezifische Infektionskrankheiten bei Menschen und Tieren verursachen. Bei Haustieren ist es Paratyphus, an dem Kälber, Schweine und Küken erkranken. Bei Schafen und Stuten kommt es zu vom Paratyphus ausgelösten Fehlgeburten. Bei Menschen werden 2 Gruppen Epidemien festgestellt – Typhus und Paratyphus B einerseits, und Lebensmittel-Toxikoinfektionen andererseits. Der Typhus wird von Typhuskranken übertragen, der Paratyphus von Paratyphuskranken, Haustieren (Wiederkäuer) und Geflügel. Die von verseuchtem Wasser ausgelösten Typhus- und Paratyphus-B-Epidemien sind heute eine Seltenheit, aber Lebensmittel-Toxikoinfektionen durch Salmonellen kommen in aller Art vor.

Die Lebensmittel-Toxikoinfektionen werden beim Menschen meistens von den Arten Salmonella typhimurium, Salmonella enteritidis, Salmonella choleraesuis u.a. ausgelöst. Infektionsquellen sind kranke Säugetiere (Haustiere) und Wasservögel (Gänse und Enten), und übertragen wird die Krankheit von Nagern (Mäusen und Ratten), Fliegen und Kranken. Die Toxikoinfektionen treten meistens nach Konsumation verseuchter Fleischprodukte (Schabefleisch, Sülzen, minderwertige Wurstwaren), Milch und Milchprodukte, Enten- und Gänseeier sowie mit ihnen zubereiteten Lebensmitteln (Speiseeis, Mayonnaise, Cremen u.a.) auf. In den Organismus eingedrungen, lokalisieren und vermehren sich die Salmonellen im Dünndarm. Ein Teil durchdringt die Darmwand, verursacht Entzündungen der Schleimhaut und tritt in das Blut ein. Bei ihrer Zerstörung in den Gedärmen und im Blut bilden die Salmonellen ein Endotoxin, das einen Glyko-Lipido-Protein-Komplex darstellt. Dieses Toxin übt eine vielseitige Wirkung auf verschiedene Organe und Systeme des Organismus aus. Es aktiviert an erster Stelle die Adenilatzyklase mit weiterem Anstieg des zyklischen Adenosinmonophosphats, der Phospholipide, Prostaglandine und anderer biologisch aktiver Stoffe. Das führt zu Darmentzündungen und Funktionsstörungen des Verdauungssystems. Das Endotoxin greift das Gefäßsystem an, erhöht ihre Durchlaßfähigkeit und senkt somit ihren Tonus und stört ebenfalls die Thermoregulation. Bei schweren Krankheitsfällen wird auf Grund des Flüssigkeit- und Elektrolytverlustes eine wesentliche Störung des Wasser-Salz-Haushaltes, der Blutzirkulation und Hypovolemie-Schock verursacht. Infolge der Endotoxinwirkung treten nach einer Inkubationszeit von 6–24 Stunden (selten von 1–2 Tagen) die klinischen Merkmale der Salmonellen-Toxikoinfektion auf, die in mehreren Formen verlaufen kann:

1. Gastroenteritische Form mit hoher Körpertemperatur (38–40°C), Erbrechen, Durchfall (oft blutig), Schweregefühl und Magenschmerzen, Kopfschmerzen, Schüttelfrost, Gelenke- und Muskelschmerzen; *2. Grippeähnliche Form* mit hoher Körpertemperatur und Schüttelfrost, Konjunktivitis, Phanringitis, Angina, Bronchitis, Husten und auch Magen- und Darmverstimmung; *3. Choleraähnliche Form* mit häufigem Erbrechen, starkem Durchfall, Magenschmerzen, schwacher Puls, blau angelaufene Gesichts- und Zehenhaut.

Die Behandlung ist im Krankenhaus vorzunehmen. Letale Fälle infolge Salmonellose werden selten beobachtet, meistens bei Organismen mit geschwächten Abwehrkräften. Die prophylaktischen Maßnahmen bestehen in strenger veterinärsanitärer Kontrolle bei der Gewinnung und Verarbeitung von Lebensmitteln tierischer Herkunft, bei ihrem Transport und Lagerung und bei der Zubereitung von Speisen in Gaststätten und Restaurants.

6.2. Ist „blühendes“ Wasser giftig?

Nach der Explosion der amerikanischen Atombombe über Hiroschima auf der Insel Honschu flößte die versengte und verstrahlte Erde den Menschen Grauen ein. Sie meinten, daß aus dieser Erde nie wieder Leben sprießen werde. Als aber nach einigen Monaten Wissenschaftler in Strahlenschutzkleidung Hiroschima besuchten, staunten sie über das Aussehen des sich vor ihnen ausbreitenden Landes. Anstatt verbrannter, schwarzer Erde, erblickten sie eine in blaugrünem Mantel eingehüllte Landschaft. Die entsprechenden Untersuchungen ergaben, daß es sich um blau-grüne Algen handelt, die das verseuchte Land in Besitz genommen hatten, noch bevor Menschen es zu betreten wagten.

Ähnliches geschah 1952 nach dem Ausbruch des Vulkans Krakatau in Indonesien. Auch dort waren es die blau-grünen Algen, die sich als erste Organismen auf den durch Lavaergüssen vernichteten Böden entwickelten.

Diese kleinen, grell gefärbten und erstaunlichen Algen sind in jeder Ecke unseres Erdballs vorzufinden – in den Meeren und Ozeanen, in Seen und Sümpfen, Flüssen und Wasserquellen, in den Böden und auf kahlen Felsen. Man findet sie sogar an Stellen, wo andere niedrige Organismen nicht existieren können, zum Beispiel in heißen Mineralwasserquellen mit Temperaturen über 80°C und in eisbedeckten Regionen, wo sie während der massenhaften Vermehrungsperiode dem Eis und Schnee gelbe, rote, braune und blaue Farbnuancen verleihen. Sie haben ihren Namen von ihrer blau-grünen Farbe erhalten, die auf den hohen Gehalt an grünen (Chlorophyll) und blauen (Phytozian) Pigmenten zurückzuführen sind. Außerdem enthalten sie auch andere Farbstoffe wie Karotin – orangefarbene Nuance, und Phykoeritrin – rote Farbnuance. Bei höherem Gehalt an solchen Pigmenten weisen die Algen gelbe, orangefarbene, rote oder braune Färbung mit unterschiedlichen Nuancen auf.

Diese uralten und primitivsten Organismen passen sich ihrem Umfeld ausgezeichnet an und gedeihen und entwickeln sich überall, wo sie Licht, Feuchtigkeit und in ihr aufgelöste Nährstoffe, wenn auch nur in minimalen Mengen, vorfinden. Es ist für sie charakteristisch, daß sie atmosphärischen Stickstoff verarbeiten.

Die blau-grünen Algen sind autotrophe Organismen, d.h. daß sie zur Photosynthese befähigt sind. Ihre Chlorophyllzellen nehmen die Energie der Sonnenstrahlen auf und verwandeln sie in für ihre Entwicklung erforderliche chemische Energie um. Sie gehören zu den Algen (Algae), die wiederum eine Gruppe der niederen autotrophen Organismen sind. Entsprechend der in ihnen enthaltenen unterschiedlichen Pigmenten und der Besonderheiten ihrer Morphologie werden sie in 12 Abteilungen eingeordnet. 10 von ihnen gehören zu den Eukarioten (Eucaryota) des Unterreiches Echte Algen (Phycobionta) und des Reiches Pflanzen (Phytobiota); grüne (Chlorophyta), gelb-grüne (Xanthophyta), braune (Phaeophyta), rote (Rodophyta), goldfarbene (Chrysophyta), Kryptophyzeen (Cryptophyta), Dinophyzeen (Dinophyta), Diatomeen (Bacillariophyta), Euglenophyzeen (Euglenophyta) und Charophyzeen (Charophyta); nur zwei Abteilungen werden den prokariotischen Organismen (Procaryota) – den Prochlorophyta und den blau-grünen Algen (Cyanophyta) zugeordnet (sie stehen den Bakterien und Viren näher als den Pflanzen); deshalb werden die Blaualgen von einigen Wissenschaftlern Cyanobakterien genannt.

Ohne Algen würden Flüsse, Seen, Meere und Ozeane leblose Wüsten darstellen, da sie das erste und wichtigste Glied in der Nahrungskette aller Wassertiere sind, ohne das ihre Existenz unmöglich wäre. Bedauerlicherweise mußten Wissenschaftler feststellen, daß einige der Algen verschiedene toxische Stoffe enthalten (Dinophyzeen, Crysophyzeen, Chlorophyzeen und vor allem Prochlorophyzeen und Zyanophyzeen), die in großen Teilen der Weltozeane, der Flüsse, Sümpfe und Seen verbreitet sind. Einige der Stoffe, die diese Algen ausscheiden und auch die chemischen Verbindungen, die nach ihrem Absterben und Zerfall entstehen, sind giftig und führen den Tod vieler Wassertiere herbei. Was die Zusammensetzung der Algen betrifft, wurden ätherische Öle, Terpineole, Aldehyde, Säuren und Giftstoffe gefunden, die man Algotoxine nennt. Es kann sich um zyanhaltige Clykosiden, Amygdalin, Saponine, zyklische Polypeptide, Stoffe, die dem Gift des Grünen Knollenblätterpilzes (Amanitaphalloide) nahestehen, u.a. Die Algotoxine besitzen die Eigenschaft, im Organismus zu kumulieren, und das blaue Algenpigment, Phykozyanin (C-Phykozyan) genannt, führt als parenchymatöses Gift zur Degeneration des Hirngewebes, der Leber, Nieren und anderer Organe. In bezug auf die physikalisch-chemischen Eigenschaften kann das Algotoxin den organischen Stoffen zugeordnet werden, die teilweise dem Sacsiotoxin ähneln – ein starkes Gift, das in der kalifornischen Muschel (Sacsiodomus giganteus) vorkommt und von ihr bei der Aufnahme von sich massenhaft entwickelnden blau-grünen Algen kumuliert wurde.

Manchmal kann man auf stehenden Gewässern (Süß- und Salzwasser) eine Schicht aus Algen unterschiedlicher Färbung beobachten. Die Anhäufung großer Algenmengen wird oft als „blühendes" Wasser bezeichnet. Diese Erscheinung ist auf eine äußerst aktive Algenvermehrung zurückzuführen, die gewöhnlich vom Eintreten besonders günstiger Entwicklungsbedingungen hervorgerufen wird – Anreicherung der Gewäs-

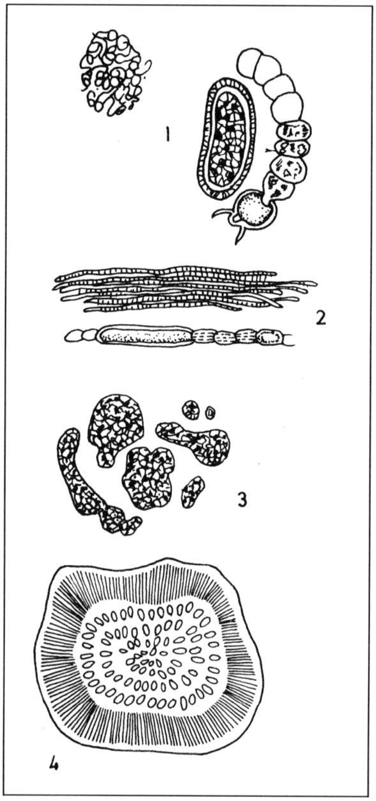

Abb. 6:
Blau-grüne planktonartige Algen – Verursacher des „Blühenden Wassers" von den Gattungen:
1. Anabaena;
2. Aphanizomenon;
3. Microcystis;
4. Voronichinii.

ser mit verschiedenen Salzen (dank Zufluß organischer Stoffe auf direktem und indirektem Wege). Dabei kommt es sehr oft zu einer übermäßigen Anhäufung von Algen, die die Ökosysteme schädigt.

Die mit Lipoiden übersättigten Algenzellen bilden zahlreiche Gas-Vakuolen und steigen zur Wasseroberfläche auf. Mit dem Eintreten heißer Sommertage beginnt die Zersetzung der Algen und das „Blühen" wirkt toxisch auf die Wassertiere. Die gewaltige Anhäufung von Algen führt zu einer derartigen Senkung des Sauerstoffgehalts im Wasser, daß Fische und andere Wasserbewohner massenweise verenden. Besonders gefährlich sind die blau-grünen Algen, die während des „Blühens" für viele Tiere tödlich giftig sind. Bekannt ist, zum Beispiel, daß sich 1927 in Südafrika Tausende Tiere an von blau-grünen Algen während des „Blühens" verseuchtem Wasser vergiftet hatten und starben. Beim Verschlingen größerer Mengen dieser Algen wurden Vergiftungssymptome wie bei Strychnin beobachtet. Bei Pferden tritt der Tod nach ungefähr 8–24 Stunden, bei Schafen nach 6–8 Stunden und bei Schweinen nach 3–4 Stunden ein. Bedeutend schneller wirkt das Gift tödlich bei Wasservögeln (Gänse und Enten). In Gewässern mit vergifteten Wassertieren findet man gewöhnlich bis 20 blau-grüne Algenarten, meistens der Gattungen Anabaena, Aphanizomenon und Microcystis.

In letzter Zeit treffen aus verschiedenen Teilen der Welt immer häufiger Meldungen über „blühendes" Wasser in kleineren und größeren Meeres- und Ozeanbuchten ein – in der Chesapeake Bay (USA) im Atlantik, in der Bucht von Tokio (Japan), ebenfalls in ausgedehnten Aquatorien bei Flußmündungen, zum Beispiel entlang der Küste des Baltikums, an der

Nordseeküste und im nördlichen Teil der Adria. 1967 und 1969 wurden auch im Nordwestteil des Schwarzen Meeres (in der Region des Donaudeltas) große Mengen „blühende" einzellige Algen der Gattung Escuviella cordata festgestellt – zwischen 100–140 Millionen pro Liter Seewasser. Diese Alge bevorzugt Meerwasser mit hoher Konzentration an organischen Stoffen. Während des „Blühens" stellte man eine Senkung des Sauerstoffgehaltes bis 50% und eine ungewohnte ziegelrote Färbung des Wassers fest.

Oft wird das „Blühen" auch von Dinophyten der Gattungen Peridinium und Ceratium verursacht, das als „rote Flut" oder „rotes Wasser" bekannt geworden ist. Diese Erscheinung ist seit langem bekannt, wurde aber als charakteristisch nur für die tropischen und subtropischen Regionen des Weltozeans betrachtet, insbesondere für den Golf von Mexiko, wo die Algotoxine der dort verbreiteten Peridineenalgen massenweise den Tod vieler Fische und anderer Meerestiere verursachen.

Für das „Blühen" und die „rote Flut" im Schwarzen Meer ist die Alge Escuviella cordata verantwortlich. Sie ist zwar nicht derart giftig wie ihre Artgenossen im Golf von Mexiko, stellt aber bei massenhafter Entwicklung eine Gefahr für die anderen im Wasser lebenden Organismen dar, da bei ihrem gleichzeitigen Absterben, das genau so „gemeinschaftlich" wie ihre Vermehrung erfolgt, große Sauerstoffmengen verbraucht werden. Aus diesem Grund verlassen im Schwarzen Meer die Fische und auch andere Wassertiere schleunigst die verseuchten Aquatorien.

Der sowjetische Wissenschaftler J. Saizew hat einige interessante Resultate von den Expeditionen mit dem Forschungsschiff „Miklucho Maklei" der Abteilung des Instituts für Biologie der Südmeere in Odessa veröffentlicht, die 1973, 1974 und 1975 stattgefunden hatten, wobei in einigen Regionen ein bedeutendes Sauerstoffdefizit festgestellt wurde. Die Folgen waren große Mengen toter Fische, Muscheln, Krabben, Garneelen und anderer wirbelloser Tiere.

Bei „blühendem" Wasser im Schwarzen Meer werden von den Gesundheitsorganen entsprechende Warnmeldungen an die Badegäste gerichtet.

Die Entwicklung dieses biologischen Prozesses wird visuell festgestellt, da das Meereswasser die Farbe unterschiedlich starken Tees annimmt. Solche Erscheinungen sind meistens in den Sommer- und Herbstmonaten zu beobachten. In diesen Fällen sollten die Badegäste darauf achten, daß kein Meerwasser in die Mundhöhle gerät, da der eventuelle Gehalt an Sacsiotoxin, das von einigen Algen der Gattungen Prorocentrum, Gonyaulax, Peridinium, Ceratium u. a. ausgeschieden wird, unangenehme Folgen haben kann. Das Sacsiotoxin wirkt auf das Atem- und Bewegungszentrum der Blutgefäße im Zentralnervensystem.

Während des Algenglühens ist die Konsumation von Fischen, Muscheln, Garneelen und Krabben aus den betroffenen Regionen zu vermeiden. 1976 kam es unter den Bewohnern der Südwestküste Spaniens zu zahlreichen Vergiftungen mit Sacsiotoxin, da sie eingefrorene und konservierte Muscheln konsumierten, die man während des „Blühens" der Alge Prorocentrum micans gefangen hatte. Diese Algenart findet in letzter Zeit auch im Schwarzen Meer starke Verbreitung.

Die Professoren M. Obee – Frankreich und F. Mc Intire – USA, teilen mit, daß in Perioden intensiven „Blühens" auf Grund der massenhaften Vermehrung mit organischen Stoffen führt, die Luft mit Aerosolen angereichert wird, die von diesen Einzellern ausgeschiedene Gifte enthalten. Das Einatmen solcher toxischer Aerosole führt zu allergischen Zuständen der Atemwege, Kehlkopfentzündungen, Konjunktivitis u. a. Beschwerden.

Vergiftungen mit Algotoxinen können beim Baden in „blühendem" Wasser, bei Verwendung von Trinkwasser aus davon betroffenen Sammelbecken und der Konsumation von Fischen, Muscheln und Krabben aus verseuchten Gewässern auftreten. Mittlerweile wurde festgestellt, daß auch gekochtes Wasser aus solchen Quellen seine Toxizität nicht verliert. Die Vergiftungen mit Algotoxinen treten in der Form von Magen- und Darmverstimmungen, Allergien, Hautkrankheiten, Muskelbeschwerden und gemischten Krankheitsbildern auf.

Die meisten Vergiftungen verlaufen in der Form einer ruhr- oder choleraähnlichen Erkrankung. Wenn Algotoxine der blau-grünen Algen in Trinkwasserleitungen geraten, kann es zu einer epidemischen Verbreitung von Gastroenteritis kommen. Dabei treten folgende Symptome auf: Brechreiz, schmerzhafte Magenkrämpfe, Darmkrämpfe, Erbrechen und schmerzhafter Stuhlzwang (bis 4 Tage), allgemeine Übelkeit, Anstieg der Körpertemperatur, Kopfschmerzen, Schmerzen in Muskeln und Gelenken.

Bei Erkrankungen der Haut sind Erythrodermie, Juckreiz, Aufgedunsenheit und Konjunktivitis charakteristisch.

Bei allergischen Vergiftungsformen treten neben allergischer Konjunktivitis auch Symptome auf, die an Bronchialasthma erinnern. Werden von der Vergiftung die Muskeln angegriffen, leidet der Kranke an plötzlich eintretenden und heftigen Schmerzen in der Muskulatur der Extremitäten und des Brustkorbes, die sich bei Bewegung steigern und zu Gleichgewichtsstörungen führen. Das gefährlichste Symptom in den ersten Stunden nach der Vergiftung ist die Asphyxie (Erstickungsnot infolge Funktionsstörung des Zwerchfelles und der Rippenmuskulatur). Die Anfälle wiederholen sich nach mindestens 10 Minuten und können bis 4 Tage dauern. Außerdem läuft die Haut blau an, die Mundschleimhaut trocknet aus, jede Berührung der Muskeln und Nervenverzweigungen ist schmerzhaft und die Körpertemperatur steigt an. Beobachtet wird auch verminderte oder erhöhte Harnausscheidung, und bei extrem schweren Fällen – völliger Urinausfall (2–3 Tage) und Urämie.

Für die Entstehung der Krankheit spielt die Thiaminase – ein das Thiamin (Vitamin B_1) zerstörendes Ferment, eine gewichtige Rolle, soweit es in den Algen vertreten ist. Der Vitamin-B_1-Mangel provoziert im Organismus einen höheren Bedarf an Vitamin B_2, das an den Oxydations- und Regenerationsprozessen teilnimmt.

Glücklicherweise werden Vergiftungen mit Algotoxinen bei Menschen selten beobachtet, weil die Sanitätsbehörden die Gefahren „blühenden" Wassers kennen und alle erforderlichen Maßnahmen treffen, um sie auszuschalten. Auch die Reinheit des Trinkwassers wird ständig kontrolliert.

7. Das Reich der Pflanzen
(Phytobiota, Plantae, Vegetabilia)

7.1. Das Geheimnis der Giftpflanzen

7.1.1. Wie schützen sich Pflanzen?

Die Pflanzen begleiten seit jeher Menschen und Tiere während aller Etappen ihrer Entwicklung. Als primäre Produzenten in der biologischen Nahrungskette konnten sie bei Gefahr nie „flüchten", wie zum Beispiel die Tiere, und wurden deshalb leichte Beute sowohl für Tiere als auch Menschen. In diesem Zusammenhang entstehen einige Fragen: Wie konnten die Pflanzen bis heute erhalten bleiben? Haben sie Abwehrmittel? Wenn ja, worin bestehen diese?

Eine der wichtigsten Überlebensmöglichkeiten in der lebenden Natur besteht darin, Abwehrstoffe zu entwickeln, die ihre Verwendung als Futter- und Nahrungsmittel ausschließen. Diese Möglichkeit fand in der Pflanzenwelt tausendfache Realisierung. Die Natur hat dafür „gesorgt", daß viele Pflanzenarten über ein verschiedenartiges „Arsenal" von Abwehrmechanismen verfügen, die im Laufe vieler Jahrhunderte entstanden und ihre Existenz in der wilden Natur sichern. Es bestehen keinerlei Zweifel, daß ohne diese Mechanismen ihr Weiterbestehen und ihre Fortpflanzung fraglich wäre, wenn sie natürlich nicht imstande sind, diesen Mangel zu kompensieren. Man stelle sich einmal Pflanzen vor, die keine Stacheln haben oder keine bitteren und abstoßenden Stoffe beinhalten. Die Natur hat dieses Problem durch zahlreiche und unterschiedliche Mechanismen sowohl gegen Parasiten (Insekten, Zecken, Pilze, Mikroben etc.) als auch Pflanzenfresser gelöst. Bei Hagebutten und Erdbeeren, zum Beispiel, erfüllen diese Rolle die von ihnen ausgeschiedenen Phytonziden, die die Schmarotzer abstoßen oder vernichten, aber auch ihre Dornen, die sie vor Pflanzenfressern schützen. Während die Dornen eine mechanische Abwehrwirkung auf größere Tiere haben, vertreiben, verhindern oder vernichten die Phytonziden die erwähnten schmarotzenden Mikroorganismen. Ein typisches Beispiel in dieser Hinsicht wäre der Spechtwurz (Dictamus albus), der in Mittel- und Südeuropa, Südsibirien und im Kaukasus weit verbreitet ist. Seine bis 120 cm hohen Stengel sind mit Trichomen (Pflanzenhaar, besonders im oberen Teil) bedeckt, die flüchtige Phytonziden versprühen und bei Verletzung oder Abbrechen eine Brennreiz verursachende Flüssigkeit mit spezifischem Geruch ausscheiden. Viele Liebhaber von Wiesenblumen wurden und werden von der Schönheit der Spechtwurzelblüten angelockt, mußten aber für das Pflücken einen hohen Preis „bezahlen" – Verbrennungen im Gesicht und an den Händen. Sie werden von flüchtigen Giftstoffen (ätherischen Ölen) mit starker Reizwirkung verursacht. An heißen und windstillen Tagen werden sie in derart großen Mengen ausgeschieden, daß die Luft über ihnen „flimmert" und scheinbar „strömt". Wenn man ein brennendes Zündholz hinhält, flackert für einen Sekundenbruchteil eine Flamme auf, ohne die Pflanze zu beschädigen. Aus diesem Grund wird der Spechtwurz mancherorts auch „feuerfester Strauch" genannt.

Die Pflanzen verfügen auch über andere Mechanismen für eine aktive Abwehr verschiedener Schmarotzer (Pilze, Bakterien, Viren, Einzeller u. a.). Es ist bekannt, daß der Organismus des Menschen und der Tiere Antikörper zu produzieren beginnt, wenn Mikroben in das Blut geraten. Analoge Prozesse erfolgen auch in den Pflanzenzellen, die ebenfalls Abwehrstoffe – Phytoalexine, als Reaktion auf externe Schädlinge produzieren. Es wurde nachgewiesen, daß sie auf verschiedene krankheitserregende Pilze und Mikroorganismen toxisch wirken. Ihre Effektivität steht im Verhältnis zur Geschwindigkeit ihrer Vermehrung und Produktionsmenge.

Während ihres Evolutionsprozesses haben die Pflanzen neben chemischer Abwehrmittel auch Mechanismen entwickelt, die sie vor ihren „eigenen Waffen" schützen. Sie speichern gewöhnlich einen kleinen Teil der Wirkstoffe in den wenig aktiven Teilen der Zellen, zum Beispiel in den Vakuolen, und erst bei Bedarf beginnt ihre rasche Vermehrung.

Naturwissenschaftler haben nachgewiesen, daß bei Sporenbefall, und nachfolgender „Injektion" von Giftstoffen in die Zellen der entsprechenden Pflanze die Phytoalexine sofort eine gesteigerte Enzymenproduktion hervorrufen, die die Biosynthese der zur Abwehr erforderlichen Phytoalexinmenge katalysieren.

In der Tierwelt signalisieren grelle Farben gewisser Arten, daß sie gefährlich und giftig sind, und sie werden tatsächlich von ihren eventuellen Feinden gemieden. In der Pflanzenwelt finden Schutzfarben keine Anwendung, da viele Arten Blüten mit hellen Farben treiben. Aber eine der Schutzfarben ähnliche Rolle spielt der bittere Geschmack einiger Pflanzen. In der Natur ist die Zahl bitterer Pflanzen ohne toxische Wirkung auf Mensch und Tier äußerst gering. Gewöhnlich ist der bittere Geschmack eine ernst zu nehmende Warnung: „Vorsicht, Gift!" Im Vergleich zu allen anderen Abwehrmechanismen ist die Toxizität wohl die wichtigste. Die Produktion von Giftstoffen in den Pflanzenzellen hat die Existenz und den Bestand vieler Arten bis heute gesichert. Es ist interessant, dabei zu vermerken, daß sie von den meisten Pflanzenfressern erkannt und gemieden werden. Ein Beispiel dafür wäre der Weiße Germer (Veratrum album), der in den hohen Bergregionen Europas verbreitet ist. Diese Pflanze enthält auf Tiere stark giftig wirkende Alkaloide. Auf den Almen wächst der Weiße Germer unbehindert, da ihn Schafe und Ziegen nicht anrühren. Diese seine abstoßende Wirkung war schon im Mittelalter bekannt. Es gibt aber auch mehrere Pflanzen, die von Tieren nicht erkannt werden und der Viehzucht durch Vergiftung erheblichen Schaden zufügen.

Heute weiß man, daß von den ungefähr 300.000 auf der Welt verbreiteten Pflanzenarten ungefähr 700 bei Mensch und Tier zu schweren Vergiftungen führen oder sogar tödlich wirken.

7.1.2. Ursachen der Toxizität

Jahrhundertelang stellten unzählige Wissenschaftler Bemühungen an, um das Geheimnis der Giftpflanzen zu lüften, die schon unseren Urahnen viel Leid zugefügt haben. Diese geheimnisumwitterte Wirkung der Giftpflanzen fußte auf der Unkenntnis ihrer physiologischen Besonderheiten und der biologisch aktiven Stoffe, die sie produzieren. Die Menschheit brauchte Jahrhunderte, um mit Hilfe der Wissenschaft alle mit den Giftpflanzen verbundenen Sagen und Mythen zu überwinden.

Heute sind die Pflanzengifte nicht nur dechiffriert, sondern bereits auf verschiedenen Gebieten der Medizin im Einsatz.

Dank wissenschaftlicher Forschungsarbeit wurde nachgewiesen, daß die Giftpflanzen biologisch aktive chemische Stoffe produzieren (Alkaloide, Glykoside, Saponine, Phytonzide, ätherische Öle u. a.), die in geringen Mengen heilkräftig, in großen aber für Mensch und Tier äußerst schädlich sind.

Damit verbunden, stellt sich die Frage, welche diese biologisch aktiven Stoffe sind?

Alkaloide sind in Pflanzen vorkommende basische Stoffe, die Stickstoffatome enthalten und meistens mit organischen Säuren Verbindungen bilden. Das erste Alkaloid wurde 1805 vom deutschen Gelehrten Sertürner entdeckt und von ihm nach dem griechischen Gott des Traumes Morpheus – Morphin genannt, da es narkotisierende Eigenschaften besitzt. Die Entdeckung dieses Vertreters einer ganzen Klasse von Pflanzenstoffen spielte für die weitere Entwicklung der Medizin eine wesentliche Rolle. Im Jahre 1819 wurden von Meißner alle ähnlichen chemischen Verbindungen Alkaloide genannt (vom arabischen alkali – Basis, und dem griechischen èidos – ähnlich). Laut einiger Wissenschaftler war die Entdeckung der Alkaloide Anfang des 19. Jahrhunderts für die Entwicklung der medizinischen Wissenschaft von großer Bedeutung und ist mit der Entdeckung des Eisens und seiner Rolle für den Fortschritt der Menschheit vergleichbar. Wissenschaftliche Forschungsarbeiten ergaben, daß die Alkaloide hautsächlich in den Blättern und Wurzeln der Pflanzen und bedeutend weniger in der Rinde, in den Samen und im Stamm konzentriert sind. Heute sind über 900 Alkaloide bekannt, die alle eine hohe biologische Aktivität und komplizierte chemische Zusammensetzung aufweisen. Da die Grenze zwischen ihrer Heilkraft und Toxizität schwer festzustellen ist, finden nur wenige von ihnen in der Medizin Anwendung. Neben Morphin gehören Atropin, Chinin, Galantamin u. a. zu den bekannteren Alkaloiden.

Glykoside. In der ersten Hälfte des 19. Jahrhunderts wurde fast gleichzeitig mit der Entdeckung der ersten Alkaloide die Untersuchung einer anderen sehr wichtigen Gruppe pflanzlicher Heilstoffe – der Glykoside in Angriff genommen. Im Unterschied zu den Alkaloiden enthalten diese Verbindungen keinen Stickstoff, haben keine basischen Eigenschaften und bilden keine Verbindungen mit Säuren. Aber schon die ersten Untersuchungen ergaben eine charakteristische Besonderheit der Glykoside: Bei Behandlung mit Säuren gewinnt man neben anderen Produkten auch Monosaccharide – meistens Glykose. Aus diesem Grund nannte man sie Glykoside (aus dem griechischen glykos – Zucker). Paradox dabei ist, daß diese Verbindungen im Gegensatz zu ihrem „süßen“ Namen einen bitteren Geschmack haben. Man denke, zum Beispiel, an den bitteren Geschmack des Wermut (Artemisia absinthium). Glykoside enthaltende Pflanzen wurden schon im

Altertum als Heilmittel eingesetzt. Die alten Ägypter verwendeten die Meerzwiebel (Urginea/Scilla maritima), deren aktiv wirkende Stoffe Glykoside sind. In der Volksmedizin der Vergangenheit setzte man ebenfalls Pflanzen mit Glykosiden ein, wie das Maiglöckchen zum Beispiel. Die Erforschung der Glykoside ist eng mit einem der wirksamsten Arzneimittel bei Herzkrankheiten verbunden, das aus dem Roten und Wolligen Fingerhut gewonnen wird. In größeren Mengen aber sind alle diese Pflanzen stark giftig.

Glykoalkaloide. In den Pflanzen entdeckte man eigenartige „Hybridstoffe", die sowohl Eigenschaften der Alkaloide als auch der Glykoside besitzen. Die Moleküle dieser Stoffe bestehen ähnlich wie die Moleküle der Glykoside aus Aglykonen und Zuckeranteil, wobei sich das Aglykon als echtes Alkaloid verhält – es kann mit seinem Stickstoffanteil und Säuren Salze bilden. Obwohl die Glykoalkaloide in der ersten Hälfte des 19. Jahrhunderts isoliert wurden, schenkten ihnen die Wissenschaftler wenig Augenmerk. Die eigenartigen chemischen Eigenschaften dieser Stoffe regten die Chemiker an, den Bau der Moleküle zahlreicher Glykoalkaloide zu dechiffrieren, wobei sie feststellten, daß sie auf den Menschen stark toxisch wirken und in solch weit verbreiteten Kulturpflanzen wie der Kartoffel und Tomate vertreten sind. Glykolalkaloide sind in den Stengeln, Blättern und Früchten und in geringen Mengen in der Knollenschale der Kartoffelpflanze enthalten. Im Unterschied zu den Alkaloiden und Glykosiden, die rasch ihren „Platz" im Leben behaupten, fanden die Glykoalkaloide wegen ihrer starken Toxität lange Zeit keine praktische Anwendung.

Saponine. Die spanischen Missionäre, die den Konquistadoren nach Südamerika folgten, waren sehr verwundert, daß die Eingeborenen keine Seife verwendeten und verständlicherweise auch ihre Zubereitung nicht kannten. Anstatt mit Seife sorgten sie für ihre Körperhygiene und wuschen ihre Kleidung mit „Naturseife", die ihnen der Quilaja-Baum (wörtlich übersetzt – „Waschbaum") lieferte. Sie legten ein Stück Baumrinde in das Wasser und erhielten nach kräftigem Rühren einen Schaum, der wie Seife Reinigungseigenschaften besitzt. Die südamerikanischen Indianer nahmen zum selben Zweck die jungen Früchte eines anderen Baumes, den sie Saponidi nannten, und die Früchte selbst – indianische Seifenfrüchte

(Fructus saponis indici). Später erwies sich, daß Pflanzen mit ähnlichen Eigenschaften auch in Europa vorkommen. Im Jahr 1808 gelang es dem deutschen Chemiker Schrader, aus Wurzeln der südamerikanischen Sarsaparila-Pflanze einen eigenartigen Stoff mit herb-reizendem Geschmack zu isolieren, der in Wasser gerührt, stark schaumbildend ist. Ähnliche Stoffe wurden auch aus anderen Pflanzen gewonnen. Man nannte sie Saponine (vom lateinischen sapo – Seife). Gleichzeitig stellte man fest, daß die Saponine keineswegs harmlose Stoffe sind, obwohl sie bei der Zubereitung einiger Nahrungsmittel Verwendung finden. Letztendlich hing alles davon ab, wie sie in den Körper der Tiere und des Menschen geraten. Mit der Nahrung aufgenommen, bleiben sie für den Organismus unschädlich, aber in die Blutbahn geraten, verursachen sie Hämolyse (Zerstörung der roten Blutkörperchen) und damit Vergiftung des Organismus. Für die Fische sind solche Saponine äußerst giftig und verursachen sogar bei Verdünnung 1 : 1.000.000 den Tod. Diese Wirkung ist damit zu erklären, daß die Saponine über die Kiemen rasch in die Blutbahn geraten und die Hämolyse auslösen. Die Aborigines Australiens setzen diese Pflanzen beim Fischfang ein. Sie zerfasern mit einem Stein ihre Rinde und werfen sie ins Wasser. Bald danach tauchen die vergifteten Fische auf und werden einfach eingesammelt. Heute finden die Saponine in der Medizin Anwendung, insbesondere bei Erkältungen, da sie schleimlösend auf die Atemwege wirken.

Phytonzide sind von Pflanzen ausgeschiedene flüchtige oder flüssige Stoffe, die Mikroben, Pilze, Einzeller und sogar einige Viren töten oder ihre Vermehrung hemmen. Die Phytonzide (von den griechischen Wörtern phyton – Pflanze und zido – töten) wurden 1928 vom sowjetischen Wissenschaftler B. Tokin entdeckt. Es handelt sich um Pflanzengifte, die die Pflanzen vor Mikroorganismen schützen. Die Zwiebel, der Knoblauch, Tannen, Eukalipten u.v.a. produzieren große Mengen dieser Stoffe.

Ätherische Öle. Sie wurden zum ersten Mal im Mittelalter von Alchimisten gewonnen, die tage- und nächtelang nach dem Stein der Weisen und dem Elixier des Lebens suchten. Eine der wichtigsten Methoden ihrer alchimistischen Experimente war die Destillation. Sie destillierten Wein, um aus ihm „spiritus vini" – den Geist des Weines zu gewinnen. Sie destillierten Heilkräuter und Giftpflanzen, um aus ihnen die „Urkräfte“ zu gewinnen. Bei diesen Experimenten erhielten sie ölähnliche Stoffe mit starkem Aroma. Im Unterschied zu den gewöhnlichen Pflanzenölen aber verflüchtigten sie sich rasch und wurden deshalb ätherische Öle genannt. Bedeutend später, als Alchimie bereits der Geschichte angehörte, stellten Wissenschaftler fest, daß in chemischer Beziehung die ätherischen Öle mit den Pflanzenölen und Fetten nichts gemein haben, die komplizierte Äther des dreiwertigen Alkohols, des Glyzerins und der hochmolekularen Fettsäuren sind (Olein-, Palmitin- und Stearinsäuren). In der Zusammensetzung der ätherischen Öle dagegen fehlt das Glyzerin, so daß sie eine Mischung aus verschiedenen flüchtigen stickstofffreien Verbindungen darstellen, in denen vorwiegend Terpenkohlenwasserstoffe und ihre Sauerstoff enthaltenden Derivate vertreten sind – Alkohole, Aldechyde, Phenole, Ketone, Ester, Säuren, Oxide, Sulfate, Laktone u. a. Die Rolle der ätherischen Öle besteht darin, die Pflanzen vor krankheitserregenden Mikroorganismen, Insekten, Zecken u. a. zu schützen. Sie verdunsten außerdem an heißen Tagen, verhindern damit eine Überhitzung der Pflanzen und aromatisieren ihr Umfeld.

Flavonoide sind Phenolverbindungen mit zwei aromatischen Gruppen. Sie sind in allen Pflanzenorganen enthalten und in den letzten Jahren zunehmend Objekt der Arzneimittelforschung, da sie positiv auf die Herztätigkeit wirken, als Antikrebsmittel gelten und galletreibend sind.

Die Pflanzen enthalten noch eine ganze Reihe biolgisch aktive chemische Stoffe wie Kumarine und Furokumarine, Gerb-, Schleim- und Pektinstoffe, Vitamine, Hormone, Enzyme, Harze, Antibiotika, Lignin, Insulin, Eiweiß, organische Säuren, Wachse, Fette, Lipoide, Phosphatide u. a.

Die verschiedenartigen chemischen Komponenten der Pflanzen wirken auf fast alle physiologischen Systeme von Mensch und Tier: Auf die Haut, den Verdauungstrakt, das Blut, das Nervensystem, den Stoffwechsel, den Nahrungsmittelwert, aber auch auf ihre hormonale und reproduktive Funktion.

Alle diese biologisch aktiven chemischen Verbindungen können positiv **heilend wirken**, wenn sie die Wiederherstellung der normalen Tätigkeit des menschlichen und tierischen Organismus fördern, aber auch **negativ toxisch**, wenn sie dem Organismus schaden und seine Funktionen in eine falsche Richtung, mit für Mensch und Tier lebensbedrohenden Folgen steuern.

7.2. **Giftige Vertreter der Familie Nachtschattengewächse** (Solanaceae)

Die Familie der Nachtschattengewächse umfaßt ungefähr 90 Gattungen mit etwa 2500 Arten. Ungefähr die Hälfte der Gattungen sind in Mittel- und Südamerika verbreitet. Man betrachtet diese Regionen als ihre Heimat, von der sie dann in andere Kontinente und Länder gebracht wurden. Viele Arten dieser Familie dienen als Nahrung und für die Herstellung von Arzneimitteln, aber auch die Zahl der giftigen unter ihnen ist nicht gering.

Abb. 7:
Tollkirsche
(Atropa belladonna)

Tollkirsche (Atropa belladonna). Der lateinische Gattungsname Atropa ist dem altgriechischen Mythos über die drei Schicksalsgöttinnen – Moiren (röm. Parzen) entnommen. Gewöhnlich werden drei genannt: Klotho – die jüngste, spinnt den Lebensfaden, Lachesis – die zweitälteste, teilt das Lebenslos zu und Atropos (gr. „Unbarmherzige") – die älteste, schneidet den Lebensfaden ab, wenn sie entschied, daß des Menschen letzte Stunde geschlagen hat. Die unerbitterlichen Moiren bestimmten das Schicksal aller Menschen und Götter, einschließlich des waltenden Herrschers über Himmel und Erde – Zeus. Niemand konnte das ihm von den Moiren bestimmte Schicksal abwenden oder abändern. Wahrscheinlich erinnerte sich Carl Linné an diesen Mythos als er den Gattungsnamen Atropa wählte. Und was die lateinische Artbezeichnung betrifft, ist sie auf die Gepflogenheit der venezianischen Damenwelt zurückzuführen, die im Mittelalter einige Tropfen Saft von der Frucht dieser Pflanze in ihre Augen träufelten und auch ihre Wangen damit einrieben. Da dieser kosmetische Eingriff die Pupillen erweiterte, den Augen Glanz und den Wangen Röte verlieh, und damit zur Schönheit der Damenwelt beitrug (lat. belladonna), wählte man eben diese lateinische Bezeichnung als Artnamen. Als die Wissenschaftler später ein giftiges Alkaloid entdeckten, gaben sie ihm den Namen der unerbitterlichen Atropa – Atropin (vom griechischen „schrecklich", d. h. den Tod herbeiführend).

Die Tollkirsche ist eine langjährige, in feuchten Gegenden und auf Waldlichtungen wachsende Pflanze, die bei günstigen Bedingungen einen bis 2 m hohen Strauch bildet. Sie ist in Mittel- und Südeuropa, Südamerika, Mittel- und Westasien verbreitet und hat dunkelgrüne, eiförmige, spiralartige am Stengel gelegene Blätter. Die Blüten sind groß, verlieren ihre Kelchblätter nicht und haben einen glockenförmigen, braunviolett gefleckten Blütenkranz. Die Beeren sind fleischig, schwarz glänzend mit kleinen Samen und sehen wie Wildkirschen aus. Gerade diese Beeren verlocken manchmal Kinder und Erwachsene. Ihr Verzehr aber ist gefährlich, verursacht rasch Schwindelgefühl, Erbrechen, rapid steigende Kopftemperatur, trockene Mundhöhle, beschleunigte Herztätigkeit, starke Erregung, Artikulationsstörungen. Anschließend treten Mattigkeit und Schläfrigkeit ein, später Bewußtlosigkeit, Atemnot und schließlich der Tod. Giftig sind aber nicht nur die Beeren, sondern alle anderen Teile dieser Pflanze, da sie die Alkaloide Atropin, Skopolamin, Hyoszyamin, Belladonnin und Apoatropin enthalten. Die größten Alkaloidmengen befinden sich in den Wurzeln der Tollkirsche, aus denen das Atropin zum ersten Mal 1831 vom Naturforscher Mein gewonnen wurde. Das Atropin ist ein harter kristalliner Stoff, von dem nur 1 mg den Tod eines erwachsenen Menschen herbeiführen kann. Sogar in nur geringen Dosen eingenommen, verursacht er Hitzegefühl, Trockenheit der Mundhöhle, Schluckbeschwerden. Das Gesicht läuft rot an, die Pupillen erweitern sich, die Augen erhalten einen unnatürlichen Glanz, der Puls steigt an, manchmal treten auch Ausschläge auf. Später treten Mattigkeit, Schwäche, Schläfrigkeit, Schlaflosigkeit und in einigen Fällen der Tod ein. Es ist interessant zu vermerken, daß im Unterschied zum Menschen diese Alkaloide auf einige Pflanzenfresser (Schafe, Ziegen, Hasen, Meerschweinchen u. a.) keine Wirkung ausüben, die genüßlich die Blätter der Tollkirsche verzehren. Dasselbe bezieht sich auf einige Vogelarten (Amseln, Kanarienvögel u. a.) und Käfer.

Die Giftwirkung der Tollkirsche war schon im Altertum bekannt. Daß sie Erregungszustände hervorruft, wurde von Schamanen und Zauberern bei vielen kultischen Handlungen ausgenutzt. Sie fand aber auch als Bestandteil von „Zaubertränken", Pulvern und Salben Anwendung. Die Krieger der germanischen Stämme putschten sich vor der Schlacht mit einem Getränk auf, zu dessen Bestandteilen auch die Tollkirsche gehörte. Unter ihrem Einfluß fühlten sie den Zustrom neuer Kräfte und Mut, stürzten sich wie rasende Raubtiere auf ihre Gegner und schlugen sie in panikartige Flucht. Aus diesem Grund galt die Tollkirsche als „Heldenkraut".

Laut einer anderen Überlieferung half Tollkirschensaft den Schotten, die dänischen Eindringlinge ohne eigene Verluste zu vernichten. Sie rechneten nicht mit einem Sieg durch Gewalt und setzten Kriegslist ein. Sie ließen bei ihrem Rückzug Fässer voller Wein zurück, dem sie Tollkirschensaft beigemischt hatten. Die durch ihren leichten Sieg euphorisch gestimmten dänischen Krieger stürzten sich ahnungslos auf die wertvolle Beute. Die meisten von ihnen wurden bewußtlos und von den Schotten niedergemetzelt. Der namhafte griechische Arzt Galenus Claudius (129–199) beschreibt in seinen Schriften die Heilkraft der Tollkirsche, die er als schmerzstillendes Mittel bei „schrecklichen und nicht heilenden Geschwüren“ empfahl.

Im Mittelalter rief die Tollkirsche Ehrfurcht hervor, wurde aber von den Ärzten selten verwendet, da sie ihre Dosierung nicht beherrschten, aber ihren schlimmen Ruf als starkes Gift kannten. Deshalb war sie eher mit ihrer Toxizität, als mit ihrer Heilkraft bekannt. Gleichzeitig gewann sie als Schönheitsmittel große Verbreitung.

In den 20er Jahren unseres Jahrhunderts gewann die Behandlung der Parkinsonschen Krankheit mit Atropa belladonna nach der Methode des bulgarischen Volksmediziners Iwan Raew (cura bulgara) weltweite Popularität. Großes Interesse für diese Methode zeigte die italienische Königin Helena von Savoyen, die für die Arznei des bulgarischen Volksmediziners eine riesige Summe zahlte, um die Krankheit eines hohen italienischen Offiziers behandeln zu lassen, gegen die sich die damalige Medizin hilflos erwies. Die Behandlung führte zu seiner Genesung. Daraufhin entsandte die Königin die Professoren Panegrossi und Fernani nach Bulgarien, um eingehend die Heilmethode des Volksmediziners zu studieren, der das Geheimnis seiner Erfolge sorgfältig hütete. Erst später, als Iwan Raew einer Einladung nach Italien folgte, und die klinische Überprüfung seiner Methode positive Resultate ergab, lüftete er das Geheimnis seines Arzneimittels, das er aus den Wurzeln der Tollkirsche gewann. Zu diesem Zweck braute er die Wurzeln in Weißwein zusammen mit tierischer Kohle. Während des Kochens und Filterns gingen die Alkaloide von den Wurzeln in den Wein über, zerfielen teilweise und wurden teilweise von der Kohle absorbiert. Trotzdem hatte das Filtrat sehr gute Heileigenschaften, bei weitem bessere als reines Atropin. Diese Tatsache bestätigte die Annahme, daß in den Belladonna-Wurzeln neben den bekannten Alkaloiden auch andere Arzneistoffe vertreten sind. Iwan Raew empfahl auch die Einahme eines Pulvers, zu dessen Bestandteilen Muskatnuß und Wurzeln des Kallamus-Schilfes gehörten und das die, von der Belladonna verursachte, quälende Trockenheit der Mundhöhle linderte. Iwan Raew wurde mit dem Orden der Königskrone ausgezeichnet und in die Liste ausländischer Ehrenbürger eingetragen. Weltruhm erlangte er nach dem Bericht von Prof. Panegrossi auf dem Ärztekongreß in Berlin.

Heute findet das Atropin (das wichtigste Alkaloid der Tollkirsche) als heilkräftiges Arzneimittel breite Anwendung bei verschiedenen Beschwerden und Krankheiten wie z.B. krampfartige Schmerzen bei Magen-, Darm-, Nieren- und Gallenkrankheiten und Lungenasthma – durch Entkrampfung der Bronchienmuskulatur. Da es die Magensekretion und Magenkrämpfe vermindert, wird Atropin bei Magen- und Zwölffingerdarmgeschwüren verschrieben. Augenärzte setzen Atropin in der Diagnostik ein, da es die Pupillen erweitert und damit den Einblick in das Augeninnere erleichtert. Wichtig ist auch seine Anwendung als Antitoxin bei Vergiftungen mit Morphin und anderen Narkotika aber auch chemischen Kampfstoffen wie Tabun, Sarin und Soman, da es die Atmung anregt.

Heute werden aus den verschiedenen Teilen der Tollkirsche (vorwiegend aus den Wurzeln und Blättern zwei-, drei- und vierjähriger Pflanzen) zahlreiche Arzneimittel gewonnen, die eine breite Anwendung in der modernen Medizin finden.

Bilsenkraut (Hyoscyamus niger). Das Bilsenkraut war als Gift- und Heilpflanze schon den alten Babyloniern, Ägyptern, Persern, Arabern, Griechen und Römern bekannt. Es wurde zum ersten Mal vom altrömischen Arzt griechischer Herkunft, Dioskurides Pedanios (2. Hälfte des 1. Jh.) beschrieben. Er gab ihm den lateinischen Artnamen Hyoscyamus (aus dem griechischen hyos – Schwein, und cyamus – Bohne), weil er beobachtet hatte, daß es im Unterschied zu anderen Tieren auf Schweine keine Giftwirkung zeigte.

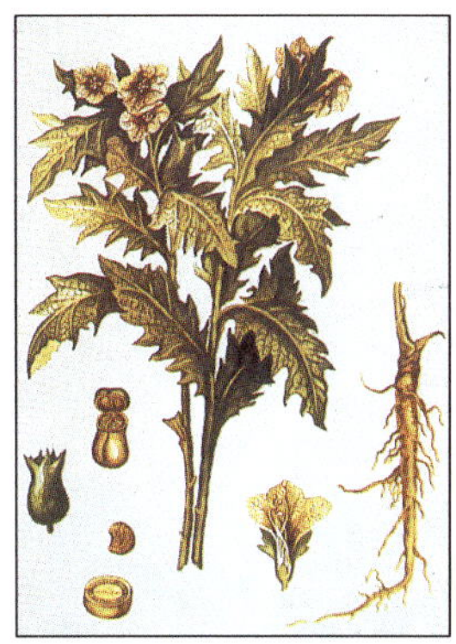

Abb. 8:
Bilsenkraut
(Hyoscyamus niger)

Das Bilsenkraut ist in Europa und Mittelasien weit verbreitet. Die Ursache dafür ist wohl die große Anzahl seiner Samen – 10.000 bis 500.000 je Pflanze. Kennzeichnend für die Samen ist ihre Widerstandsfähigkeit bei ungünstigen Entwicklungsbedingungen. Bei armen Böden wird die Entwicklung der Pflanze in einem Jahr abgeschlossen, bei nährreichen Böden ist das Bilsenkraut eine zweijährige Pflanze. Im ersten Jahr bildet sie eine Rosette aus verlängert eiförmigen, zugespitzten, gezähnten Blättern mit Stiel, und im zweiten Jahr einen gezweigten, blütentragenden, bis 1 m langen Stengel. Das Bilsenkraut treibt an den Stengel- und Zweigspitzen blättrige Blütenstände. Der Blütenkranz ist fünfteilig, gelb-bräunlich mit dunkelvioletten Blattadern. Die Frucht stellt eine samenreiche, krugförmige Kapsel dar. Die Wurzel ist dick und spindelförmig.

Alle Teile des Bilsenkrautes sind giftig. Sie enthalten dieselben Alkaloide wie die Tollkirsche – Atropin, Skopolamin und Hyoszyamin.

Das Bilsenkraut riecht und schmeckt unangenehm und wird deshalb von Pflanzenfressern gemieden. Vergiftungen mit Bilsenkraut sind bei Menschen, insbesondere bei Kindern keine Seltenheit. Meistens sammeln diese die interessanten und prall gefüllten, krugförmigen Samenkapseln. Beim Zerkauen schmecken die Samen erfrischend herb-süß. 10–12 Samen reichen vollkommen, um zur Vergiftung eines Kindes zu führen. Die ersten Anzeichen der Vergiftung treten nach einer halben bis einer Stunde auf: Gesicht und Hals laufen stark rot an, Überfunktion der Speicheldrüse, dananch Trockenheit der Mundhöhle, Brechreiz, Erbrechen, Krämpfe in Armen und Beinen. Später beginnt ungestümes Laufen, Schreien und Phantasieren. Andere typische Merkmale einer Vergiftung sind unnatürlicher Glanz der Augen, Pupillenerweiterung und doppelte Wahrnehmung der Gegenstände, ähnlich wie bei Belladonna-Vergiftung. In schweren Fällen fällt man in tiefen Schlaf und nach einigen Stunden tritt gewöhnlich der Tod ein.

Das Bilsenkraut als Arzneimittel findet in der Volks- und Schulmedizin breite Anwendung. Schon Dioskurides empfahl Umschläge mit Bilsenkrautblättern als schmerzstillendes Mittel bei Traumata. Mit Bilsenkrautblättern gekochtes Pflanzenöl läßt als Einreibungsmittel und Tropfen die Schmerzen in Knochen und Muskeln abflauen, ebenfalls bei Radikulitis, Rheuma und Ohrenentzündungen. Das Bilsenkraut und die aus ihm gewonnenen Arzneimittel wirken schmerzstillend und beruhigend bei Neuralgien, bei spastischem Husten, chronischer Bronchitis, Bronchialasthma, Magen- und Darmkrämpfen u. a. Es ist Bestandteil des Präparates Aeron, das prophylaktisch und therapeutisch bei der sogenannten Seekrankheit eingenommen wird.

Die Entdeckung der Heileigenschaften des Bilsenkrautes ermöglichten seine breite Verwendung als Arzneimittel in der Form von Extrakten, Pulvern und Tabletten.

Stechapfel (Datura stramonium). Der lateinische Gattungsname Datura ist der arabischen und persischen Sprache entlehnt und bedeutet „stachelige Frucht". Der Artbegriff stramonium ist mit dem Flußnamen Strymon (heute Struma, Bulgarien) verbunden. Laut einer alten Legende sollen aus Persien heimkehrende und ausgehungerte römische Krieger im Flußtal des Strymon viel Obst, Wurzeln und Samen verschiedener Pflanzen verzehrt haben, darunter große Mengen von Stechapfelsamen. Bald danach seien sie massenweise dem Gifttod zum Opfer gefallen. Andere Autoren interpretieren den Artbegriff stramonium in seiner lateinischen Bedeutung – „stinkend", indem sie auf den unangenehmen Geruch zerriebener Stechapfelblätter hinweisen. Schamanen und Magier des Altertums verwendeten den Stechapfel bei kultischen Handlungen. Die Schamanen der alten Thraker, zum Beispiel, tranken ein Gebräu aus Stechapfelblättern, fielen in Trance, sprachen erregt und irre, was vom abergläubischen Volk als Beschwörung und göttliche Offenbarung aufgefaßt wurde.

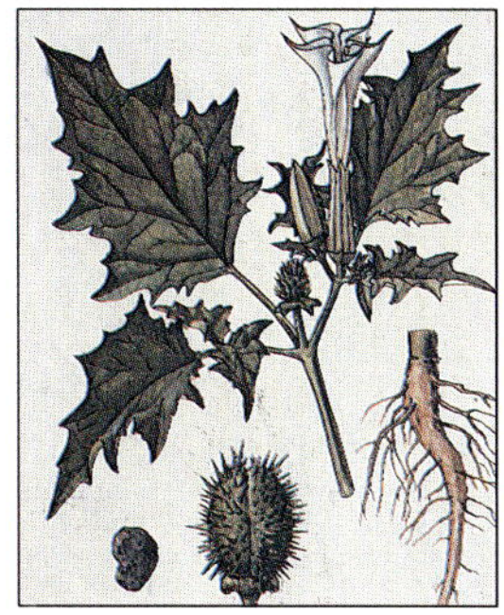

Abb. 9:
Stechapfel
(Datura stramonium)

Der Stechapfel ist ein in Europa und Asien, aber auch in Amerika weit verbreitetes Unkraut. Man vermutet, daß für diese Verbreitung nomadisierende Zigeuner beigetragen haben, die immer Stechapfelsamen mit sich trugen, da sie ihre aufputschende Wirkung ausgezeichnet kannten. Sie möbelten ihre lahmen und alten Gäule mit diesen Samen auf, bevor sie sie auf den Markt brachten und legten auf diese Weise ihre Käufer herein.

Der Stechapfel ist eine einjährige Graspflanze mit unangenehmem Geruch. Sie hat einen geraden, hohlen, gegabelten, bis 1 m langen Stengel. Die Blattpaare haben eine gegenständige Stellung, Stiele sind unregelmäßig gezähnt. Die Pflanze trägt einzelne, große Blüten auf kurzem Stiel mit schlauchartigem Kelch. Die Blütenkrone ist weiß, trichterförmig und bis 8 cm lang. Die Früchte stellen fast völlig runde Kapseln dar, die nach endgültiger Reife aufspringen und schwarze Samen verstreuen. Die Wurzel ist spindelförmig.

Alle Pflanzenteile sind stark giftig. Sie enthalten Kumarinverbindungen und Alkaloide: Hyoszyamin und Skopolamin in den Samen, und Hyoszyamin und Atropin in den Blättern.

In der Vergangenheit hatte der Stechapfel den bösen Ruf eines weit verbreiteten Mittels der Giftmörder, die ihn Speisen und Getränken beimischten. Schon nach einigen Minuten trocknet die Mundhöhle aus, die Pupillen erweitern sich,

Atemnot tritt ein, die Gesichtshaut läuft rot an und bekommt dunkelblaue Flecken, die Gegenstände werden doppelt gesehen, der Gehörsinn nimmt ab, dann folgen starke Erregung, Wahnvorstellungen, Toben und schließlich der Tod.

In der Volksmedizin verwendet man Stechapfelblätter bei gewöhnlichem Husten und Keuchhusten, Atemnot, Kopfschmerzen, Nervenzusammenbrüchen u.a., wegen ihrer starken Toxizität allerdings nur unter ärztlicher Aufsicht.

Aus den Blättern und Samen stellt man spasmolytische und schmerzlindernde Pharmaprodukte her. Neben dem Bilsenkraut gehört auch der Stechapfel zu den Bestandteilen des Aeron-Präparates – prophylaktisches Mittel und Heilmittel gegen Seekrankheit. Stechapfelblätter finden auch bei der Herstellung von medizinischen Zigaretten bei der Behandlung von Bronchialasthma Anwendung.

Das im Stechapfel vertretene Alkaloid Skopolamin wirkt beruhigend auf das Zentralnervensystem und wird deshalb für die Gewinnung von Präparaten verwendet, die bei psychischen Krankheiten und Nervenkrankheiten, Neuralgien und chirurgischen Eingriffen Einsatz finden.

Bittersüß (Solanum dulcamara), Schwarzer Nachtschatten (Solanum nigrum). Der Bittersüß ist eine langjährige, von 0,5 bis 2 m lange Kletterpflanze mit großen, eiförmigen und spitz auslaufenden Blättern. Die Blüten sind zweigeschlechtlich, violettfarben und bilden ährenförmige, hängende Blütenstände. Der Kelch und der Blütenkranz sind fünfzählig und zusammengewachsen. Die Früchte leuchten rot und haben verlängerte Erdbeerenform. Der Bittersüß blüht im Sommer.

Abb. 10:
Bittersüß (Solanum dulcamara), rechts; Schwarzer Nachtschatten (Solanum nigrum), links.

Der Schwarze Nachtschatten ist eine bis 80 cm lange dunkelgrüne, einjährige Graspflanze. Sie hat einen geraden und mehrgabeligen Halm. Ihre Blätter sind rautenförmig, gesägt und mit kurzem Stiel. Der Schwarze Nachtschatten hat kleine Blüten, die sichelförmige 6 bis 10-teilige Blütenstände bilden. Der Kelch ist klein, hat 5 Blätter, und der Blütenkranz besteht aus 5 weißen und abstehenden Blättchen.

Die Früchte sind erdbeerenförmig, gelb-grün, schwarz-blau oder rötlich-orangefarben.

Beide Arten findet man als Unkraut in ganz Europa, Asien, Nordafrika und Nordamerika. Sie enthalten die giftigen Glykoalkaloide Solanin, Solazein, Solanein u.a.

Dieselben giftigen Glykoalkaloide sind in den Stengeln, Blättern und erdbeerenförmigen Früchten enthalten, aber auch in den grünen Knollen der in der ganzen Welt verbreiteten und populären Kartoffel (Solanum tuberosum), die derselben Gattung angehört wie der Bittersüß und der Schwarze Nachtschatten.

Vergiftungsfälle treten vorwiegend bei Kindern auf, die die erdbeerenähnlichen Früchte dieser Pflanzen verzehren, aber auch bei Konsumierung von unsachgemäß gelagerten und grün gewordenen Kartoffeln, die einen stark angestiegenen Gehalt an Solanin aufweisen.

Bedeutende Mengen Solanin sind auch in unreifen Kartoffeln und insbesondere in den Sprößlingen der reifen Kartoffeln enthalten. Am geringsten ist die Solanin-Menge in den Knollen, so daß geschälte Kartoffeln praktisch kein Gift enthalten. Das Solanin löst sich in kaltem Wasser nicht auf, dafür aber in heißem. Deshalb schüttet man das Kochwasser mit dem in ihm aufgelösten Solanin weg.

Die Vergiftung mit den drei aufgezählten Nachtschattenpflanzen hat folgende Symptome: Magenschmerzen, Brechreiz und Erbrechen, psychische Depression, Schwindelgefühl, Atembeschwerden, unregelmäßiger Puls, Herzschwäche, Koma und in schweren Fällen – Tod. Der Bittersüß und Schwarze Nachtschatten waren den Volksmedizinern schon im Mittelalter als Heilkraut bekannt. Die Fruchtstiele, Blätter und jungen Gabelungen wurden bei Hautkrankheiten, Ausschlägen, juckenden Ekzemen und auch bei Erkältungen aufgelegt. Zerriebene und mit Pflanzenöl zu einem Brei verrührte frische Blätter und Früchte werden bei Furunkeln, eiternden Wunden, Anschwellungen, leichten Verbrennungen und Hämorrhoiden aufgetragen. Ausgepreßter frischer Kartoffelsaft wird bei spasmischer Verstopfung, Magengeschwüren, Verdauungsschwierigkeiten, Sodbrennen u. a. verwendet.

Abb. 11:
Glockenbilsenkraut
(Scopolia carniolica)

Das Glockenbilsenkraut (Scopolia carniolica) ist eine vieljährige Graspflanze mit querliegendem Wurzelstock. Der schlauchartige Halm mit Gabelungen wird bis 80 cm lang. Die Blätter sind groß, ganzrandig, oval-ellipsenförmig mit zugespitzter Blattspitze und 15 cm Länge. Der fünfzähnige Kelch ist hellgrün, der Blütenkranz glockenartig, von außen dunkelviolett und von innen gelb-grün. Die Frucht stellt eine runde samenreiche Kapsel dar. Die Samen sind sehr klein.

Das Glockenbilsenkraut ist in Europa und Asien verbreitet – in Laubwäldern und Regionen mit lockeren, humusreichen Böden.

Alle Pflanzenteile enthalten die giftigen Alkaloide Skopolamin, Hyoszyamin und etwas Atropin. Die größten Mengen dieser Alkaloide befinden sich in den Wurzeln und Wurzelstöcken, weniger in den Stengeln und am geringsten in den Blättern.

Die Vergiftungssymptome ähneln jenen des Bilsenkrautes.

Die Anwendung des Glockenbilsenkrautes in der Volksmedizin unterscheidet sich kaum von jener des Bilsenkrautes. Die Wurzeln dienen der Pharmaindustrie als Rohstoff zur Gewinnung von Skopolamin, Hyoszyamin und Atropin als Ausgangsbasis zur Herstellung wertvoller Arzneimittel.

Zur Familie der Kartoffeln (Solanaceae) gehören auch andere Giftpflanzen. In der Vergangenheit war die Mandragora (Mandragora officinarum) besonders beliebt, die in bezug auf Toxizität der Belladonna nicht nachsteht und der man beinahe wundertätige Heileigenschaften zuschrieb. In ihrer Wurzel sind die Alkaloide Skopolamin, Hyoszyamin und Atropin enthalten.

Zur selben Familie gehört auch der Echte Tabak (Nicotiana tabacum) und der Bauern-Tabak (Nicotiana rustica) – siehe das Kapitel „Der Tabak – ein Gift, dem die halbe Menschheit verfallen ist".

7.3. Die Vertreter der Hahnenfußgewächse (Ranunculaceae) – wunderschön aber giftig

Die Familie der Hahnenfußgewächse zählt ungefähr 2000 Arten. Diese sind vorwiegend mehrjährige Kräuter und seltener kriechende Halbsträucher oder Sträucher. Sie gedeihen vorwiegend in den klimatisch gemäßigten und kühleren Regionen der nördlichen Halbkugel unserer Erde. Viele der Vertreter dieser Familien sind giftig.

Frühlings-Adonisröschen (Adonis vernalis). Diese Pflanze kündigt mit ihren goldgelben Blüten den Frühling an und symbolisiert das Erwachen der Natur. Die Völker des Altertums vergöttlichten die ihnen rätselhaften Naturerscheinungen, und da sie sich den Übergang vom frostigen Winter zum warmen Frühling und den Beginn des üppigen Pflanzenwuchses nicht erklären konnten, schufen sie zahlreiche Legenden und Mythen. Die Phönizier und Assyrer, zum Beispiel, verehrten den Gott der alljährlich absterbenden und neu entstehenden Natur – Adon.

Die alten Griechen übernahmen dieses Motiv und schufen die Legende (in einigen Varianten) vom Liebling der Götter – Adonis, Sohn des ersten Königs auf der Insel Zypern – Kinyras. Sogar die Götter des Olymp konnten sich mit seiner Schönheit nicht messen. Aphrodite entflammte in inniger Liebe zu ihm. Eines Tages war das verliebte Paar auf der Jagd nach Hirschen und Rehen. Die Jagdhunde des Adonis nahmen die Fährte eines Ebers auf und setzten ihm nach. Für Adonis war das eine einmalige Gelegenheit, seinen Mut unter Beweis zu stellen. Obwohl ihn Aphrodite warnte, holte Adonis das Tier ein, konnte es aber mit seiner Lanze nicht durchbohren. Der rasende Eber verletzte ihn mit seinen Hauern tödlich. Aphrodite hörte den Todesschrei ihres Geliebten, eilte ihm zur Hilfe, aber es war zu spät. Sie stürzte sich auf seinen Leichnam und weinte bittere Tränen, benetzte dann sein Blut mit göttlichem Nektar und ihren Tränen, worauf eine zarte, wunderschöne Blume aus dem Boden sprieß, der sie den Namen ihres Geliebten – Adonis, gab. Angesichts der tiefen Trauer Aphrodites, empfand der König der Unterwelt Aides (Hades) Mitleid und gestattete Adonis jedes Jahr auf die Erde zurückzukehren und den Frühling und Sommer mit Aphrodite zu verbringen. Für den Rest des Jahres (Herbst und Winter) holte er ihn wieder in sein unterirdisches Reich zurück. Adonis traf mit den ersten Sonnenstrahlen des Frühlings auf der Erde ein, und schon begann das Adonisröschen zu blühen und die ganze Natur lebte auf.

Abb. 12:
Frühlings-Adonisröschen (Adonis vernalis)

Und tatsächlich – das Adonisröschen kündigt mit seinem goldgelben Kleid das Erwachen der Natur an. Es blüht auf Wiesen und Weiden und ist in allen Ländern Mittel-, Süd- und Osteuropas sowie in Sibirien und im Kaukasus verbreitet.

Das Frühlingsadonisröschen ist eine mehrjährige Krautpflanze mit stark entwickeltem Wurzelstock, aus dem viele belaubte Stengel sprießen. Die Blätter sind gefiedert, die Blüten groß, goldgelb und einzeln auf der Stengelspitze gelegen, haben 5 bis 8 Kelchblätter und 15 bis 25 Blumenkronblätter. Ihre zahlreichen Staubgefäße und Fruchtknoten bilden eine runde Sammelfrucht, die aus vielen einzelnen, graugrünen Früchten besteht. Die Pflanze blüht von Ende März bis Anfang oder Mitte Mai.

Das Frühlingsadonisröschen wirkt herzstärkend (und regt die Herztätigkeit an), harntreibend und nervenberuhigend. Diese Wirkung ist auf den Glykosidgehalt zurückzuführen. Die Glykoside haben den Vorteil, daß sie sich nicht im Organismus ablagern. Die harntreibende Wirkung der Arzneipräparate ist das Resultat des von ihnen geförderten Blutkreislaufes, der die Blutzufuhr in sämtlichen Organen (einschließlich in den Nieren) steigert und damit die urinbildende Funktion der Nieren verbessert.

Die Glykoside des Adonisröschen wirken nervenberuhigend und schmerzstillend. Die aus ihnen gewonnenen Arzneipräparate verhindern von Kokain, Kampfer u. a. verursachte Krämpfe. Weiters finden sie Anwendung bei chronischer Herzschwäche, Herzrhythmusstörungen, Herzneurosen, Störungen der Herztätigkeit infolge der Basedowschen Krankheit und einiger infektiösen Erkrankungen, Nierenkrankheiten und von ihnen verursachte Herz- und Gefäßeinsuffizienz, Anschwellungen, psychische Krankheiten und Nervenkrankheiten wie alkoholbedingte Psychosen, Epilepsie, Migräne, Magen- und Darmschmerzen, Arterienverkalkung u. a.

Da die Toxizität des Frühlingsadonisröschen eine Gefahr darstellt, erfolgt die Anwendung der aus ihm gewonnenen Präparate nur unter ärztlicher Aufsicht.

Die bekannteren Arzneipräparate sind die Beruhigungstabletten Adonis-Brom, die antiasthmatische Adonis-Mixtur, das Präparat Adonisit – in Wasser aufgelöste und von Ballaststoffen gereinigte Glykoside u. a.

Abb. 13:
Pfingstrose
(Paeonia peregrina)

Pfingstrose (Paeonia peregrina). Der lateinische Gattungsname Paeonia dieser prachtvollen Blume stammt aus einer altrömischen Legende. Laut dieser Legende schickt sich der nach seinem Zweikampf mit Herkules schwer verwundete König der unterirdischen Welt, Pluton, an, auf den Olymp zu fahren, als ein Jüngling namens Paeon erschien und seine Wunden mit den Wurzeln einer Pflanze heilte. Diese Tat brachte ihm Anerkennung und Ruhm ein. Aber sein Lehrer in der Heilkunst – Äskulap (Asklepios), gönnte ihm diesen Ruhm nicht und wollte ihn vergiften. Die anderen Götter retteten den Jüngling, indem sie ihn in eine schöne Blume verwandelten, die sie nach ihm benannten – Paeonia. Und seit jener Zeit blühen an den Abhängen von Vorbergen und auf Wiesen die Pfingstrosen und bedecken das leuchtende Grün der Natur mit einem prachtvollen roten Teppich.

Auch die Pfingstrose war schon im Altertum bekannt und geschätzt. Der berühmte römische Schriftsteller und Gelehrte, Plinius der Ältere (23–79), behauptete in seiner bekannten „Historia Naturalis", die eigentlich eine Enzyklopädie aus 37 Büchern darstellt, daß die Pfingstrose die älteste aller Zierpflanzen sei.

Die prachtvolle Pfingstrose zierte tatsächlich schon die Gärten der Adeligen des Altertums. Heute ist sie als Zierstaude in der ganzen Welt verbreitet, kommt aber auch als wild wachsende Blume in Süd- und Südosteuropa (insbesondere im Mittelmeerraum) sowie in Südwestasien vor.

Die Pfingstrose ist eine langjährige Krautpflanze mit starken, spindelartigen Wurzeln. Die Stengel werden 60–70 cm lang, sind nicht gegabelt und treiben bis zu ihrer Spitze Blätter. Diese sind groß, zwei-, dreifach gebuchtet. Die gewöhnlich auf der Stengelspitze treibenden Blüten erreichen einen Durchmesser von 13 cm und blühen in verschiedenen roten Farbnuancen. Sie bilden springende Sammelfrüchte mit einer Vielzahl schwarz-glänzender Samen. Die Pfingstrose blüht im Frühling (Mai bis Juni). Alle Pflanzenteile wirken in größeren Mengen giftig. Es wurde nachgewiesen, daß sie Fehlgeburten auslösen. Die Wurzeln und Samen enthalten den alkaloidähnlichen Stoff Peregrinin, das Resorcin-Derivat Peonol u.a., und die Blätter den giftigen Farbstoff Peonin, das Glykosid Zyanin u.a.

In der Volksmedizin werden die Blätter und vor allem die Wurzeln verwendet. Schon der altgriechische Arzt Hippokrates (460–ca.370 v.u.Z.) verschrieb sie bei Epilepsie. Volksmediziner verwenden sie auch heute als Hilfsmittel bei dieser Krankheit. Die Wurzeln steigern die Darmperistaltik, wirken schmerzstillend (durch Bäder) bei Podagra und spasmolytisch bei Bronchialasthma und Keuchhusten. In geringen Dosen verabreicht, erhöhen sie den Gebärmutter-Tonus, provozieren starke Menstruation, die zur Fehlgeburt führt. Außerdem erleichtern sie die Blutgerinnung und werden auch für die Ausscheidung von Nierensand und Nierensteinen verwendet. Die Dosierung sollte stets unter ärztlicher Aufsicht erfolgen.

Blauer Eisenhut (Aconitum napellus). Der Blaue Eisenhut ist eine schöne, in den Bergen gedeihende Pflanze, die heute in vielen Ländern der Welt als Gartenblume gezogen wird. Sie erhielt ihren lateinischen Gattungsnamen Aconitum schon im Altertum, da die Blüten die Form einer Mönchskapuze haben

Abb. 14:
Blauer Eisenhut
(Aconitum napellus)

(gr. akonita – Kapuze). Im Altertum galt der Blaue Eisenhut als eine der gefährlichsten Giftpflanzen. Deshalb nannte man sie auch „Zerberusgift“. In der griechischen Mythologie ist Zerberus (Kerberos) der Torhüter am Eingang zum unterirdischen Reich, oft dargestellt als blutrünstiger Hund mit drei (auch mehreren) von Schlangen umwundenen Köpfen. Er ließ die ankommenden Toten ein, gestattete aber keinem die Rückkehr. Aus seinem auf den Boden tropfenden Geifer sproß die Giftpflanze Aconitum. Sie war derart giftig, daß sie von den alten Griechen der Göttin des Schreckens – Hekate gewidmet wurde, die dem Volk auch als Schutzpatronin aller Giftmischerinnen galt.

Der Blaue Eisenhut ist eine mehrjährige Staude mit knollenartigen Wurzeln und einen gerade wachsenden, verzweigten, bis 1 max. 1,5 m langen Stengel. Die Blätter sind handförmig gelappt mit gekerbtem Rand. Aus den unregelmäßig violettbraunen Blütenständen an den Zweigspitzen entwickeln sich Samenfrüchte, die aus drei Bälgen bestehen. Der Blaue Eisenhut blüht im Sommer (Juni-August).

Alle Pflanzenteile sind stark giftig. Sie enthalten die Alkaloide Aconitin, Mesaconitin, Neopolin und Chipaconitin. Die stärkste Giftwirkung hat das vor allem in den Wurzelknollen aber auch im Stengel und Samen vorhandene Aconitin. Dieses starke Gift verursacht bei Mensch und Tier anfangs Erregung, dann Überfunktion der Speicheldrüsen, Erbrechen, Durchfall, Juckreiz, Muskelkrämpfe, Störung der Herztätigkeit und des Gleichgewichtes, Bewußtlosigkeit und schließlich den Tod durch Lähmung des Atmungszentrums. Ein Beweis für die Stärke des Giftes ist die Tatsache, daß die Konsumation von Schweinsleber auf den Menschen toxisch wirkt, falls das Tier mit seinem Futter zufällig auch Eisenhut verschlungen hat. Die tödliche Dosis Aconitin beträgt 3–4 mg.

In der Vergangenheit wurde der Eisenhut in der Volksmedizin als schmerzstillendes Mittel bei Neuralgien, Ischias und Rheuma eingesetzt. Heute verzichtet man auf seine Anwendung wegen seiner außergewöhnlichen Toxizität.

Abb. 15:
Nieswurz
(Helleborus odorus)

Nieswurz (Helleborus odorus), Schneerose, Christrose (Helleborus niger), Gillwurz (Helleborus viridis). Die Vertreter der Gattung Helleborus sind Krautpflanzen, die artenreich auf den Wiesen und zwischen Sträuchern in den Vorbergen und Bergen Europas und Asiens gedeihen. Sie haben einen 40–50 cm langen geraden Stengel mit handförmig gelappten,

7–16-teilig gebuchteten Blättern. Die Blüten sind groß und einzeln auf den Stengelspitzen gelegen. Sie entwickeln einzelne Fruchtknoten und zahlreiche nierenförmige Samen in platzenden Kapseln. Diese Pflanzen blühen Ende Winter und Anfang Frühling (Februar – April).

Alle Pflanzenteile enthalten die Glykoside Helleborin, Hellborein und Korelborin, außerdem noch Helleborsit, steroide Saponine, Fettstoffe mit Purgativwirkung u. a.

Vergiftungssymptome sind Atemnot, beschleunigter Puls, Trockenheit der Mundhöhle, schwerer Durchfall mit erhöhtem Wasserverlust. Tödliche Ausgänge sind keine Seltenheit.

In der Volksmedizin finden vorwiegend der Wurzelstock und die Wurzeln Anwendung, die dank ihres Glykosidgehalts die Herztätigkeit bei Herzschwäche fördern und den Herzrhythmus regulieren. Außerdem wirken sie beruhigend auf die Nerven, purgativ und harntreibend. Der Absud von den Wurzeln wird bei Pleuritis, Husten, Tuberkulose, Hämorrhoiden und Nervenkrankheiten unter ärztlicher Aufsicht eingenommen. In Essig gekochte Wurzeln (1:10) werden gegen Schuppen und Haarausfall verschrieben.

Abb. 16: Gillwurz (Helleborus viridis), links; Schneerose (Helleborus niger), rechts.

Gift-Hahnenfuß (Ranunculus sceleratus), Scharfer Hahnenfuß (Ranunculus acris), Brennender Hahnenfuß (Ranunculus flammula), Knollen-Hahnenfuß (Ranunculus bulbosus). Die Vertreter der Gattung Hahnenfußgewächse (Ranunculus) gedeihen vorwiegend in schattigen, sumpfigen Niederungen Europas, Asiens, Afrikas und Nordamerikas. Ein Großteil ihrer über 50 Arten ist giftig. Die Hahnenfüße sind vieljährige Krautpflanzen mit kurzer Wurzel und zahlreichen, gebüschelten Nebenwurzeln. Der Stengel wächst gerade, treibt Zweige und wird 30–80 cm lang. Die Pflanze hat gezahnte und gesägte Blätter an langen Stielen und treibt wenige, meistens goldgelbe Blüten. Die Hahnenfußgewächse blühen von April bis September.

Abb. 17: Gift-Hahnenfuß (Ranunculus sceleratus), links; Scharfer Hahnenfuß (Ranunculus acris), rechts.

Es konnte festgestellt werden, daß die Toxizität der giftigen Hahnenfußgewächse auf das Protoanemonin zurückzuführen ist, das ein Lakton der Hydroxyvinylacrylsäure darstellt. Das Protoanemonin entsteht durch den Zerfall (unter Wirkung von Enzymen) des in den Hahnenfußgewächsen vorhandenen Ranunculin. Bedeutendere Mengen des giftigen Protoanemonin wurden während der Blütezeit wie folgt nachgewiesen: Gift-Hahnenfuß bis 2,50 %, Brennender Hahnenfuß bis 2,29 %, Scharfer Hahnenfuß bis 1,48 % und Knollen-Hahnenfuß bis 1,45% Trockensubstanz. Bei Trocknen und Kochen zerfällt das Protoanemonin restlos und die Hahnenfußgewächse verlieren ihre Toxizität.

Die Vergiftungssymptome finden Ausdruck in Entzündung der Speiseröhre, Sodbrennen und Magenschmerzen, Überfunktion der Speicheldrüse, Erbrechen, Durchfall, Zittern, Funktionsstörung des Zentralnervensystems, beschleunigtes Atmen und auch eine gewisse Störung der Herztätigkeit. In besonders schweren Vergiftungsfällen kann der Tod eintreten.

Die Volksmedizin setzt Hahnenfußgewächse bei Kopfschmerzen, Neuralgien, Rheuma und Podagra ein. Sie werden in verarbeitetem Zustand auf eiternde und schwer heilende Wunden sowie bei Hauttuberkulose aufgetragen. Das Protoanemonin stimuliert in geringen Dosen die Funktion des Nervensystems und erhöht das Hämoglobin der roten Blutkörperchen. Außerdem hat es eine bakterien- und pilztötende Wirkung.

Zur Familie der Hahnenfußgewächse (Ranunculaceae) gehören noch eine ganze Reihe giftiger Vertreter, die aber weder in der Volksmedizin noch in der Pharmaindustrie ausgewertet werden. Erwähnenswert sind folgende: Sumpfdotterblume (Caltha palustris), Wiesen-Küchenschelle (Pulsatilla/Anemone pratensis), Gewöhnliche Küchenschelle (Pulsatilla/Anemone vulgaris), Leberblümchen (Hepatica nobilis/Anemone hepatica), Christophskraut (Actaea spicata), Hoher Rittersporn (Delphinium elatum).

7.4. **Giftige Vertreter der Familie Liliengewächse** (Liliaceae)

Die Liliengewächse sind eine weltweit verbreitete Pflanzenfamilie mit etwa 4000 Arten. Nur sehr wenige von ihnen sind baumähnliche tropische Pflanzen. Alle Pflanzen besitzen als unterirdische Speicherorgane Wurzelstöcke, Zwiebeln oder Knollen. Nur ein geringer Teil der artenreichen Familie ist giftig.

Herbstzeitlose (Colchicum autumnale). Auch der Name dieser Pflanze ist einer altgriechischen Legende entnommen, wonach im fernen, geheimnisumwitterten Land Kolchis (Staat der frühen Sklavenhaltergesellschaft, 6.–3. Jh. v. u. Z., heute

Territorium Grusiens) ein Garten voller Giftpflanzen und Heilkräuter angelegt war. In diesem Garten lebten die bekanntesten Giftmischer und Giftmischerinnen, die unter dem Schutz der schreckliche Hekate standen. Sogar Aietes, König des Landes Kolchis, soll Zauberer gewesen sein, gleichfalls auch seine Tochter, die berühmte Giftmischerin Medeia (Priesterin der Hekate), die alle Giftpflanzen und Heilkräuter des Gartens kannte und wundertätige Mixturen braute. Mit Hilfe dieser Pflanzen gelang es ihr, laut Legende, Greise in Jünglinge, alte Tiere in junge und die Wüsten in blühende Gärten zu verwandeln. Medeias Lieblingsblume war eine Pflanze, die im Herbst prachtvolle rosa-violettfarbene Blüten trieb. Mit dieser Blume vergiftete sie ihre Feinde. Die alten Griechen nannten sie Colchicum, nach dem Land Kolchis, in dem sie die Herbstzeitlose zum erstenmal gesehen hatten.

Als später Carl Linné die lateinischen Pflanzennamen festlegte, ließ er Colchicum als Gattungsnamen bestehen, fügte ihm aber das Wort autumnale (lat. herbstlich), d. h. im Herbst blühend, bei. Die Herbstzeitlose ist eine vieljährige Pflanze, die äußerlich dem Krokus ähnelt, ansonsten aber mehrere rätselhafte Eigenschaften besitzt. An erster Stelle, daß sie im Un-terschied zum Krokus (aber auch der meisten anderen Pflan-zen, die bereits abgeblüht sind und reife Früchte tragen) im Herbst blüht und, an zweiter Stelle, daß ihre Frucht und Samen im Frühling zusammen mit ihren grünen Blättern aus dem Boden sprießen. Diese „umgekehrte" Entwicklung der Herbstzeitlose brachte ihr im Mittelalter die lateinische Bezeichnung „filius ante patrem" (Sohn vor dem Vater) ein, da man ihren Entwicklungszyklus nicht kannte und glaubte, daß die Frucht vor dem Blühen erscheint.

Abb. 18:
Herbstzeitlose
(Colchicum autumnale)

Worin besteht eigentlich das Interessante an dieser Pflanze? Die Herbstzeitlose hat einen unterirdischen artveränderten Stengel in Zwiebelform. Ihre Blätter sind ellipsenförmig, glattrandig und werden bis 30 cm lang. Die Blüten sind rosaviolettfarbig, groß und sprießen direkt aus der Zwiebel. Der Fruchtknoten entwickelt sich zwischen den Blättern, und die Frucht selbst stellt eine dreieckige, platzende Kapsel mit vielen schwarz-braunen Samen dar.

Die Herbstzeitlose ist eine weit verbreitete Krautpflanze, die auf Wiesen und Weiden der Vorberge und Berge fast ganz Europas und Vorderasiens gedeiht.

Alle Pflanzenteile sind äußerst giftig, vor allem aber die Samen und die Zwiebel, die eine Reihe giftiger Alkaloide und

Glykoalkaloide enthalten. Besonders gefährlich ist das Colchizin – in den Samen bis 1,5 %, in der Zwiebel bis 0,2 % und in den Blüten bis 0,03 %. In geringeren Mengen sind auch Colchamin, Colchizerin und Demecolchin enthalten.

Meistens kommt es zu Vergiftungen, wenn ohne ärztliche Aufsicht mit der Herbstzeitlose Kräuterkuren vorgenommen werden, aber auch wenn Milch von Schafen und Kühen getrunken wird, die auf der Weide unter anderem einige dieser Pflanzen gefressen haben. Um sich über die starke Giftwirkung der Herbstzeitlose auf den Menschen Klarheit zu verschaffen, meldeten sich vor Jahren in Wien Studenten freiwillig zu einem Experiment. Während des Experiments verwendeten die Ärzte frische Wurzeln, die man in verschiedenen Monaten ausgegraben hatte (Mai, Juni, Juli, August). Bei der Einnahme vernahmen die Studenten zuerst nur ihren bitteren Geschmack. Danach aber meldeten sich Übelkeit und Brechreiz, Bewußtseinsstörungen, beschleunigter Puls, dann Vergeßlichkeit und Absinken der Körpertemperatur. Einer von den Studenten setzte die Versuche auch im September und Oktober fort und nahm dieselbe Giftmenge wie vorher ein. Die Wirkung war bedeutend stärker und fand in Symptomen einer schweren Vergiftung Ausdruck: Magen- und Darmkrämpfe und Durchfall mit Blutausscheidung. Das Experiment wurde sofort unterbrochen. Die beobachtenden Ärzte schlußfolgerten, daß die Vergiftung mit dieser Pflanze äußerst gefährlich ist und daß ihr Wirkungsgrad sowohl von der eingenommenen Menge als auch von der Jahreszeit und vom Alter des Menschen abhängt. Später stellte man fest, daß das Colchizin (höchster Anteil in der Pflanze) ein außergewöhnlich starkes Gift mit verheerender Wirkung auf die Nieren und das Zentralnervensystem darstellt. Es verursacht eine Erkrankung, die in zunehmender Paralyse des Rückenmarks und Großhirns, dann auch des Kleinhirns Ausdruck findet. Nach der Paralyse des Atemzentrums tritt der Tod ein.

Die Anwendung der Pflanze als Arzneimittel war schon im Altertum verbreitet. Mit ihr wurden in Griechenland, Ägypten, Indien und anderen Ländern verschiedene Krankheiten behandelt. Die Mediziner jener Zeit glaubten, daß die Herbstzeitlose wundertätige Stoffe enthält, die alle Krankheiten, sogar die Pest, heilen kann. Gleichzeitig aber schreckten sie vor ihrer Giftigkeit zurück, setzten sie aber doch bei Podagra und Rheuma ein. Im 18. Jahrhundert braute der französische Offizier Husson aus der Zwiebel und den Samen der Pflanze ein

„Wundermittel", um diese Krankheiten zu heilen. Später kam man wegen der starken Toxizität wieder von dieser Methode ab.

Heute lenken die Wissenschaftler erneut ihr Augenmerk auf das Colchizin und zwar auf seine Eigenschaft, bei Kontakt mit Pflanzenzellen während der Kernteilung poliploid zu wirken. Es kommt dabei zu einer Erhöhung der Chromosomenzahl, und die Chromosomen sind, wie bekannt, die wichtigsten Träger der Erbeigenschaften. Bei der Behandlung von Pflanzensamen mit Colchizin entstehen poliploide Formen, die größere Blüten treiben und entsprechend größere Früchte tragen. Wenn Pflanzensamen mit einer schwachen Colchizin-Lösung tretiert werden, erhält man artveränderte (manchmal mißratene) Pflanzen. Erfahrene Selektionäre können aber jene Formen auslesen, aus welchen neue wertvolle Sorten von Kulturpflanzen zu gewinnen sind (widerstandsfähig gegen Krankheiten, mit erhöhter Produktivität, größeren Früchten usw.). Das Colchizin ist nicht nur für die Agroselektion, sondern auch für die Medizin von großem Interesse. Wissenschaftler sind der Meinung, daß es als Mitose-Gift, das die Zellteilung hemmt, auch das Wachstum der Krebszellen verhindern könnte. Die diesbezüglichen Experimente führten zu positiven Resultaten bei der Behandlung von Hautkrebs.

Aber die starke Toxizität des Colchizins bleibt immer noch ein Hindernis für seine klinische Anwendung.

Maiglöckchen (Convallaria majalis). Diese zarte und schöne vieljährige Pflanze gedeiht in feuchten Wäldern und Tälern (von 100 bis 1400 m ü. d. M.) in fast ganz Europa (ausgenommen die ganz nördlichen und südlichen Regionen). Dank seiner nickenden weißen, wohlriechenden Blüten wird es in vielen Ländern der Welt als Gartenzierpflanze angebaut. Es hat einen horizontal kriechenden Wurzelstock und einen geraden blütentragenden 15–20 cm langen Stengel. Die Blätter sind lang, pfeilförmig und umhüllen den Stengel. Das Maiglöckchen blüht mit zarten, kleinen, glockenförmigen Blüten, in der Form von traubigen Blütenständen. Die Früchte ähneln kleinen grellroten Erdbeeren. In einer Legende heißt es, daß aus dem Herzen des trauernden Maiglöckchens Blut tropft. Es blüht im Mai und Juni. Alle Pflanzenteile enthalten Glykoside, Saponine und andere giftige Stoffe. In frischen Blüten wurden die größten Mengen dieser Gifte nachgewiesen. Isoliert wurden ungefähr 20 herzwirkende Glykoside, darunter das in größter Menge vertretene Konvalotoxin. Festgestellt

Abb. 19:
Maiglöckchen
(Convallaria majalis)

wurden noch Convalosid, Convalotoxol, Lokundiosid u. a. In den Blättern fand man das steroide Saponin Convalarin und Flavonoiden, und in den Blüten ätherische Öle mit Farnesol.

Die Vergiftung kündigt sich mit Kopfschmerzen, Übelkeit, Erbrechen, Magen- und Darmkrämpfen, absinkender Pulsfrequenz, häufiges Urinieren an. Bei Einnahme größerer Dosen kommt es zu schweren Organschäden, die zum Tod führen. In der medizinischen Literatur ist ein Fall beschrieben, in dem ein Kind starb, nachdem es Wasser aus einem Gefäß getrunken hatte, in dem Maiglöckchen getaucht waren. Beschrieben sind auch schwere Vergiftungen bei Haustieren, die weggeworfene Sträuße dieser lieblichen aber heimtückischen Blume gefressen hatten.

Die Heilwirkung der Maiglöckchen ist seit langer Zeit bekannt. Die Volksmediziner der Vergangenheit verwendeten seine Früchte. In Deutschland, zum Beispiel, wurden Maiglöckchenblüten mit Wein vermischt und unter dem Namen „Aqua apoplectica Hartmani" gegen Paralyse verwendet. In England legte man Maiglöckchen in Wasser, daß man in vergoldeten und versilberten Flakons unter der Bezeichnung „Goldwasser" verkaufte. Es wurde bei starken Kopfschmerzen, als Schutzmittel gegen ansteckende Krankheiten und zur Stärkung des Nervensystems eingenommen.

Inzwischen hat man festgestellt, daß das Maiglöckchen die Herztätigkeit tonisiert. Seine Glykoside regulieren die Herztätigkeit, normalisieren den Blutkreislauf, beruhigen das Nervensystem und fördern die Harnabsonderung. Die in letzter Zeit durchgeführten Analysen haben ergeben, daß Wasserextrakte aus den Blüten ausgeprägt zytotoxisch und virusstatisch auf die Viren der Herpes u. a. wirken.

In der Volksmedizin wird das Maiglöckchen bei Herzschwäche, Herzneurosen, Herzrhythmusstörungen, Atemnot u. a. verwendet. Positiv beeinflußt wird auch die Wassersucht infolge von Herzkrankheiten. Da aber die im Maiglöckchen enthaltenen Stoffe sehr giftig sind, sollten alle aus ihm hergestellten Arzneimittel nur unter ärztlicher Aufsicht eingenommen werden.

Abb. 20: Einbeere (Paris quadrifolia)

Einbeer (Paris quadrifolia). Carl Linné gab dieser Pflanze den Gattungsnamen Paris, zu Ehren dem auch Alexandros genannten Sohn des mythischen Königs von Troja, Priamos. Paris entführte die schöne Helena und provozierte damit den Trojanischen Krieg. Der lateinische Artname quadrifolia entspricht genau dem charakteristischen Merkmal der Pflanze – vierblättrig. Auch der bulgarische Name „Petrus-Kreuz" bringt diese Eigenart zum Ausdruck. In Bulgarien, aber auch in Rußland ist in vielen Landesgebieten der Name „Krähenauge" verbreitet, womit ursprünglich wohl die blauschwarze Frucht der Pflanze gemeint war. Das Petrus-Kreuz ist eine langjährige Pflanze mit langem, horizontal kriechenden Wurzelstock. Der bis 35 cm lange Stengel wächst gerade und unverzweigt in die Höhe. Die Blätter haben kurze Stiele, sind ellipsenförmig und bilden an der Spitze ein Kreuz (4 Blätter). Aus der Mitte des Vierblattkreuzes sprießt die Blüte. Sie besteht aus 6–10 Blättern, ebensovielen Staubgefäßen und 1 grellroten Fruchtknoten. Die Frucht hat die Form einer samenreichen Erdbeere. Die Samen sind rund, mit geschrumpfter Hülle. Die Pflanze blüht im Mai und Juni, und die Früchte reifen im Juli und August.

Das Petrus-Kreuz ist in fast ganz Europa (massenweise im Mittelmeerraum, im ungarischen Flachland), in Kleinasien u. a. verbreitet.

Die Pflanze hat einen unangenehmen Geschmack und Geruch. Wahrscheinlich scheidet sie flüchtige Stoffe aus. Bei längerem Aufenthalt in ihrer Nähe treten Kopfschmerzen ein. Alle Pflanzenteile, insbesondere der Wurzelstock, die Blätter und Früchte sind auf Grund des Gehalts an Glykosiden wie Paristifen und Paridin giftig. Nachgewiesen wurden noch Saponine mit stereoider Struktur, Asparagin, Zitronensäure u. a.

Da die Frucht bitter schmeckt, sind Vergiftungen relativ selten. Das Gift wirkt herzschädigend, und die Blätter und Wurzeln greifen den Verdauungstrakt und das Zentralnervensystem an. Dabei treten folgende Symptome auf: Magenschmerzen, Brechreiz, Erbrechen, Durchfall. Es folgen Herzbeschwerden, Blutdruckstörungen und Komazustände. Bei starker Vergiftung kann der Tod eintreten.

In der Volksmedizin wird die Pflanze in Salbenform bei Rheuma, Podagra und schwer heilenden Wunden verwendet. Die Giftwirkung bei oraler Einnahme ist noch nicht ausreichend untersucht und wird deshalb gemieden.

Abb. 21:
Weißer Germer (Veratrum album)

Weißer Germer (Veratrum album), Germer (Veratrum lobelianum). Die verschiedenen Arten der Gattung Germer (Veratrum) sind langjährige Pflanzen, die in höheren Bergregionen gedeihen. Sie haben einen vertikalen Wurzelstock mit zahlreichen Nebenwurzeln. Die Stengel wachsen gerade, werden bis 1 m hoch und tragen viele Blätter. Sie sind hellgrün mit verlängerter Ellipsenform. Die Blüten sind klein, bilden traubige Blütenstände auf behaarten Stielen. Beim Weißen Germer sind sie blaßgrün, beim Germer – gelblich-grün (die Germer-Wurzel ist im Vergleich zu dieser des Weißen Germer kürzer und dicker). Die Früchte stellen dreiteilige Kapseln mit vielen flachen, gefiederten Samen dar. Diese Pflanzen blühen im Juli und August.

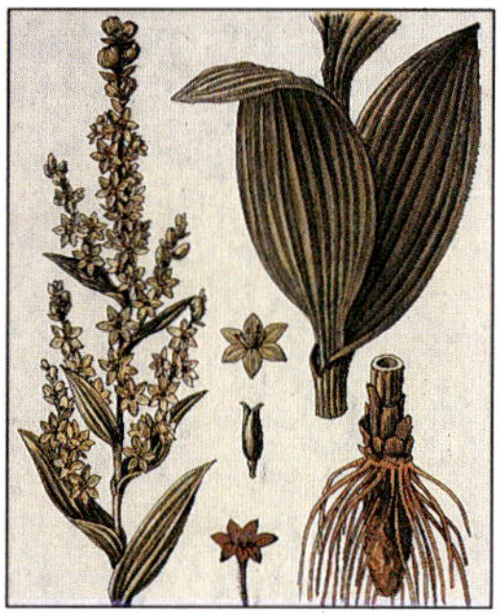

Abb. 22:
Germer
(Veratrum lobelianum)

Die Germer-Pflanzen gedeihen auf höher gelegenen und feuchten Bergwiesen (1000–2000 m ü.d.M.). Sie sind in Nord-, Ost- und Mitteleuropa (insbesondere auf dem Balkan und im Mittelmeerraum), im Kaukasus, Sibirien und Asien verbreitet.

Alle Pflanzenteile sind stark giftig. Sie enthalten die Alkaloide Veratrin, Veratramin, Veratrosin, Protoverin, Protoveratrin A und B, Germin, Germerin, Jervin, Veralosin, Veralobin, Verlinin u.a. Die Toxizität begründet sich auf die summarische Wirkung aller Alkaloide. Die tödliche Dosis ist in 1 g frischer Pflanzenteile und 30 ml Absud enthalten. Die Vergiftungssymptome treten als Diskomfort in Nase, Mund, Speiseröhre auf und steigern sich zu Magenschmerzen, Durchfall, Herzschwäche, Senkung des Gefäßedrucks, der Pulsfrequenz, Muskelkrämpfen und manchmal auch Störungen des Sehvermögens.

In der Volksmedizin wird der Wurzelabsud gegen Schuppen, als Stärkemittel für das Haar, bei Rheuma und Gelenkschmerzen, aber nur unter ärztlicher Aufsicht verwendet.

Die Alkaloiden der Germer-Pflanzen senken in geringen Dosen den hohen Blutdruck und finden deshalb in letzter Zeit bei der Herstellung von blutdrucksenkenden Arzneien Anwendung.

7.5. Die Familie der Rachenblütler (Scrophulariaceae) – giftige aber auch heilkräftige Vertreter

In dieser Familie sind über 3000 weit verbreitete Arten zusammengefaßt. Sie sind teilweise Parasiten, Halbparasiten und Sträucher, einige auch Bäume. Zu dieser Pflanzenfamilie gehören einige giftige Vertreter, die in der Pharmaindustrie zu wertvollen Arzneien verarbeitet werden.

Wolliger Fingerhut (Digitalis lanata) und Roter Fingerhut (Digitalis purpurea). Im Unterschied zu den meisten Heil- und Giftpflanzen, die im Altertum bekannt und nach verschiedenen Gottheiten benannt wurden oder Quelle zahlreicher Legenden waren, blieben die Fingerhut-Pflanzen unbekannt und haben deshalb auch keinen Schutzgott. Ihr lateinischer Gattungsname ist vom lateinischen Wort digitalus – Fingerchen, abgeleitet, da ihre Blüten wie ein Fingerhut aussehen. Taufpate dieser Pflanzen ist übrigens der deutsche Botanik-Professor Leonhardt Fuchs, der anno 1542 ein Herbarium mit Namen, Beschreibung und Zeichnungen der bis dahin bekannten Pflanzen zusammenstellte und 1554 dieses Buch „De historia stirpin" (New Kräuterbuch), in deutscher und lateinischer Sprache herausgab. Die Fingerhutgewächse sind langjährige Krautpflanzen mit kurzen, verholzten Wurzeln. Die Stengel wachsen gerade, unverzweigt und werden bis 120 cm hoch. Die Blätter sind lang, zugespitzt und ganzrandig. Sie haben große gelbliche Blüten, die traubige Blütenstände bilden. Die Früchte stellen eiförmige samenreiche Kapseln dar. Die Fingerhutgewächse blühen im Sommer.

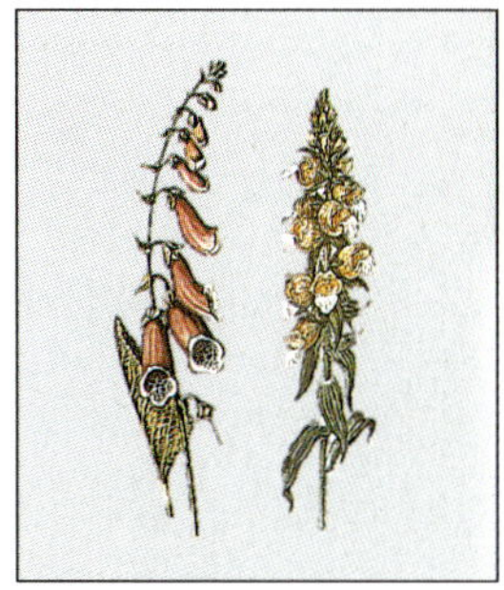

Abb. 23:
Roter Fingerhut (Digitalis purpurea), links;
Wolliger Fingerhut (Digitalis lanata), rechts.

Alle Pflanzenteile sind giftig. Sie enthalten die herzwirksamen Glykoside Digitoxin, Verodoxin, Gitaloxin, Acetyldigitonin, Digilanid A, B und C und die steroiden Saponine Digitonin, Gitonin und auch Flavonoide. Das Digitalis wurde als Arzneimittel übrigens schon 1785 vom W. Vitering verwendet, aber das erste seiner Glykoside isolierte man erst 1851.

Mittlerweile wurde bewiesen, daß das Digitoxin die Pulsfrequenz herabsetzt und eine größere Blutzufuhr in das Herz ermöglicht, so daß auch mehr Blut in alle Körperteile gepumpt wird. Gleichzeitig wird die Stärke der Herzmuskelkontraktion gesteigert. Dieser Effekt kann schon mit äußerst geringen Dosen – einige Zehntausendstel Gramm erzielt werden. Größere Dosen führen zu starker Vergiftung. Schon 2 mg Digitoxin verlangsamen die Herztätigkeit extrem, der Puls wird unbeständig und schließlich kommt es zum Herzstillstand. Charakteristisch ist auch, daß sich die Digitalisglykoside ablagern und sehr langsam vom Organismus ausgeschieden werden, so daß nacheinander verabreichte geringe Dosen ebenfalls eine Vergiftung verursachen können.

In der Medizin finden Digitalis-Präparate bei chronischen Herzkrankheiten, spontan eintretender Herzschwäche infolge infektiöser Erkrankungen, Lungenentzündung, schweren Operationen u. a. Anwendung.

7.6. **Vertreter der Familie Doldengewächse** (Umbelliferae) **– Hinrichtungsmittel im Altertum**

Die Familie der Doldengewächse umfaßt nahezu 3000 Arten Kräuter mit Spaltfrüchten. Einige, wenn auch wenige Arten dieser Pflanzen, sind giftig. Sie gedeihen vorwiegend in Gebieten mit gemäßigtem Klima der nördlicher Halbkugel.

Wasserschierling (Cicuta virosa). Der Wasserschierling ist eine langjährige Krautpflanze mit petersilienähnlichem Geruch, hat einen hohlen, gezweigten, bis 1 m langen Stengel, zwei-dreifach geteilte Blätter und dicken Wurzelstock mit abgetrennten Kammern. Sie treibt kleine, weiße Blüten und trägt zweiteilige Spaltfrüchte.

Abb. 24: Wasserschierling (Cicuta virosa)

Der Wasserschierling gedeiht vorwiegend in feuchten Gebieten der nördlichen Halbkugel – Süd- und Westeuropa, Nordamerika und Nordasien, meistens an See- und Sumpfufern.

Alle Pflanzenteile, insbesondere die Wurzeln junger Sprößlinge sind stark giftig. Sie enthalten Zicutotoxin, Zicutol und einige Flavonoiden. Das Zicutotoxin ist ein konvulsiv wirkendes Gift, das vor allem das Rückenmark angreift und auf das Mensch und Tier gleichsam empfindlich reagieren. Vom Magen- und Darmtrakt dringt das Alkaloid sehr schnell in das Blut ein und stört die Funktion des Zentralnervensystems. Die Vergiftung hat folgende Symptome: 15–20 Minuten nachdem das Gift in den Magen geraten ist, beobachtet man Übelkeit, Brechreiz und schließlich Erbrechen. Der anfangs süßliche Geschmack im Mund wird von bitterem abgelöst. Kältegefühl am ganzen Körper, Zähneklappern, Verlust der Hautempfindlichkeit, Schwere- und Schwindelgefühl und starker Erweiterung der Pupillen treten ein. Es folgen tetanusähnliche und tonische Krämpfe, Herz- und Gefäßsuffizienz, Atemlähmung und schließlich der Tod.

Vergiftungen mit Wasserschierling werden oft bei Nutztieren (Kühen, Pferden, Schweinen) beobachtet. Es ist interessant, daß Hasen, Biber und Wasserratten auf dieses Gift nicht reagieren. Intoxikationen werden nicht nur bei Einnahme der stark giftigen Pflanze beobachtet, sondern auch bei längerem Aufenthalt in ihrer Nähe, insbesondere während des Blühens, das von intensiver Ausscheidung übel riechender, flüchtiger

Giftstoffe begleitet wird. Der lateinische Artname Virosa – stinkend, weist auf diese Eigenschaft hin.

Der Wasserschierling war schon im Altertum als stark giftige Pflanze bekannt und wurde zur Vollstreckung von Todesurteilen verwendet und deshalb von der Volksmedizin gemieden.

Flecken-Schierling (Conium maculatum). Der Flecken-Schierling ist eine ein- oder zweijährige Krautpflanze mit unangenehmem Geruch. Sie hat einen hohlen, gezweigten, bis 2 m hohen Stengel. Ihre Blätter sind vierfach geteilt, gezähnt und in Dreieckform. Sie blüht mit kleinen, weißen Blüten, die zusammengesetzte Dolden bilden. Die Früchte sind eiförmig und riechen unangenehm. Blütezeit: Juni-August.

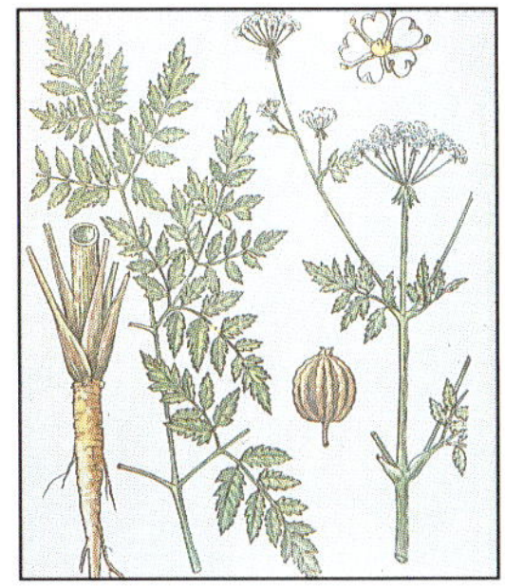

Abb. 25:
Flecken-Schierling (Conium maculatum)

Der Flecken-Schierling ist als Unkraut in fast ganz Europa verbreitet. Er gedeiht vorwiegend in feuchten und schattigen Gegenden, in der Umgebung von Siedlungen, an Feldrainen, in lichten Laubwäldern mit feuchtem Boden, auf Vorbergen und Bergen bis 1200 m ü. d. M.

Alle Pflanzenteile sind stark giftig. Sie enhalten die Alkaloide Contin, Konizein, Methylconiin, Conhydrin, Pseudoconhydrin und die Glykoside Diosmid, Querzetin, Kampferol u. a. Der unangenehme Geruch ist auf das flüchtige Alkaloid Coniin zurückzuführen, das eine nikotin- und kurareähnliche Wirkung hat (tödliche Dosis – 0,15 g).

Die alten Griechen und Römer kannten seine starke Wirkung und verwendeten ihn, wie den Wasserschierling, für die Vollstreckung von Todesurteilen.

Vergiftungen können beim Pflücken und bei der Verwendung der Samen eintreten, die diesen des Dills ähnlich sind, aber auch bei der Verwendung der Pflanzenstengel, die leicht mit diesen ungiftiger Heilkräuter verwechselt werden können. Beobachtet wurden auch Vergiftungen mit Milch von Kühen, die Flecken-Schierling in für sie ungefährlichen Mengen gefressen haben. Folgende Vergiftungssymptome treten auf: Übelkeit, Erbrechen, Muskelschwäche, schleppende Bewegung und Artikulation, Verlust der Hautempfindlichkeit, Störung der Pulsfrequenz, Erweiterung der Pupillen. Darauf folgen Paralyse der Extremitäten, Senkung der Augenlider, Paralyse der Atemmuskulatur und schließlich der Tod.

In der Vergangenheit fand der Flecken-Schierling als schmerzstillendes Mittel bei Rheuma, Entzündung der Lymphknoten u. a. Anwendung, aber auf Grund seiner starken Toxizität ist man allmählich davon abgegangen.

7.7. **Giftige Vertreter der Aronstabgewächse** (Araceae)

Die Aronstabgewächse sind vieljährige Krautpflanzen, die in sumpfigen aber auch trockenen Gegenden gedeihen. Ihre Blüten stehen stets an einem Kolben, der von einem breiten Hochblatt umschlossen wird. Zur Familie der Aronstabgewächse gehören ungefähr 110 Gattungen und 2000 Arten, die in tropischen und subtropischen Gebieten der Erde verbreitet sind. Viele der Arten scheiden eine milchige, meistens giftige Flüssigkeit aus.

Aronstab (Arum maculatum). Der Aronstab ist eine vieljährige Pflanze mit ovalen oder zylinderförmigen Knollen, aus denen 2–3 pfeilförmige, dunkelgrüne, oft rostbraungefleckte Blätter mit langen Stielen sprießen. Die Blüten sind klein, gelbgrün und eingeschlechtig, auf einem Kolben stehend (die männliche oben, die weiblichen unten). Der Aronstab hat einen kolbenartigen Fruchtstand mit leuchtend roten Beerenfrüchten.

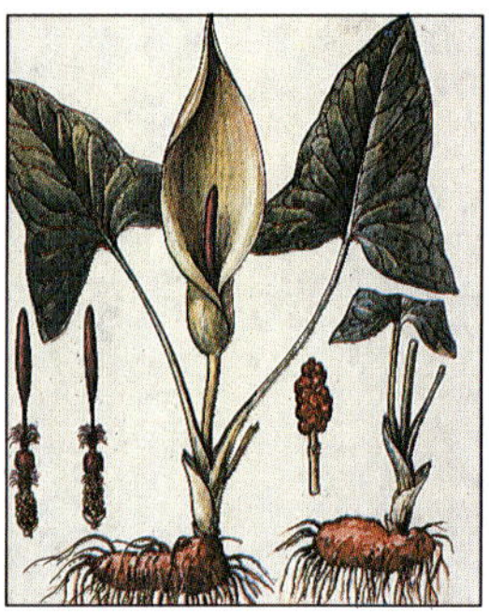

Abb. 26:
Aronstab
(Arum maculatum)

Diese Krautpflanze ist in feuchten und schattigen Laubwäldern und strauchbestandenen Gegenden der Bergregionen Mittel- und Südeuropas, West- und Mittelasiens verbreitet.

In frischem Zustand sind alle Pflanzenteile giftig. Sie enthalten die wenig erforschten Saponine, Glykoside und den flüchtigen, alkaloidähnlichen Stoff Aronin. Die Vergiftungssymptome finden Ausdruck in intensiver Speichelbildung, Brechreiz, Erbrechen, Magenschmerzen, Schleimhautreizung, Störung der Pulsfrequenz, Halluzinationen, Muskelkrämpfe, Schlaflosigkeit. In schweren Fällen kann der Tod eintreten.

In der Volksmedizin werden die Knollen bei Schleimhautentzündungen verwendet (Husten, Heiserkeit, chronischer Bronchialkatarrh), aber auch bei Nierenkrankheiten (Sand und Steinen in den Nieren und der Harnblase), Magen- und Darmkrämpfen, Gastritis, erhöhtem Säuregehalt im Magensaft, Rülpsen, Leberkrankheiten und Hämorrhoiden. Die Aronstabknollen dürfen nur unter ärztlicher Aufsicht verwendet werden.

7.8. **Giftige Vertreter der Familie Osterluzeigewächse** (Aristolochiaceae)

Die Vertreter der Familie Osterluzeigewächse sind vor allem krautige Pflanzen, seltener Sträucher. Bekannt sind 7 Gattungen und ungefähr 500 Arten, vorwiegend in den Tropen und Subtropen verbreitet. Einige Arten gedeihen in den klimatisch gemäßigten Regionen aller Kontinente (ausgenommen Australien). Ihre giftigen Vertreter gehören zu den Gattungen Asarum und Aristolochia.

Haselwurz (Asarum europaeum). Die Haselwurz ist eine langjährige krautige Pflanze mit kriechendem, verzweigtem Wurzelstock, kurzem bis 5 cm langen Stengel, an der Spitze mit zwei großen, ledrigen, nierenförmigen Blättern auf langen Stielen. Sie hat einzelne, große, kurzstielige rosa-violettfarbene Blüten mit dreiteiliger Blütenhülle. Die Früchte stellen kleine samenreiche Kapseln dar. Blütezeit von April bis Juli. Die Haselwurz ist in feuchten Laubwäldern der Vorbergregionen bis 1200 m ü. d. M. eine oft anzutreffende Pflanze.

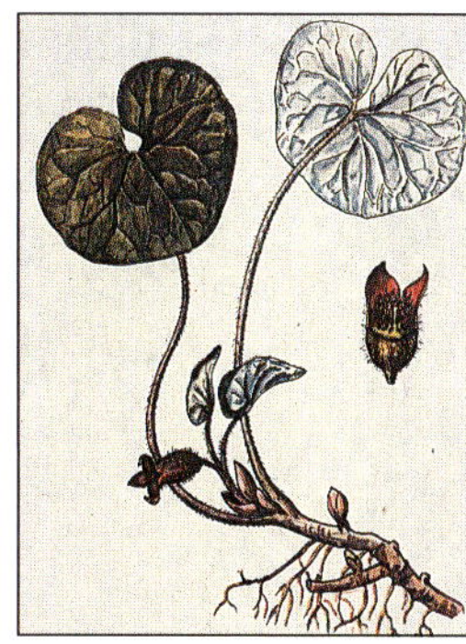

Abb. 27:
Haselwurz
(Asarum europaeum)

Alle Pflanzenteile enthalten flüchtige Giftstoffe – bis 1 % ätherisches Öl. Zu ihrer Zusammensetzung gehören die Phenylpropanderivate, Asaron und Diasaron, ferner Asarinaldehyd, Eugenol, Methyleugenol, Bornylazetat und Pinol.

Die Haselwurz stimuliert die Tätigkeit des Herzmuskels, zieht die peripheren Blutgefäße zusammen und erhöht den Blutdruck. Außerdem wirkt sie nervenberuhigend, schleimlockernd, harntreibend und purgativ. Sie wird in der Volksmedizin bei Husten, Kopfschmerz, Migräne, Nervenerregung, Hysterie, Anschwellungen und Ruhr verwendet. Da sie Brechreiz und Übelkeit verursacht, wird sie bei chronischer Trunksucht dem Wein beigemischt. In getrockneter und zerriebener Form streut man sie auf eiternde Wunden und von Krätze befallener Haut.

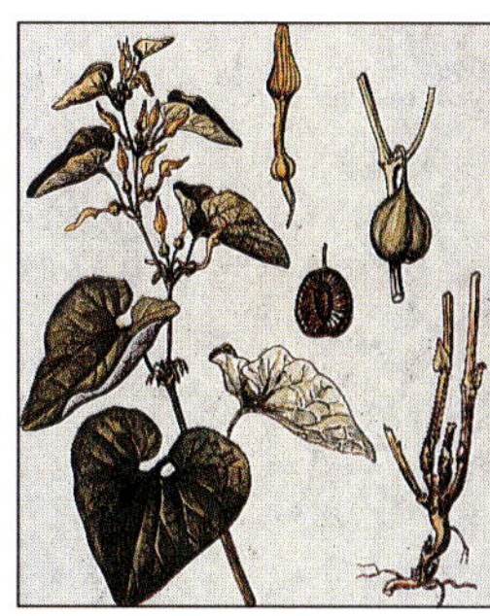

Abb. 28:
Osterluzei
(Aristolochia clematitis)

Osterluzei (Aristolochia clematitis). Die Osterluzei ist eine vieljährige Krautpflanze mit kriechendem Wurzelstock. Sie hat einen glatten bis 1 m hohen ungezweigten Stengel, grüngelbe, herzförmige, wechselständige Blätter an langen Stielen. Sie blüht in Blütenständen aus einigen, von den Blättern umhüllten Blüten. Die Früchte sind dreiwändige birnenförmige Kapseln mit vielen Samen.

Die Osterluzei gedeiht in feuchten Regionen, in Höhenlagen bis 1000 m, in tropischen, subtropischen und allen Regionen mit gemäßigtem Klima, aber auch als Ackerunkraut.

Alle Pflanzenteile sind giftig. Die Pflanze strömt einen eigenartigen fruchtigen Geruch aus. Aus Wurzeln und Blättern wurden die Alkaloide Aristlochin und Magnoflorin, Aristolochin- und Noraristolochinsäure, ätherisches Öl, Harze und einige Saponine isoliert. Volksmediziner verwenden die Wurzel bei einigen Herzkrankheiten und als harn- und schweißtreibendes Mittel bei Fieber, bei Magenatonie, Hautschürfungen, schwer heilenden Wunden, Hautentzündungen und Furunkeln.

Ihre Anwendung ist stets unter ärztlicher Kontrolle durchzuführen.

7.9. **Familie Nelkengewächse** (Caryophyllaceae) **– giftige Vertreter**

Zur Familie der Nelkengewächse gehören ungefähr 80 Gattungen mit etwa 2000 Arten ein- und vieljähriger Krautpflanzen, selten Sträucher und Bäume. Sie sind vorwiegend in der gemäßigten Klimazone der nördlichen Halbkugel, insbesondere im Mittelmeerraum, in West- und Mittelasien verbreitet. Die Familie hat wenige giftige Vertreter. Am bekanntesten unter ihnen ist die Kornrade.

Abb. 29: Kornrade (Agrostemma githago)

Kornrade (Agrostemma githago). Die Kornrade ist ein einjähriges, bis 90 cm hochwachsendes Ackerunkraut. Sie hat einen geraden, der Spitze zu behaarten Stengel mit anliegenden Verzweigungen. Ihre Blätter sind einfach, zugespitzt, gegenständig bis 10 cm lang und bis 1 cm breit und ebenfalls behaart. Die Kornrade trägt an der Stengelspitze eine langstielige, auf der Oberseite dunkelrote und auf der Unterseite rosarote Blüte. Die Frucht stellt eine platzende einfache Kapsel mit zahlreichen Samen dar. Sie blüht von Mai bis Juli.

Die Kornrade ist ein weit verbreitetes Getreideunkraut, das auch in Bergregionen bis 1300 m ü. d. M. gedeiht.

Alle Pflanzenteile, insbesondere die Samen, sind giftig. Ihre Toxizität ist auf die Saponine Gitagin, Sapotoxin (Agrostemasapotoxin), Agrostemin (Agrostemasaponin) und Agrostemsäure zurückzuführen. Die giftige Dosis für den Menschen beträgt 3–5 g. Es wurde festgestellt, daß Weizenmehl mit 1–2% Kornradegehalt als Nahrungsmittel für Menschen untauglich ist, obwohl beim Backen die Gifte dieses Unkrautes zerfallen.

Bei Vergiftung treten nach 1–2 Stunden folgende Symptome auf: Übelkeit, gesteigerte Speichelbildung, beschleunigte Darmperistaltik, Magenschmerzen und Krämpfe. Die sichtbaren Schleimhäute werden blaß, die Pulsfrequenz steigt an, auch beschleunigtes Atmen macht sich bemerkbar. Weitere Folgen sind häufiges Urinieren und Durchfall. Bei Einnahme größerer Mengen kann es zu schweren Vergiftungen und sogar zum Tod kommen.

In der Volksmedizin werden Kornradebüscheln auf Furunkeln, Wunden und Abszessen gelegt (bakterizide Wirkung).

7.10. **Giftige Mohngewächse** (Papaveraceae)

Zur Familie der Mohngewächse gehören ungefähr 45 Gattungen und 700 Arten vorwiegend einjähriger Krautpflanzen. Die meisten von ihnen haben ein entwickeltes Röhrensystem mit an Alkaloiden reichem Milchsaft. Sie sind in den klimatisch gemäßigten und subtropischen Regionen der nördlichen Halbkugel, ebenfalls in der Arktis, im tropischen Afrika und Südafrika und Ostaustralien verbreitet. In der Familie sind mehrere Giftplanzen vertreten.

Schöllkraut (Cheliodonium majus). Das Schöllkraut gedeiht in feuchten, schattigen Gegenden und auch auf steinigen Böden, als Unkraut auf Feldern, im Gebüsch und in Bergregionen bis 1500 m ü.d.M. in fast ganz Europa. Der Stengel treibt Zweige und wird 70 cm lang. Seine Blätter sind auf der Oberseite grün, auf der Unterseite graublau, federspaltig, wobei die Niederblätter behaarte Stiele haben und die Stengelblätter fast anliegen. 2–6 Blüten bilden schirmförmige Blütenstände. Sie stehen am Blattgrund der Hochblätter und sind goldgelb. Die Früchte stellen zapfenförmige Kapseln mit zahlreichen braunschwarzen Samen dar. Blütezeit im Mai und Juni.

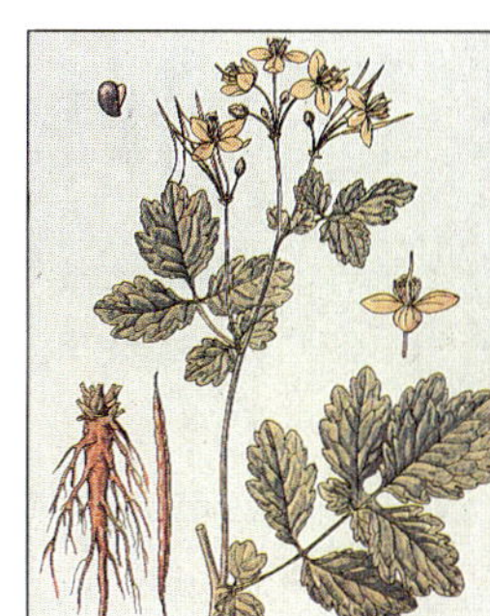

Abb. 30: Schöllkraut (Cheliodonium majus)

Alle Pflanzenteile scheiden bei Verletzung gelblichen Milchsaft aus, der sich an der Luft dunkel verfärbt. In ihm sind giftige Alkaloide enthalten (bis 2,5% im Stengel, in den Blättern und Blüten und bis 4% in den Wurzeln). Alkaloide sind das Helidoin, Hämohelidonin, Oxyhelidonin, Heliritrin und Sanguinarin; enthalten sind ferner Helidoxantin, Helirubin, ätherische Öle, Saponine, Plavonoide u. a.

Wenn Pflanzenteile oral in den Organismus geraten, verursachen sie allgemeines Unwohlsein, Speichelerguß, Schwächegefühl in Händen und Füßen, daher unsichere Fortbewegung, Schwindelgefühl, beschleunigtes Atmen, erhöhte Pulsfrequenz, Muskelkrämpfe und Durchfall. Bei Einnahme größerer Mengen kommt es zu lebensgefährlichen Vergiftungen. Die meisten Vergiftungsfälle ereignen sich beim Pflücken, wobei der Milchsaft zufällig an offene Schleimhäute gerät und Entzündungen verursacht.

Das Schöllkraut – in Bulgarien Schlangenmilch genannt – findet in der Volksmedizin breite Anwendung. Im frischen Zustand aufgetragen, beseitigt der Milchsaft Warzen. Weitere Anwendungsbereiche sind Hauttuberkulose, Skrofulose, Psoriasis, Hämorrhoiden, Pilzbefall, schwer heilende Wunden und Geschwüre. Oral eingenommen wirken sie heilkräftig auf Leberkrankheiten (Gelbsucht), harntreibend bei Gallensteinen, Wassersucht, Malaria, Magen- und Darmkrankheiten (Magen- und Darmkatarrh, Durchfall, Würmer), Verdauungsstörungen. Man nimmt an, daß der Milchsaft auch schmerzstillend und krampflösend wirkt. Da das Schöllkraut sehr giftig ist, darf seine Anwendung als Heilmittel nur unter ärztlicher Kontrolle erfolgen.

Andere giftige Vertreter der Mohngewächse sind: Gelber Hornmohn (Glaucium flavum) und die bekannteste Art der Familie – Gartenmohn (Papavesromniferum), der im Kapitel „Sind Narkotika giftig?“ behandelt wird.

7.11. Giftige Vertreter anderer Pflanzenfamilien

Zur Familie Wolfmilchgewächse (Euphorbiaceae) gehören viele Giftpflanzen. Die meisten von ihnen sind Vertreter der artenreichen Gattung Wolfsmilch (Euphorbia): Esels-Wolfsmilch (Euphorbia esula), Mandelblättrige Wolfsmilch (Euphorbia amygdaloides), Zypressen-Wolfsmilch (Euphorbia capyrissias), Sonnen-Wolfsmilch (Euphorbia helioscopia), Kreuzblättrige Wolfsmilch (Euphorbia lathyris), Zottige

Wolfsmilch (Euphorbia villosa). Giftig sind auch einige Vertreter der Art Bingelkraut (Mercurialis) wie das Wald-Bingelkraut (Mercurialis perennis) und Schutt-Bingelkraut (Mercurialis annus). Giftig in der Familie der Korbblütler (Compositae) sind die Arten: Schafgarbe (Achillea millefolium), Beifuß (Artemisia cina) und Kreuzkraut (Senecio plathyphyllus).

Giftig ist auch der zur Familie der Hülsenfrüchte (Leguminosae oder Fabaceae) gehörende Echte Steinklee (Melilotus officinalis). Zur Familie der Schwalbenwurzgewächse (Asclepiadaceae) gehört der giftige gewöhnliche Schwalbenwurz (Vincetoxicum hirundinaria). Giftige Arten gibt es sogar in der Familie der Kürbisgewächse (Cucurbitaceae), wie zum Beispiel die wilde Zaunrübe (Bryonia alba).

Dieser kurze Überblick giftiger Pflanzenarten, die zu verschiedenen Pflanzenfamilien gehören, ist nur ein Teil der weltweit verbreiteten Heil- und Giftkräuter. Einige Arten werden in anderen Kapiteln des vorliegenden Buches behandelt. Sie sind ihrem äußeren Aussehen (Bäume, Sträucher u. a.) oder ihrer Bestimmung nach (Tabakrauchen, Rauschgiftsucht/Narkotika usw.) gruppiert.

7.12. Gibt es giftige Bäume und Sträucher?

Werte Leser! Kennen Sie die Legende oder haben sie schon vom schrecklichen Baum des Todes gehört? Laut Überlieferung wächst dieser giftige Baum unter den sengenden Sonnenstrahlen des Südens. Kein Mensch wagt sich in seinen giftigen Schatten. Die Vögel bauen niemals in seinen Zweigen ihre Nester. Auch die stärksten Raubtiere schleichen in weitem Bogen an ihm vorbei. Aus seiner Rinde tropft tödliches Harz. Ein Stammeshäuptling hatte seinen Kriegern befohlen, ihre Pfeilspitzen in das Harz zu tauchen. Der Krieger aber, den man entsandt hatte, um das Harz zu bringen, starb nach seiner Rückkehr.

Diese alte Legende veranlaßte viele Naturforscher und Reisende, diesen unheimlichen Baum zu suchen. Schon im 18. Jahrhundert schreibt aus diesem Anlaß der Reisende Mijnheer Feorsch unter anderem folgendes: „Ich sah von weitem den giftigen Baum. Zwei Meilen von ihm entfernt hatte ein alter Schamane seine Hütte. Näher wagte sich kein Mensch an diesen Baum heran, der seinen giftigen Atem bis zur Hütte haucht. Die Eingeborenen bestreichen ihre Pfeilspitzen mit seinem giftigen Harz, das nur von zum Tode verurteilten Verbrechern geholt wird. Tagelang warten sie, daß der Wind in die entgegengesetzte Richtung bläst. Dann bekommen sie vom Schamanen Lederschuhe und eine Kapuze, die ihren Kopf schützen soll. Er gibt ihnen auch einen Beutel für das Harz mit. Dann ziehen sie los, und wenn es ihnen gelingt, mit dem Harz zurückzukommen, werden sie begnadigt. Der alte Schamane erzählte mir, daß er in 30 Jahren, so lange lebte er schon in dieser Hütte, mindestens 700 Leute zum Baum geschickt habe. Zurückgekommen sei nur einer von jeweils zehn der Harzsammler. Und die Gerippe der Toten kann man von der Hütte aus sehen."

Die Legende und diese gruselige Geschichte wurden vom großen russischen Dichter Alexander Puschkin in seinem wunderbaren Gedicht „Antschar" (Upasbaum) verewigt. Eine der Strophen lautet in freier Übersetzung wie folgt:

„In wildem Zorn schuf die Natur
den Steppenbaum Antschar.
Statt Säfte – Gifte nur
durchrieseln Blätter und Geäst."

Abb. 31:
Zweig und Frucht vom „Todesbaum" (Antiaris toxicaria)

Dieses Gedicht suggeriert fast abergläubisches Entzücken. Sogar vielen Botanikern nach Puschkin gelang es nicht, in gerechter wissenschaftlicher Empörung ihre Mitmenschen zu überzeugen, daß dieser Baum bei weitem nicht derart giftig ist und daß die Vögel seelenruhig ihre Nester in seinen Zweigen bauen.

So ein Baum existiert tatsächlich, aber die ihm zugeschriebenen Eigenschaften sind stark übertrieben. Er wächst auf den Inseln des Malaiischen Archipels (vorwiegend auf Java und Borneo) und auch in Südwestindien und wird von der örtlichen Bevölkerung Antiar, Antschar, noronocyance, Antschee, una yna genannt. Sein wissenschaftlicher Name lautet Antiaris toxicaria, d. h. giftiger Antiar, und sein deutscher – Upasbaum. Er wächst schlank, wird 40 m hoch und gehört zur Familie der Maulbeergewächse (Moraceae). Charakteristisch für diesen Baum sind seine bretterartigen Stützwurzeln sowie seine männlichen und weiblichen Blüten, wobei die weiblichen diesen der Haselnuß ähneln, und die männlichen Stockschwämmchen. Die Früchte sind klein, länglich rund und grün. Die Blätter sehen wie die der Maulbeerbäume aus und fallen wie bei allen Laubbäumen im Herbst allmählich ab.

Die ersten wissenschaftlichen Forscher, die von den zahlreichen Legenden und vom schlechten Ruf dieses unbekannten „Baum des Todes" beeindruckt waren, gerieten ins Staunen, als sie feststellten, daß in seinem Umfeld normales Leben und Treiben herrschte und daß sich Vögel auf seinen Zweigen niederließen, ohne daß sie Schaden erlitten.

Gleichzeitig beobachteten sie, daß verletzte Baumteile einen dickflüssigen, stark giftigen Milchsaft absonderten und daß mit ihm die Eingeborenen tatsächlich ihre Pfeil- und Speerspitzen bestrichen. Sie stellten ebenfalls fest, daß er auf die Haut, die Augen- und Mundschleimhaut geraten, Entzündungen und einen Anstieg der Körpertemperatur verursacht. Außerdem führten längere Aufenthalte in seiner Nähe an heißen Tagen zu denselben Beschwerden, die auf die vom Baum ausgestoßenen flüchtigen Giftstoffe zurückzuführen sind. Die chemischen Analysen ergaben, daß der Milchsaft des Baumes das stark giftige Alkaloid Antarian enthält. Seine Wirkung ist bislang noch nicht ausreichend untersucht, trotzdem aber weiß man, daß es den Herzmuskel schädigt. Die starke Toxizität hat auch vorläufig seine Anwendung als Arzneimittel verhindert. In Zukunft wird sich das wahrscheinlich ändern.

Im tropischen Afrika wachsen langjährige Lianen, **Strophanten genannt (Strophanthus kombe und Strophanthus hispidus)** und der Familie der Hundsgiftgewächse (Apocynaceae) zugehörig. Sie sind kriechende Sträucher und haben große runde Blätter. Ihre Blüten stehen in der Form von trugdoldigen Blütenständern auf der Stengelspitze. Der Blütenkranz ist von außen weiß und von innen gelb. Die Früchte stellen kleine, einfache Kapseln dar. Die Samen tragen eine lange

Abb. 32:
Zweig und Blüte von der Liane Strophanthus kombe

Granne. Aus diesen Samen preßten die Eingeborenen ihren stark giftigen Saft und bestrichen damit ihre Pfeil- und Speerspitzen.

Interessant ist die Entdeckung der Heileigenschaften dieser Giftpflanzen. In den Jahren 1853–1856 nahm der namhafte Afrikaforscher David Livingstone an einer großen wissenschaftlichen Expedition teil. Mitglied des wissenschaftlichen Teams war auch Dr. Kirk, dessen Interesse vorwiegend dem Pfeilgift der Eingeborenen galt. Er sammelte ununterbrochen die von ihnen abgeschossenen Pfeile, bis er in seiner Tasche keinen Platz mehr hatte und sich einen anderen Aufbewahrungsort suchte. In dieselbe Tasche legte er Gegenstände des persönlichen Bedarfs, einschließlich seiner Zahnbürste. Eines Morgens, als er sich die Zähne putzte, bemerkte er, wie sein Herz rascher zu schlagen begann. Nach einigen Überlegungen schlußfolgerte er, daß der beschleunigte Pulsschlag nur vom Kontakt seiner Zahnbürste mit Spuren vom Pfeilgift in seiner Tasche herrühren kann. Er wußte, daß die Eingeborenen die Pfeilspitzen mit dem Saft bestrichen, den sie aus den Samen einer kriechenden Liane gewannen und prognostizierte schon damals eine große Zukunft dieser Pflanze als Heilmittel. Und tatsächlich, schon zehn Jahre später – 1865, isolierte Prof. E. Pelikan von der Petersburger Medizinisch-chirurgischen Akademie bei Experimenten das giftige Glykosid Strophantin, das sich sofort als wertvolles Arzneimittel bei akuter Herzinsuffizienz bewährte. Schon Zehntausendstel Gramm intravenös eingeführt, verhindern sofort das drohende Herzversagen. Ein großer Vorteil des Strophantins besteht darin, daß es nicht zur Kumulation neigt. Seine Überdosierung aber ist äußerst gefährlich und kann fatale Folgen haben.

Chinarindenbaum (Cinchona succyrubra). Als anno 1532 die spanischen Eroberer in Südamerika eindrangen und die Inkas unterjochten, lichteten sich ihre Reihen nicht so sehr von den Giftpfeilen der Eingeborenen als von der tückischen tropischen Malaria. Die Inkas hatten ein wirksames Mittel gegen dieses Übel, hüteten aber sorgfältig ihr Geheimnis in der Hoffnung, daß ihnen die Malaria helfen könnte, die grausamen Eindringlinge zu vertreiben. Sie gewannen ihre Arznei aus der Rinde eines unbekannten Baumes, der in den Bergen Perus und Boliviens wächst, den sie Hin-hin nannten und von dem der Name seines Hauptalkaloids Chinin abgeleitet wurde. Die Inkas konnten Jahrzehnte ihr Geheimnis hüten, bis es, laut Legende, von einer jungen, in einen spanischen Soldaten leidenschaftlich verliebten, Indianerin verraten wurde. Als er an Malaria erkrankte und sein Zustand immer hoffnungsloser wurde, gab sie das Geheimnis preis und rettete ihm das Leben mit Hilfe der heilkräftigen Rinde. Der Soldat verkaufte sein Wissen gegen teures Geld einem der Jesuiten-Missionäre. 1641 erkrankte der Vizekönig von Peru mit dem ellenlangen Namen Luis Heronimo Cabrera de Vobadila Graf Chinchon, der seit einigen Jahren über eine der reichsten spanischen Kolonien – Peru – herrschte, am Malaria und schließlich endlich nach Spanien zurückkehrte. Zu seinem Gepäck gehörte auch ein großes Bündel mit der wertvollen Rinde des geheimnisvollen peruanischen Baumes, die er sich mit viel Mühe erworben hatte und mit der er seine Krankheit zu kurieren dachte. Die spanischen Ärzte aber wußten nicht, wie sie aus der Rinde das Arzneimittel zubereiten sollten und begannen die Behandlung mit den damals üblichen Mitteln, wie zum Beispiel mit einem Pulver aus zerriebenen Teilen ägyptischer Mumien, und beschleunigten damit nur den Tod des Grafen. Auf diese Weise mußte der arme Graf Chinchon sterben, obwohl er das Geheimnis der Inkas kannte. Die schlauen und überall anwesenden Jesuitenmönche waren die ersten, die die wundertätigen Baumrinden zu Pulver verrieben und ihre Arznei gegen Malaria „heilig" sprachen. Viele Jahre war diese Arznei als „Jesuitenpulver" bekannt und wurde wie Gold gehandelt. Aber die Ärzte Europas kannten weder die Eigenschaften noch die Zubereitung dieses Mittels und zögerten mit seiner Anwendung, umsomehr, daß auch viele Vergiftungen mit tödlichem Ausgang bekannt wurden. Als aber die Malariaepidemie Eingang erreichte und selbst der König schwer erkrankte, begann der niemanden bekannte Volksmediziner Talbor ihn mit einer bitter schmeckenden Arznei zu behandeln. Nach zwei Wochen war der König genesen, Talbor wurde zum Hofarzt ernannt und geadelt. Sein Ruhm war derart groß, daß ihn auch der französische König bat, ihn von der Malaria zu kurieren. Auch diese Behandlung verlief erfolgreich. Talbor aber hütete sein Geheimnis. Erst als ihm der französische König 3000 Goldfranken und eine beachtliche Lebensrente anbot, gab er nach und teilte mit, daß er das bereits bekannte „Jesuitenpulver" in Wein auflöste und seinen Patienten zu trinken gab. Nicht zu unterschätzen allerdings ist sein Verdienst, die Zubereitung und vor allem die richtige Dosierung des Arzneimittels erraten zu haben.

Abb. 33:
Zweig und Blüte des Baumes Cinchona succyrubra

Auf diese Weise wurde das von den Inkas sorgfältig gehütete Geheimnis der Malariaheilung in ganz Europa bekannt. Aber alle Versuche, in die tropischen Wälder Südamerikas vorzudringen und den wundertätigen Baum zu finden, blieben erfolglos, da die örtliche Bevölkerung jederlei Unterstützung untersagte. Der erste Europäer, der den Baum zu sehen bekam, war Charles M. de la Condamine, französischer Geodäte und Teilnehmer an einer französischen wissenschaftlichen Expedition in Südamerika. Es gelang ihm 1737, dem namhaften schwedischen Botaniker Carl Linné, ein Herbariummuster und eine ausführliche Beschreibung des Baumes zuzusenden. Carl Linné gab dem Baum den Gattungsnamen Cinchona, zu Ehren des Grafen Cinchon, der als erster die heilkräftige Rinde des peruanischen Baumes nach Europa gebracht hatte. Inzwischen gelang es, den Chinarindenbaum in vielen Ländern der Welt zu akklimatisieren. Zur Cinchona-Art gehören die Baumarten Cinchona calisaja, Cinchona ledgeriana u. a., deren Rinde aktiv wirkende heilkräftige und giftige Stoffe enthalten. Ihre Gattung gehört zur Familie der Rötegewächse (Rubiaceae). In seiner Heimat wächst der Chinarindenbaum einzeln auf den felsigen, schwer zugänglichen Abhängen der Anden in Höhenlagen bis 3000 m. Er hat gegenständige, ledrige, glänzende Blätter mit Nebenblättern. Die Blüten sind zweigeschlechtig mit 4–5 blättriger Krone und ebensovielen Staubblättern. Die Früchte sind klein.

In der Borke des Chinarindenbaums sind über 20 Alkaloide enthalten. Wichtig unter ihnen sind das Chinin, Chinidin, Zinhonin, Zinhonidin u. a. Reines Chinin wurde zum ersten Mal 1820 von den französischen Wissenschaftlern Joseph Caventou und Pierre Pelletier isoliert. Nachfolgende Forschungen ergaben, daß das Chinin in geringen Dosen die Lebensprozesse in den Zellen fördert, größere Dosen aber toxisch wirken, da sie die Zellenzyme paralysieren. Das Chinin tötet das Malariaplasmodium und einige andere Organismen wie Amöben, Infusorien u. a. Unter Einwirkung des Chinins wird bei vielen Mikroorgansimen die Giftproduktion unterbrochen. Gleichzeitig aktiviert es die Abwehrkräfte des Organismus. Das Chinin wirkt auf das Zentrum des Wärmehaushalts im Großhirn, setzt bei Fieber die Körpertemperatur und die Wärmeproduktion des Körpers herab und verringert gleichzeitig die Stoffwechselprozesse. Außerdem wirkt es schmerzstillend, verlangsamt die Herztätigkeit und erhöht den Blutdruck. Es hat ein breites Anwendungsspektrum, ist aber vor allem ein klassisches Arzneimittel bei Malaria, Lungenfellentzündung, Grippe, einigen Herzkrankheiten, gynäkologischen Beschwerden u. a. Die tödliche Dosis ist relativ hoch, so daß Chininvergiftungen normalerweise bewältigt werden. Oft aber kommt es zu Sehstörungen, da es den Sehnerv angreift.

Wunderbaum (Ricinus communis). Der Wunderbaum oder Rizinus ist eine baumartige 10 m hohe Pflanze. Er ist auch als einjährige 1–2 m hohe Zier- und Ölpflanze verbreitet und gehört zur Familie der Wolfsmilchgewächse (Euphorbiaceae). In freier Natur wird er bis 10 Jahre alt. Sein Gattungsname stammt vom lateinischen Namen der Ixodes-Zecke (Ixodes ricinus), da seine Samen in bezug auf Form, Größe und Farbe diesem Insekt ähneln. Man nimmt an, daß Afrika und konkreter Äthiopien seine Heimat ist und daß er später in den tropischen und subtropischen Erdregionen verbreitet wurde. Einige Arten gedeihen auch in klimatisch gemäßigten Gebieten. Das Wurzelsystem des Rizinus ist stark entwickelt. Die Blätter sind groß, handförmig 7–9teilig gelappt. Die Blüten sind zweigeschlechtig – auf der Achse des gemeinsamen traubigen Blütenstands befinden sich oben die weiblichen und unter ihnen die Trugdolden der männlichen. In den drei Fruchtknoten reift je ein Samen mit mosaikartiger violettbrauner Farbe. Die Samen speichern große Mengen (50–70%) dickflüssiges, nicht eintrocknendes Öl, das sogenannte Rizinusöl, das in Medizin und Technik bereits Anwendung findet.

Abb. 34:
Zweig, Blüte und Frucht des Wunderbaumes (Ricinus communis)

Seit uralten Zeiten ist bekannt, daß die Samen des Wunderbaums stark giftig sind (schon 10 Samen sind für den Menschen tödlich). Der Giftstoff wurde zum ersten Mal 1891 von Paul Ehrlich als Toxalbumin isoliert und Ricin genannt. Sein Gehalt in den Samen und Preßrückständen beläuft sich auf 1–3%. In ihnen ist außerdem auch das Alkaloid Rizinin enthalten. Bei Erhitzung verliert das Rizinusöl seine Giftwirkung.

Das Ricin ist ein äußerst starkes Gift und kumuliert im Organismus. Unter die Haut injektiert ist es bei weitem giftiger als Strychnin und Blausäure. An Hasen wurde experimentell bewiesen, daß injektiertes Ricin 500mal stärker wirkt als die perorale Einnahme. Bei der Ricinvergiftung treten folgende Symptome auf: Übelkeit, Brechreiz, Erbrechen, Magen- und Darmschmerzen, blutiger Durchfall, unstillbarer Durst, kalte Schweißausbrüche, Rotfärbung der Augenbindehaut, Orientierungsverlust und Bewußtlosigkeit. Die Körpertemperatur steigt an, ebenfalls der Puls und Atemnot tritt ein. Schließlich kommt es zum Kollaps und danach zum Tod.

Das aus den Samen gewonnene Rizinusöl wurde schon von den alten Griechen und Römern als Abführmittel verwendet. Afrikanische Völker haben es nach Erhitzung als Speiseöl genommen und damit die Zufuhr der lebenswichtigen Vitamine A und D gesichert. In der Volksmedizin bekämpft man mit ihm einige durch Bakterien hervorgerufene Krankheiten (bakterizide Wirkung). Außerdem wird es als den Haarwuchs stimulierendes Mittel eingesetzt. Oft gehört es zu den Bestandteilen von Arzneimitteln gegen Hautkrankheiten.

Die Giftstoffe des Wunderbaumes haben eine ausgeprägte insektizide Wirkung. Deshalb pflanzte man ihn früher oft in Gärten und Felder, um Insekten-Schädlinge abzuwehren. Man stellte fest, daß sogar unterirdische Nagetiere die Umgebung des Baumes meiden, wahrscheinlich wegen den vom Baum ausgeschiedenen flüchtigen Giftstoffen.

Abb. 35:
Zweig und Blüte von der Robinie (Robinia pseudoacacia)

Robinie, falsche Akazie (Robinia pseudoacacia). Dieser Baum wird 25 m hoch, entwickelt eine breite, unsymmetrische Krone und ein stark entwickeltes Wurzelsystem. Er gehört zur Familie der Hülsenfrüchte (Leguminosae/Fabaceae). Die Botaniker behaupten, daß die Robinie zu den ersten aus Nordamerika nach Europa gebrachten Baumarten gehört. Der Gärtner des französischen Königs Ludwig XIII. namens Vespasian Robin soll ihn anno 1635 aus dem Staat Virginia mitgenommen haben. Ihm zu Ehren gab Carl Linné dem unbekannten Baum den lateinischen Gattungsnamen Robinia. Heute ist dieser Zierbaum dank seiner Anpassungsfähigkeit fast in der ganzen Welt verbreitet. Die Robinie hat aus eiförmigen Blättchen unpaarig zusammengesetzte Blätter. Die Blüten sind weiß, riechen angenehm und bilden traubenförmige Blütenstände. Blütezeit Mai bis Juni. Die Früchte stellen eine flache Hülse mit vielen Samen dar. Von den Samen eines nur mittelgroßen Baumes könnte man jedes Jahr über 200.000 Setzlinge erhalten. Die Robinie wird bis 150 Jahre alt.

In der Rinde und in jungen Zweigen wurden bis 1,6% des Toxalbumins Robin nachgewiesen, das eine ricinähnliche Wirkung hat und tödliche Darmblutungen verursacht. Aus der Rinde wurde auch ein giftiges Glykosid (Siringin) und ein unbeständiges Alkaloid isoliert. Die Rinde ist im Herbst am giftigsten. Aus den Samen, aber auch aus den Blüten wurde das toxische Flavonoid Robinin (bis 4 %) isoliert. In den Blättern fand man noch das Flavonglykosid Akaziin, die Aglikone Robigenin und Akazetin sowie ätherisches Öl. Die Wurzeln sind ebenfalls giftig, schmecken süß und werden deshalb oft mit Wurzeln genießbarer Pflanzenarten verwechselt.

Bei Vergiftungen treten bei Mensch und Tier Erregung, Koliken, Erbrechen, Muskelkrämpfe, Konvulsionen, beschleunigtes Atmen, kaum fühlbarer Puls und dunkelrote Färbung der sichtbaren Schleimhäute auf. Später schlägt die Erregung in Depression über, Parese und Paralyse treten ein und bei Kollaps kann es zu tödlichem Ausgang kommen.

In der Volksmedizin werden die Blüten gebrüht und der Absud bei Husten, Fieber, Rheumabeschwerden, Magenverstimmungen eingenommen. Die Anwendung sollte nur unter ärztlicher Aufsicht erfolgen.

Goldregen (Laburnum anagyroides). Dieser Strauch oder bis 3 m hoher Baum gehört wie die Robinie zur Familie der Hülsenfrüchtler (Leguminosae/Fabaceae). Er unterscheidet sich von ihr durch seinen kleineren Stamm, dreiteilig gefingerte Blätter und goldgelben Blüten. Der Goldregen blüht im Mai und Juni. Die Hülsenfrucht enthält flache, dunkelbraune Samen. Die Heimat des Goldregens ist Südeuropa. Er ist aber als Zierstrauch ebenfalls in Osteuropa (nordwestliche Balkanhalbinsel) und in vielen anderen Ländern verbreitet (Mittel- und Vorderasien). Der Goldregen enthält die giftigen Alkaloide Citisin, Methylcitisin und Holin. Das Citisin regt die Tätigkeit des Atemzentrums an und wirkt auf den Sympathikus und Parasympathikus des vegetativen Nervensystems.

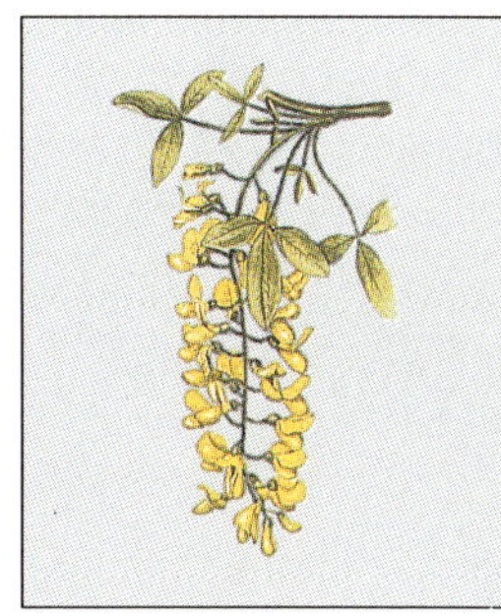

Abb. 36: Goldregen (Laburnum anagyroides) Zweig und Blüte

Vergiftungssymptome treten bei Menschen auf, die Ziegenmilch von Tieren getrunken haben, die Blätter und Zweiglein von dieser Pflanze gefressen haben. Sie finden in Brechreiz, Erbrechen (oft mit Blut), Magenschmerzen, Kopfschmerzen und Schwindelgefühl, Halluzinationen, flatterndem Puls, zuerst Senkung, dann Anstieg des Blutdruckes, Atemnot, kalte Schweißausbrüche und Konvulsionen Ausdruck. In schweren Fällen tritt der Tod durch Lähmung des Atemzentrums ein.

In der Medizin wird das Citisin zwecks Anregung der efferenten Nervenenden und beschleunigter Atmung bei Intoxikationen, Ersticken, chirurgischen Eingriffen u. a. eingesetzt. In Bulgarien gewinnt man aus den Samen Citisin, das als Basisstoff für die Herstellung des Präparates Tabex dient und bei Entwöhnungskuren von Rauchern eingenommen wird.

Gemeine Eibe (Taxus baccata). Dieser immergrüne Baum wächst 20–30 m hoch, hat einen Durchmesser von 1–1,5 m und gehört zur Familie der Eibengewächse (Taxaceae). Seine Krone ist eiförmig, zylindrisch und dicht. Er hat eine dünne, rotbraune, zuerst glatte, dann rissige, sich in Plättchen schälende Rinde. Sie bildet viele latente Knoten, die sich bei günstigen Bedingungen massenweise entwickeln. Die Blätter sind linear, mit spiraliger Blattstellung, 2–3 cm lang und 2–2,5 mm breit, mit kurzem Stiel. Ihre Oberseite ist glänzend dunkelgrün, die Unterseite matt hellgrün. Die Blätter verbleiben an den Zweigen durchschnittlich 6–8 Jahre. Die Reproduktionsorgane stehen zweihäusig am Blattgrund; die männlichen entwickeln sich im Herbst, die weiblichen im Frühling. Die Samen sind von einem fleischigen Mantel (Arillus) umhüllt, die etwa die Größe einer Erbse haben. Die Eibe blüht von Ende Februar bis Anfang Mai, und die Samen reifen von August bis November. Dieser Baum kann bis 4000 Jahre alt werden.

Abb. 37:
Zweig, Blüte und Frucht der Gemeinen Eibe (Taxus baccata)

Die Eibe ist in Süd-, Mittel- und Westeuropa, im Norden bis zur Skandinavischen Halbinsel, in Nordwestafrika, Vorderasien (Kleinasien, Kaukasus) verbreitet und gedeiht bis 1900 m Höhenlage. Sie ist als Zierbaum in vielen Ländern verbreitet.

Alle Baumteile sind giftig. Schon Plinius der Ältere weist darauf hin, daß Menschen, die aus Eibenholz gefertigte Gefäße benützen, sich der Gefahr einer Vergiftung aussetzen. Die Toxizität ist auf die Alkaloide Taxin (über 1 %) und Milosein sowie auf das Glykosid Taxikantin zurückzuführen.

Vergiftungen sind meistens Kinder ausgesetzt, die Eibenfrüchte gegessen haben. Die Symptome sind Übelkeit, Erbrechen, übermäßige Speichelabsonderung, Magenschmerzen, Durchfall, Schläfrigkeit, Atemnot, Zittern, Gleichgewichtsstörungen, Spasmen, Funktionsstörungen des Herz- und Gefäßsystems, die zum Kollaps und zum Tod führen. Eibenholz wird in der Möbelindustrie hoch geschätzt. Wegen der starken Toxizität fand die Eibe bisher in der Volksmedizin keine Anwendung.

Abb. 38:
Zweig, Blüte und Frucht vom Kirschlorbeer (Prunus laurocerasus)

Kirschlorbeer – Prunus Laurocerasus (Laurocerasus officinalis). Diese langjährige baum- oder strauchartige Pflanze wird 2 m hoch und gehört zur Familie der Rosengewächse (Rosaceae). Die Blätter sind groß, ellipsenförmig, nicht abfallend, ledrig, auf der Oberseite dunkelgrün glänzend, auf der Unterseite mattgrün. Die Pflanze treibt kleine weiße Blüten, die zu je 20–30 einzelnen Blüten traubige kolbenförmige Blütenstände bilden. Blütezeit: Mai und Juni. Die schwarzen Kernfrüchte reifen im Juni und Juli. Der Kirschlorbeerbaum ist in den klimatisch gemäßigten und subtropischen Regionen Europas, Amerikas, in Klein- und Westasien verbreitet. In West- und Südeuropa wird er als Zier- und Arzneipflanze angebaut.

Alle Pflanzenteile, ausgenommen das Fruchtfleisch, sind giftig. Die Rinde, die Blätter, Blüten und Samen enthalten die giftigen Glykoside Amigdalin und Prulasin und Gerbstoffe. Das Amigdalin zerfällt zu Blausäure. Die Rinde, Knoten und Samen enthalten Zyansäure, und die Blätter ihre Derivate.

Als Vergiftungssymptome melden sich allgemeine Schwäche, Heiserkeit, Kopfschmerzen, Magenschmerzen, Brechreiz, Erbrechen, Angstgefühle, anfangs beschleunigter, danach nachlassender Puls. Es folgen Muskelkrämpfe, Atemnot und Bewußtlosigkeit. Herz- und Gefäßinsuffizienz und Lähmung des Atemzentrums führen schließlich zum Tod. Wichtigstes Symptom ist die Rotfärbung der Schleimhäute.

In der Volksmedizin wird der Kirschlorbeer unter ärztlicher Aufsicht als schmerzstillendes Mittel verwendet.

Abb. 39:
Zweig, Blüte und Frucht vom Seidelbast (Daphne mezereum)

Seidelbast, Kellerhals (Daphne mezereum). Der Seidelbast ist ein kleiner bis 2 m hoher, laubwechselnder Strauch. Er gehört zur Familie der Thymeläazeen (Thymelaeaceae), die Rinde ist grau-gelblich. Die Blätter sind einfach, gegenständig, ganzrandig, umgekehrt eiförmig, zugespitzt und an den Zweigspitzen gruppiert. Die Blüten sind aromatisch, rosafarben, erscheinen im Frühling vor den Blättern und bilden lokkere traubige Blütenstände. Die Pflanze trägt Kernfrüchte in der Form scharlachroter Beeren mit saftigem Fleisch.

Alle Pflanzenteile sind giftig. Sie enthalten das Glykosid Daphnin und den Harzstoff Meserin. Beim Zerreiben der Zweige und Früchte werden übelriechende und giftige Stoffe ausgeschieden. Die Berührung der Pflanze oder des Blatt- und Fruchtsaftes führt zu Hautentzündungen und Verbrennungen, die Muskelkonvulsionen und bei schweren Fällen eine allgemeine Vergiftung des Organismus verursachen.

Abb. 40:
Zweig und Frucht der Rainweide (Ligustrum vulgare)

Rainweide (Ligustrum vulgare). Die Rainweide ist ein blattwechselnder baumartiger Strauch, der bis 5 m hoch wächst. Er gehört zur Familie der Ölgewächse (Oleaceae) und hat dunkelgrüne, gegenständige, ellipsenförmige, ledrige Blätter. Er treibt zweigeschlechtige, kleine weiße Blüten, die traubige Blütenstände bilden. Die Früchte sind schwarze, überwinternde Beeren.

Die Rainweide ist in Europa, Nordafrika und Westasien verbreitet. Dank der zahlreichen Verzweigungen und Sprößlingen wird sie als Heckenstrauch angepflanzt.

Die Blätter und Früchte der Rainweide enthalten das giftige Glykosid Ligustrin.

Vergiftungen kommen meistens nach Konsumation der Früchte vor, die mit den Früchten eßbarer Arten verwechselt werden. Das Gift greift die Schleimhäute des Verdauungstraktes und die Nieren an. Beobachtet werden Übelkeit, Erbrechen, Durchfall, Entzündung der Nieren und der Harnblase. Manchmal wird eine Blutdrucksenkung und nachlassende Herztätigkeit festgestellt.

Wegen der Vergiftungsgefahr findet die Pflanze keine Anwendung in der Volksmedizin.

Abb. 41:
Oleander
(Nerium oleander)
Zweig und Blüte

Oleander (Nerium oleander). Der Oleander ist eine vieljährige, immergrüne Strauchpflanze, die zur Familie der Hundsgiftgewächse (Apocynaceae) gehört. Der Strauch trägt ledrige, verlängert ellipsenförmige und gegenständige Blätter. Er blüht mit großen, rosenfarbenen, weißen oder gelben Blüten, die an den Zweigspitzen Blütenstände bilden. Seine Heimat ist der Mittelmeerraum, heute aber ist er in ganz Europa und in den subtropischen Gebieten Asiens als Zierstrauch weit verbreitet.

Alle Pflanzenteile enthalten die Glykoside Oleandrin (Neriolin) und Desazetyloleandrin sowie Ursolsäure und einige unzulänglich untersuchte Saponine.

Die Toxizität der Pflanze ist seit langer Zeit bekannt. In historischen Schriften ist nachzulesen, daß im 19. Jahrhundert die Soldaten Napoleons während eines Feldzuges an Vergiftung erkrankten, weil sie ihre Suppe in den Kesseln mit Oleanderzweigen umgerührt hatten. Bei Mensch und Tier kommen Vergiftungen beim versehentlichen Kauen von Oleanderzweigen, Blättern oder Blüten vor.

Die im Oleander enthaltenen Glykoside Oleandrin und Deszetyloleandrin gehören zu den sogenannten herzwirksamen Glykosiden und haben eine ähnliche Wirkung wie Adonis vernalis, Digitalis lanata und Digitalis Purpurea, Convallaria majalis u. a.

Die im Oleander enthaltenen Glykoside wirken erregend auf die interkardiale Herzmuskeltätigkeit, aktivieren das

Brechreizzentrum und den Nervus vagus, verursachen Hypoxämie, Konvulsionen der Nierengefäße u.a.

Der Oleander findet in der Pharmaindustrie bei der Produktion von herzwirksamen Glykosiden Anwendung.

Pontische Alpenrose (Rhododendron ponticum) und Rostfarbige Alpenrose (Rhododendron ferrugineum). Der Gattungsname ist von den griechischen Wörtern rhodon – Rose, und dendron – Baum, also Rosenbaum, abgeleitet. Im wesentlichen aber sind die meisten Arten immergrüne Sträucher, obwohl auch einige Rhododendron-Bäume vorkommen. Alle Arten gehören zur Familie der Heidekrautgewächse (Ericaceae), auch Erikagewächse genannt.

Abb. 42:
Zweig und Blüte der Pontischen Alpenrose (Rhododendron ponticum)

Die Pontische Alpenrose ist ein stark gezweigter, immergrüner, gerade wachsender Strauch oder kleiner Baum, bis 8 m hoch. Die Rostfarbige Alpenrose dagegen ist ein immergrüner, stark gezweigter, bis 1 m hoher Strauch. Die Pontische Alpenrose hat gegenständige, ellipsenförmig verlängerte, ganzrandige und ledrige Blätter. Ihre Blüten sind groß, bilden an den Zweigspitzen Blütenstände, von blaßrosa bis scharlachrot und violett-rosa. Die Früchte stellen zylinderförmige Kapseln mit zahlreichen kleinen länglichen Samen dar. Die Pontische Alpenrose blüht im Mai und Juni, und die Rostfarbene einen Monat später.

Die Rhododendron-Gewächse kommen vorwiegend in schattigen und feuchten Wäldern vor. Die Rostfarbige Alpenrose bevorzugt Gebirgsregionen. Alle Pflanzenteile enthalten chemische Verbindungen glykosider Art wie Rhodendrin und Andromedotoxin. In den Blättern wurden einige Flavonoide, Hydrochinon, Rutin, Ursulsäure, Chlorogensäure, Erikolin, Arbutin u.a. gefunden, die die Giftigkeit der Pflanze bedingen.

Vergiftungen mit Rhododendron melden sich durch starke Reizung der Schleimhäute an, die zu Tränen und Speichelausscheidung führt, Erbrechen, Husten, dann Muskelkonvulsionen, Koliken, Durchfall, Atembeschwerden und Störung der Herztätigkeit. In der Endphase treten Spasmen, Paralyse und Bewußtlosigkeit auf, dann folgt der Tod.

In der Volksmedizin finden die Blätter, Zweige und Blüten in der Form von Absud und unter ärztlicher Kontrolle Anwendung. Behandelt werden Rheumabeschwerden und Podagra. Außerdem hat die Pflanze bakterizide und harntreibende Wirkung. Man vermutet, daß sie auch als Narkotikum wirksam ist.

Abb. 43:
Zweig und Blüte des Sumpfporst (Ledum palustre)

Sumpfporst (Ledum palustre). Diese Pflanze ist ein immergrüner, 60–110 cm hoher Strauch, hat wurzelschlagende Stengel, wechselständige, stark verlängerte, ganzrandige Blätter mit kurzen Stielen. Die jüngeren Zweige treiben weiße Blüten auf langen Stielen, die schöne Trugdolden bilden. Die Frucht ist eine 5-teilige Spaltkapsel mit kleinen, flachen und länglichen Samen.

Der Sumpfporst gedeiht meistens an sumpfigen Nadel- und Laubwäldern, sowie auf mit Tormoos bedeckten Sümpfen. Er ist vorwiegend in arktischen, subarktischen und Regionen mit gemäßigtem Klima verbreitet (in Europa – auf der Skandinavischen Halbinsel, in Asien – Nordchina, Korea, nördliche Mongolei, in Nordamerika – USA, Kanada u. a.).

Alle Pflanzenteile sind giftig. Wenn man sich in seiner Nähe aufhält, vernimmt man einen „berauschenden" Geruch, der von den flüchtigen Giftstoffen herrührt. Die Pflanze enthält ätherisches Öl mit Ledumna Kamphora als Hauptbestandteil, außerdem Arbutin, Erikolin u. a.

Bei Vergiftungen wird Mattigkeit, Schläfrigkeit, Brechreiz, Erbrechen, starke Schweißausscheidung, Blutdrucksenkung und beschleunigter Puls beobachtet. Schwere Vergiftungen führen zu Atemnot und Ersticken. Das ätherische Öl reizt die Schleimhäute und das Nervensystem.

In der Volksmedizin wird der Absud peroral bei Arthritis, Rheuma, Keuchhusten, Gelbsucht u. a., als bakterizides Mittel und Abtreibungsmittel verwendet. Alle Manipulationen sind nur unter ärztlicher Aufsicht vorzunehmen.

Gift-Sumach (Rhus toxicodendron, Toxidendron quercifolium) und Hirsch-Kolben-Sumach, Essigbaum (Rhus typhina). Die Pflanzenarten der Gattung Rhus (ungefähr 150 Arten) sind gewöhnlich hohe, laubwechselnde oder immergrüne Sträucher, Bäume oder Lianen. Sie gehören zur Familie der Anakardiengewächse (Anacardiaceae) und sind in Nordamerika, West-, Mittel- und Ostasien, Nordafrika und Europa verbreitet. Sie gedeihen an steinigen Abhängen, sind widerstandsfähig gegen Frost und Trockenheit, lieben Licht und stellen gegenüber Bodenbeschaffenheit keine Ansprüche. Einige Arten werden in vielen Ländern als Zierpflanzen angebaut.

Der Giftsumach ist eine zähe Liane, die sich um die Stämme von Zypressen und anderen Bäumen windet. Seine starken und biegsamen, „seilartigen" Stengel graben sich buchstäblich in den Stamm des Wirtsbaumes ein, und seine dreiteiligen Blätter bedekken völlig seine hängenden Zweige. Im Herbst färben sich die Blätter karminrot und sind besonders schön. Der Essigbaum oder Hirsch-Kolben-Sumach ist ein bis 10 m hoher Baum oder Strauch mit stark fasrigen, rostbraunen Zweiglein, gefiederten bis 50 cm langen Blättern, die aus 9–31 gezahnten, lanzettförmigen Blättchen bestehen. Er hat kleine zweigeschlechtige und zweihäusige Blüten. Die männlichen sind gelbgrün, die weiblichen rötlich. Die Frucht ist ein kleiner Kern mit dunkelroter borstenartiger Behaarung. Blütezeit ist Mai und Juni. Im Blätter- und Wurzelsaft der Arten ist der stark giftige, harzähnliche Stoff Toxikodendro enthalten, der zu den Derivaten des Katechols gehört und wie die Allergene sensibilisierende Eigenschaften besitzt. Gefunden wurden außerdem Gerbstoffe, ätherisches Öl, Flavonoide (Mirizitrin, Fustin u. a.), Gerb- und Gallensäure. Der Giftsumach dringt bei intensiver Sekretion der Hautfettdrüsen des Menschen leichter in den Körper ein. Bei Berührung seiner Blätter mit der Hand oder anderen Körperteilen wird die Haut stark angegriffen. Zuerst macht sich Juckreiz bemerkbar, der bald abflaut, nach einigen Stunden aber bilden sich an den Berührungsstellen Ausschlag und Anschwellungen. Danach meldet sich wieder Juckreiz, der ständig anwächst und in brennenden Schmerz übergeht. Gleichzeitig steigt die Körpertemperatur und Kopfschmerzen beginnen. In den nachfolgenden Tagen werden die Schmerzen immer stärker und nur ärztliche Hilfe kann die schlimmen Vergiftungsfolgen verhindern.

Abb. 44 links:
Zweig des Gift-Sumach (Rhus toxicodendron)
rechts:
Zweig des Gerber-Sumach (Rhus coriaria)

Es wurde festgestellt, daß diese Pflanzen nicht nur bei Berührung gefährlich sind. Schon längere Aufenthalte in ihrer Nähe verursachen durch die von ihnen ausgeschiedenen flüchtigen Stoffe bei allergischen Menschen Hautschäden. In der medizinischen Literatur sind Fälle starker Schleimhautentzündungen, Anstieg der Körpertemperatur, Erbrechen und sogar Bewußtlosigkeit bei Gärtnern beschrieben, die in Parkanlagen gearbeitet haben, in denen einige dieser Pflanzen vorhanden waren. Bei Einnahme ihres Giftes muß mit tödlichem Ausgang gerechnet werden.

Der Absud von Rinde, Zweigen, Blättern und Blüten wird in der Volksmedizin bei Magenverstimmungen und gegen Durchfall, für Spülungen bei Entzündungen in der Mundhöhle und im Hals, bei eiternden oder blutendem Zahnfleisch und als Gegengift bei Vergiftungen mit Alkaloiden oder Schwermetallsalzen verwendet. Gekocht oder noch warm werden Pflanzenteile als blutstillendes und antiinfektiöses Mittel auf Wunden und Furunkeln aufgelegt, aber auch in Form von Kompressen bei Hämorrhoiden, geschwollenen Gelenken und Schweißfüßen eingesetzt. Da Vergiftungsgefahr besteht, sollte die Behandlung von einem Arzt kontrolliert werden.

In der Pharmaindustrie werden aus den Blättern einige Arzneistoffe wie Tanin, Gerb- und Gallensäure u.a. gewonnen, die als Basis für die Produktion verschiedener Arzneimittel gegen Rheuma, Nerven- und Hautkrankheiten, Paralysen u.a. dienen. Das bekannte Obstipationspräparat Tanalbin gehört ebenfalls dazu.

Abb. 45:
Zweig, Blüte und Frucht des Strychnos nux-vomica

Strychnos (Strychnos nux-vomica, Strychnos toxifera, Strychnos castelneana, Strychnos ticute, Strychnos ignatii u.a.). Die 150–200 Arten der Gattung Strychnos gehören zur Familie der Logangewächse (Loganiaceae). Sie sind immergrüne kleine Bäume oder kriechende Lianen, haben einfache, ellipsenförmige, gegenständige Blätter und kleine, hellgrüne Blüten, in Blütenständen mit kurzem Stiel gruppiert. Die Früchte stellen runde, orange-rote Kapseln mit brüchiger Schale dar. Sie haben ein schleimiges, bitter schmeckendes Fleisch mit 2–8 flach-runden Samen.

Die Strychnos-Arten sind in den tropischen Wäldern und Dschungeln beider Halbkugeln (vorwiegend Südamerika, Südasien und Nordaustralien) verbreitet. Einige von ihnen wurden auch im tropischen Afrika und im asiatischen Teil der UdSSR kultiviert. Das Interesse für die Arten Strychnose und Chondrodendron wuchs insbesondere nach der Entdeckung, da sie mit dem sagenumwobenen Kurare-Gift verbunden sind, mit dem einst die südamerikanischen Indianer ihre Pfeil-und Speerspitzen bestrichen.

Im Jahr 1818 untersuchten die französischen Pharmazeuten Pierre Pelletier und Joseph Caventou die Früchte des Strychnos (damals Sankt-Ignatius-Bohne und Brechnuß genannt) und isolierten die äußerst giftigen Alkaloide Strychnin und Bruzin (durchschnittlich 2–4%).

Später stellte man fest, daß auch andere, kaum minder giftige Alkaloide enthalten sind: Strychnizin, Vomizin, Pseudostrychnin, und zwar nicht nur in den Früchten sondern auch in den anderen Pflanzenteilen (Wurzeln, Blättern, Rinde, Blüten, Samen), allerdings in geringerem Prozentsatz.

Die giftigen Alkaloide des Strychnos dringen leicht durch die Schleimhäute in den Körper ein, erhöhen die reflektorische Erregbarkeit des Rückenmarks und wirken auf die entsprechenden Neuronen.

Bei Vergiftung kommt es zu folgenden Symptomen: Erhöhung des Tonus der Hinterkopfmuskeln, der Kaumuskeln, Opisthotonus (Form des Starrkrampfes), Erbrechen, Durchfall, Erhöhung des Arteriendruckes, Zyanose. Die Atemlähmung infolge Spasmen der Atemmuskulatur (einschließlich der Zwerchfellmuskulatur) führt zu Asphyxie (Erstickungsnot), Kollaps und zum Tod.

Heute gewinnt man aus dem Strychnosbaum reine Präparate und Verbindungen mit dem Kuraregift ähnlicher Wirkung, die als wirksames Anästhetikum bei komplizierten chirurgischen Eingriffen Anwendung findet. Obwohl alle Strychnin-Präparate stark giftig sind, werden sie als die Tätigkeit des Nervensystems stimulierende Mittel eingenommen. Sie erregen das Atemzentrum, den Magen-Lungen-Nerv und das Erregungszentrum für die Bewegung der Gefäße. Im Ergebnis dieser Wirkung wird die Atmung beschleunigt, der Arteriendruck erhöht und der Pulsschlagrhythmus verringert. Solche Reaktionen treten gewöhnlich bei der Verabreichung relativ geringer Dosen von Strychninpräparaten ein. Sie stimulieren außerdem die Funktion der Sinnesorgane, wobei sich Sehvermögen, Hörvermögen usw. wesentlich verbessern.

Die Strychninpräparate finden in der Human- und Veterinärmedizin bei der Behandlung von Folgezuständen nach Paralysen, während der Rekreationsperiode nach verringerter Funktion der Rückenmarkzentren, bei Impotenz und bei Erkrankungen Anwendung, die durch allgemeiner Senkung des Tonus und der Funktion des Nervensystems gekennzeichnet sind. In einigen Fällen werden sie bei gestörter Funktion des Seh- und Hörnervs und auch als gedächtnisstärkendes Mittel, bei Vergiftungen mit Narkotika und Schlafmitteln sowie bei Magen- und Darmbeschwerden eingesetzt.

Extrakte aus Strychnos- und Chondrodendron-Pflanzen bilden die Basis des mythischen südamerikanischen Kurare-Giftes, das Jahrhunderte geheimnisumwoben war (siehe „Das Geheimnis des Indiandergiftes Kurare“).

7.13. Der Tabak – ein Gift, dem die halbe Menschheit verfallen ist

Als am 12. Oktober 1492 die Karavellen des namhaften, in spanischen Diensten stehenden genuesischen Seefahrers Christoph Kolumbus die Insel Guanahani (von ihm San Salvador genannt) erreichten, und er mit seinen Mannschaften an Land ging, beobachteten die mutigen Seefahrer verblüfft, daß die Eingeborenen den Rauch eingerollter und glimmender Blätter irgendeiner Pflanze, die sie Petun, Kohaba und Givia nannten, genußvoll einatmeten. Diese Blätterrollen bezeichneten sie als Tabaku und Zikari.

Abb. 46:
Echter Tabak
(Nicotiana tabacum)

Kolumbus notierte aus diesem Anlaß in seinem Tagebuch folgendes: „Wir wurden von vielen, fast nackten, sonderbaren und kräftig gebauten Menschen empfangen, die in ihren Händen glimmende Rollen irgendwelcher Pflanzenblätter hielten, den Rauch 3–4 mal leidenschaftlich einatmeten und ihn dann durch die Nase austreten ließen".

Die Entdecker der Neuen Welt konnten der Versuchung nicht widerstehen, eine Kostprobe von diesem zaubervollen Rauch zu nehmen, obwohl ihnen Kolumbus und der Priester der Expedition strengstens untersagt hatten, „den Petun-Rauch zu probieren, solange die Eingeborenen den christlichen Glauben nicht angenommen haben". Nachdem sie aber das berauschende Gift einmal probiert hatten, konnten keinerlei Verbote Einhalt gebieten. Und nicht nur das! Insgeheim nahmen sie Blätter des selig machenden Krautes in ihre Heimat mit. Als Rodrigo de Heres – einer von den Matrosen Kolumbus', in seiner Heimatstadt das Tabakrauchen vorführte, wurde er von der Inquisition zum Hexenmeister erklärt und wäre auf dem Scheiterhaufen verbrannt, wenn das Urteil auf energischem Protest seitens Kolumbus nicht aufgehoben und durch 10 Jahre Gefängnis ersetzt worden wäre. Später erzählten die Mannschaftsmitglieder der Expedition, daß die Bevölkerung Mittel- und Südamerikas – die Azteken und Tolteken – diese Pflanze als Blätter der Göttin Kihuakoatl – Beschützerin des Rauchens – bezeichneten. Ihren Vorstellungen nach schenkte sie dem Regengott ihre „Zikari", die er rauchte und mit dem Rauch Wolken bildete. Die Mayas drehten aus den Tabakblättern ebenfalls „Zikari". Außerdem rauchten die Indianer Tabak auch mit langen Pfeifen, die bei Friedensverhandlungen zwischen Häuptlingen streitender

Stämme als „Friedenspfeife“ zum Ritual gehörten. Das Rauchen der „Friedenspfeife“ besiegelte den Friedensvertrag.

Fast ein halbes Jahrhundert herrschte auf Grund dieser Schilderungen die Meinung vor, daß die Bewohner des amerikanischen Kontinents die ersten Raucher in der Menschheitsgeschichte waren. Einige Historiker aber sind mit dieser Meinung nicht einverstanden und zitieren den altgriechischen Historiker Herodot (484–425 v.u.Z.) in dessen Schriften erste Nachrichten über das Rauchen irgendwelcher glimmender Pflanzen von den alten Skyten vorhanden sind. Und vor 10 Jahren entdeckten französische Wissenschaftler bei der Untersuchung der Mumie des ägyptischen Pharao Ramses II. Nikotinspuren. Daraufhin wurde die Hypothese aufgestellt, daß die ägyptischen Pharaone schon 3–4 Jahrtausende vor der Entdeckung des Kolumbus wahrscheinlich geraucht haben. Diese Hypothese wird von einer Reihe Ägyptologen und Archäologen unterstützt, die 35 Bestattungen ägyptischer Pharaone und ihrer Verwandten bei Dorf Abu Rawash in der Provinz Gasa untersuchten und dabei eine tönerne Wasserpfeife und anderes Raucherzubehör gefunden hatten. Aus historischen Dokumenten aber ist bekannt, daß die Verbreitung des Tabaks in Europa wahrscheinlich um 1558 begann, als Francesco Fernandez, Hofarzt Philipp II. Tabaksamen aus Amerika nach Portugal brachte. Anfangs wurde Tabak als Zierpflanze in den Gärten Portugals und Spaniens angebaut und den Hofdamen als besonders wertvolles Präsent überreicht. Allmählich wurde ihre dekorative Bestimmung von seiner medizinischen Anwendung als „Herba Panazee“ (Allheilmittel) verdrängt. Die Erklärung des Tabaks zu einem wundertätigen Heilkraut veranlaßte Spanien, den Tabakhandel zum Staatsmonopol zu erklären und die Ausfuhr von Tabaksamen zu verbieten. Diese Maßnahme steigerte noch mehr das Interesse für das wundertätige Kraut. Seeräuber, Reisende, Ärzte und Botschafter ließen sich Unglaubliches einfallen, um Tabaksamen nach Europa einzuschmuggeln. Anno 1560 erfuhr der sagenhafte Ruf des „wundertätigen“ Krautes seinen Höhepunkt als der französische Botschafter in Portugal, Jean de Nicot, seiner Königin – Katharina von Medici eine goldbeschlagene Schatulle mit zerriebenen Tabakblättern (Schnupftabak) überreichte, womit sie ihre quälende Migräne angeblich heilen könnte. Ob die Königin ihre Kopfschmerzen los wurde, ist zwar nicht bekannt, aber daß sie bald ohne Schnupftabak nicht mehr auskam, gehört zu den Tatsachen. Nach dieser Begebenheit nannte man den Schnupftabak, der weltweite Verbreitung fand, „Königspulver“. Als der schwedische Naturforscher Carl Linné die binäre Nomenklatur einführte, verewigte er den Namen Nikots und gab dem Tabak den Gattungsnamen Nicotiana und den Artnamen tabacum (von der indianischen Bezeichnung tabaku abgeleitet). Die Popularität des Tabaks und des Tabakrauchens blieb kein Privileg der Hofkreise und griff allmählich auf andere Gesellschaftsschichten über. Von einer modischen Erscheinung wurde das Rauchen zu einem sozialen Übel.

Der unheimliche Siegesmarsch des qualmenden Giftes Anfang des 17. Jahrhunderts veranlaßte Staatsoberhäupter, namhafte Vertreter der Öffentlichkeit, Geistliche und Wissenschaftler, einen entschlossenen Kampf gegen das Tabakrauchen zu entfesseln. Papst Urban VII. (1590) ließ Tabakraucher mit Acht und Bann belegen, und der französische König Louis XIII. (von 1610–1643 König) ließ durch Erlaß das Tabakrauchen verbieten. In Spanien verurteilte das Kirchengericht die Tabakraucher zu lebenslänglicher Zwangsarbeit. Der englische König Jakob I. (von 1603–1625 König) ließ das Rauchen ebenfalls verbieten und Raucher aus London vertreiben, weil sie „den Gestank des Fegefeuers“ in der Stadt verbreiteten. Der russische König Michail Romanow (von 1613–1645 König) bestrafte die Raucher nach ihrem ersten Vergehen mit 60 Peitschenhieben auf die Fußsohlen, beim zweiten Mal ließ er ihnen die Nase oder die Ohren abschneiden und verbannte sie nach Sibirien. In der Türkei hackte man den Rauchern auf Befehl von Sultan Murad IV. (von 1623–1640 Herrscher) die Hand ab. In Persien brachte Abbas I. der Große (von 1587–1628 Schah) die Tabakhändler mit ihrer Ware auf den Scheiterhaufen. In Indien schnitt man den Rauchern Nase oder Oberlippe ab, und die Unverbesserlichen wurden hingerichtet. Aber weder Verbote noch drakonische Maßnahmen wie Hinrichtungen und Ächtungen konnten den Siegesmarsch des rauchenden Giftes aufhalten. Das Tabakrauchen umfaßte zuerst Europa und dann die ganze Welt. Gleichzeitig sorgten die Raucher auch für eine abwechslungsreiche Konsumationsart und entsprechendes Angebot: Kautabak, gewöhnliche und Wasserpfeifen, Zigaretten, Zigarren, Schnupftabak u. a. Worin besteht eigentlich das Wesen dieser derart schädlichen und zugleich verlockenden Pflanze, die sich die Welt eroberte und für die es kein Alter, kein Geschlecht, keine Jahreszeiten und Staatsgrenzen gibt?

Der Tabak ist ein einjähriges, zweikeimblättriges Nachtschattengewächs mit ursprünglicher Heimat in den tropischen Regionen des amerikanischen Kontinents. Es gehört zur Familie Solanaceae der Gattung Nicotiana, von der etwa 60 Arten bekannt sind. Nur 2 von ihnen besitzen die von den Rauchern geschätzten Eigenschaften: der Virginische Tabak (Nicotiana tabacum), aus dem 90% der Tabaksorten hergestellt werden, und der Bauerntabak (Nicotiana rustica), der im Nahen Osten, Nordafrika und Italien verbreitet ist.

Die Tabakpflanze hat einen bis 2 m hohen Stengel, große Blätter, rosafarbene Blüten und Fruchtkapseln mit vielen kleinen Samen. Das Geheimnis der Tabakblätter wurde erst 1828 von den französischen Pharmazeuten Pierre Pelletier und Joseph Caventou gelüftet, die aus ihnen ein stark toxisches Alkaloid isolierten, dem sie den Namen Nikotin gaben. Sie stellten experimentell fest, daß nur ein Tropfen Nikotin (0,05–0,08 g) bei Hunden zu schwerer Vergiftung führt. Diese Dosis ist auch für Nichtraucher gesundheitsgefährdend. Leidenschaftliche Raucher nehmen fast täglich bei weitem größere Mengen auf, leiden aber nicht an Vergiftung, weil das Gift in geringen Mengen vom Blut aufgenommen wird und der Organismus entsprechend die Möglichkeit hat, entgegenzuwirken.

Anlaß für eine noch tiefgreifendere Untersuchung der Toxizität der Tabakpflanze gab ein tragischer Fall, der sich 1861 ereignete. In Belgien griff ein gewisser Graf Beaumarchais nach dem Nikotin als Mordwaffe. Er träufelte das Gift in den Mund seines schlafenden Verwandten, um ihn zu beerben. Das Opfer aber erwachte und schaffte es noch, den Mörder in die Hand zu beißen. Beide, das Opfer und sein Mörder, starben an Nikotinvergiftung.

Eine ganze Reihe von Wissenschaftlern wandten ihre Aufmerksamkeit den Eigenschaften der Giftpflanze zu. Während der Untersuchungen stellten sie fest, daß sie auch andere giftige Alkaloide enthält – Nikotein, Nikotelin, Nikotimin, Anabasin, Nornikotin, Niosmin u.a. Das wirksamste dieser Gifte bleibt aber das Nikotin. Die tödliche Dosis für einen Nichtraucher beträgt nur 50 mg. In den frischen Blättern wurden 2–9% Nikotin, und in den getrockneten (zum Rauchen geeignet) 0,5–5% festgestellt. Das reine Nikotin ist eine farblose, ölartige Flüssigkeit mit scharfem Geschmack, in Wasser und Alkohol löslich. Es oxydiert leicht an der Luft, verfärbt sich gelb-braun und beginnt, den spezifischen Tabakgeruch auszuströmen.

Von Interesse sind auch die Forschungsergebnisse französischer Wissenschaftler, die sich die Aufgabe gestellt hatten, einmal genau zu überprüfen, was eigentlich geschieht, wenn man eine Zigarette anbrennt. Ihre erste Feststellung war, daß sich das brennende Ende der Zigarette in einen Ofen mit einer Temperatur von 830–880°C verwandelt. In dieser Mini-Fabrik – nach den Worten der französischen Wissenschaftler – gehen verschiedene chemische Proezesse vor sich – Destillation, Pyrolyse usw., bei welchen eine Reihe Produkte entstehen, die vom Raucher inhaliert werden. Bisher hat man über 1500 verschiedene Substanzen entdeckt, wahrscheinlich aber ist ihre Zahl bedeutend höher. Die Temperatur einer brennenden Zigarette verändert sich je nachdem, wie oft der Raucher einen Zug macht. Je öfter die Züge desto höher auch die Brenntemperatur. Die Zusammensetzung des Rauches aber ist in gewissem Maß von dieser Temperatur abhängig, so daß der Raucher je nach der Häufigkeit der Züge Rauch mit unterschiedlicher Zusammensetzung inhaliert. Der Rauch vom vorderen Teil der Zigarette verliert teilweise seinen Teergehalt, da der noch nicht konsumierte Tabak wie ein Filter wirkt. Außerdem wird er durch die Luft verdünnt, die durch das poröse Zigarettenpapier eingesaugt wird. Je mehr aber die Zigarette abbrennt, desto konzentrierter wird der Rauch. Die durch die Filterwirkung des Tabaks abgelagerten Stoffe verbrennen zusammen mit ihm. Vom ersten bis zum letzten Zug verdoppelt sich im Rauch der Kohlenoxid- und Nikotingehalt.

Im inhalierten Rauch haben die Forscher eine Gasmischung mit gesättigtem Aerosol festgestellt, das Millionen flüssige Teilchen mit einem Durchmesser von 0,1–0,8 Mikron enthält. Bei der Gasanalyse wurde atmosphärischer Stickstoff und Sauerstoff gefunden, die etwa $^3/_4$ des Gesamtvolumens darstellen. Der Rest bestand aus Kohlenoxid, Wasser und Wasserstoff und verschiedenen organischen Verbindungen. Im Aerosol, das nur 1% des Gewichts ausmacht, fand man Wasser, Säuren, Alkohole, Aldehyde, Kohlenwasserstoffe und Nikotin, die nur 0,04% vom Gesamtgewicht des Rauches betragen. Während die Chemiker um eine noch präzisere Bestimmung der chemischen Zusammensetzung bemüht sind, untersuchen die Biologen die Wirkung der verschiedenen Stoffe auf den menschlichen Organismus. Heute weiß man bereits, daß die Wirkung des Tabakrauchens auf einige Hauptgruppen der enthaltenen Stoffe zurückzuführen ist:
1. **Kohlenoxid,** das den Blutsauerstoff senkt. Er hat eine große

Affinität zum Hämoglobin und nimmt den Platz seines Blutsauerstoffs ein, in dem er es in Karboxidhämoglobin verwandelt, das nicht die Eigenschaft besitzt, den Zellen Sauerstoff zuzuführen. Demzufolge sinkt die für den Herzmuskel erforderliche Sauerstoffmenge. Andererseits stellte man bei Labortests fest, daß das Kohlenoxyd bei Tieren die Bildung von Atheromen beschleunigt; 2. **Reizstoffe,** die für das Husten und Zusammenziehen der Bronchiolen sofort nach Inhalation des Rauches verantwortich sind, da sie ihre Zilien lähmen und damit die Reinigung der Lungen erschweren. Sie verändern und beeinträchtigen ebenfalls die Schleimausscheidung der Bronchien; 3. **Kanzerogene Stoffe.** Dazu gehören aromatische Kohlenwasserstoffe, die bei Tieren Krebswucherungen provozieren, Phenole und Ester der Fettsäuren und auch freie Fettsäuren, die die Entwicklung der Krebszellen beschleunigen.

Das Nikotin wirkt zugleich stimulierend und hemmend auf die Nerventätigkeit. Es bewirkt den Ausstoß von Adrenalin und Noradrenalin der Nebennieren und provoziert damit eine unnötige Beschleunigung des Herzrhythmus, Erhöhung des Blutdrucks und Zusammenziehen der Blutgefäße. Außerdem steigt der Gehalt an Fettsäuren im Blut und damit die Bildung von Atheromen.

Das Tabakrauchen kann die Entwicklung verschiedener Krankheiten verursachen. Statistische Angaben beweisen, daß 90% der Lungenkrebsfälle auf das Tabakrauchen zurückzuführen sind. Alle bisherigen Forschungen weisen eindeutig darauf hin, daß der Lungenkrebs fast ausschließlich bei Rauchern auftritt. Die chronische Bronchitis mit dem charakteristischen „Raucherhusten" ist ebenfalls eine typische Raucherkrankheit. Sie kommt bei 8% der Nichtraucher, bei 27% der Raucher mit einem Zigarettenkonsum bis 20 Stück täglich und bei über 50% der Raucher mit noch höherem Zigarettenkonsum vor. Die Bronchitis führt zur Verstopfung einer Vielzahl von Bronchiolen und schließlich zum Lungenamphysem (Zerstörung der Alveolen).

Der Tabakrauch enthält mindestens 10 Substanzen, die die Tätigkeit der Bronchienzilien paralysieren und damit den Ausstoß von Bakterien und anderen Verunreinigungen zum Rachen verhindern, wo sie vom Verdauungsapparat aufgenommen und ausgeschieden werden. Auf diese Weise wird der Raucher etwa zwanzigfach öfter der Gefahr verschiedener Infektionen der Atemwege ausgesetzt.

Eine Zigarette enthält ungefähr 15 mg Nikotin, aber nur ein Teil dieser Menge gerät in den Organismus – der andere verbrennt oder verbleibt im Zigarettenstummel. Ein Viertel des von den Lungen absorbierten Nikotins erreicht in nur 7 Sekunden die Hirnrinde und stimuliert die intellektuellen Eigenschaften und Konzentrationsfähigkeit des Individuums. Die restlichen drei Viertel werden von den anderen Organen und Geweben absorbiert, beschleunigen das Atmen, den Puls, erhöhen den Blutdruck und begünstigen die Absonderung von Endorphin (Beruhigungsmittel). Zusammenfassend ausgedrückt wirkt das Nikotin stimulierend und beruhigend. Es steigert nicht nur den Tonus, sondern ist auch ein effizientes Mittel gegen Unruhe und Langeweile, Depression und schlechte Laune. Aber der Preis, den der Raucher dafür zu bezahlen hat, ist unangemessen hoch. Das Nikotin bewirkt die Verengung der Blutgefäße und fördert damit die Infarktgefahr, trägt für die Bildung von Ablagerungen an den Innenwänden der Arterien bei und beschleunigt damit die Arterienverkalkung. Diese Wirkung wäre nicht derart groß, wenn der Raucher zusammen mit dem Nikotin nicht noch andere, für seine Gesundheit bei weitem gefährlichere Stoffe aufnehmen würde. Unter ihnen befinden sich Benzypren, Nitrosamine, Ketone, Zyanwasserstoffsäure, Phenolverbindungen, Terpene, Phosphor, Arsenik, Kamium, radioaktive Stoffe wie Polonium 210 und noch viele andere. Insgesamt wurden bisher im Tabakrauch ungefähr 500 kanzerogene Substanzen entdeckt. Zu den anderen negativen Auswirkungen des Tabaks gehören Magenverstimmungen, Gedächtnisstörungen, Herabsetzung der Sehkraft, Zerstörung der Vitamine, Immunschwäche, Potenzschwäche bei Männern u. a.

Eine besorgniserregende Tatsache besteht nicht nur darin, daß die Zahl der Raucher unter Frauen ständig zunimmt, sondern daß sie auch während der Schwangerschaft die Zigarette nicht aus der Hand legen. Das Nikotinmolekül aber überwindet den Mutterkuchen und fügt der Frucht irreparable Schäden zu. Amerikanische Wissenschaftler von der Universität in Conneticut haben nachgewiesen, daß Kinder von Raucherinnen mit Körperdefekten, Herzfehlern und Hirnschäden auf die Welt kommen können. Sehr oft haben sie geringeres Körpergewicht und Länge und bleiben in ihrer physischen und psychischen Entwicklung zurück. Außerdem sollten Raucherinnen wissen, daß das Nikotin auch mit der Muttermilch den Säuglingen eingeflößt wird und somit auch nach der Geburt das Kind schädigen.

Weiterhin wurde festgestellt, daß die Nikotinverträglichkeit der lebenden Organismen umgekehrt proportional der Entwicklung ihres Nervensystems ist, d. h. je höher entwickeltes Nervensystem desto geringere Verträglichkeit. Daraus folgt, daß das Nervensystem des Menschen rasch vom Nikotin angegriffen wird. Anfangs stimuliert das Nikotin die Tätigkeit des Gehirns, dann aber paralysiert es die Nervenimpulse. Daraus ergibt sich die Notwendigkeit einer neuen, gesteigerten Reizwirkung, so daß der Raucher zur nächsten Zigarette greift und dem Wahngefühl verfällt, daß ihn das Rauchen tatkräftiger macht. In Wirklichkeit kommt es keineswegs zur einer Tonisierung der Nerventätigkeit, sondern nur zu einer neuen, stärkeren Reizung der vom Nikotin verlangsamten Nerventätigkeit. Nach jeder neuen Zigarette reagieren die Nerven immer langsamer, worauf der psychische Druck entsteht, die Nerventätigkeit künstlich aufzuputschen. Darin besteht im wesentlichen der Mechanismus der Rauchergewohnheit. Dieser Aspekt ist wenig erläutert. Der menschliche Organismus gewöhnt sich leicht an das Nikotin und fühlt sich unter seiner Wirkung derart „wohl", daß der ahnungslose Raucher süchtig wird und auf den Genuß des Rauchens nicht verzichten will. Laut Angaben der Weltgesundheitsorganisation würden $^3/_4$ aller Raucher auf die Zigaretten verzichten, aber nur $^1/_4$ von ihnen schafft es. „Auf das Rauchen zu verzichten, ist kein Problem. Das Problem besteht darin, nicht wieder anzufangen." Diese Sentenz ist so alt wie auch die ersten Versuche der leidenschaftlichen Raucher, auf die Zigarette zu verzichten. „Das Rauchen zu lassen ist leicht, ich habe es schon hunderttausendmal geschafft", schrieb seinerzeit der große amerikanische Schriftsteller Mark Twain. Nur der leidenschaftliche Raucher wird diesen verzweifelten Humor verstehen, denn trotz der weltweiten Aktionen gegen diese Sucht wächst ununterbrochen die Zahl der Raucher, wobei immer jüngere Menschen nach der Zigarette greifen.

Wissenschaftler kamen zur Schlußfolgerung, daß Menschen, die seit ihrem 20. Lebensjahr 20 Zigaretten pro Tag rauchen, im Durchschnitt 5 Jahre früher sterben als Nichtraucher derselben Altersgruppe. Bei Rauchern, die 40 oder auch mehr Zigaretten pro Tag konsumieren, verkürzt sich die Lebenszeit um 8 Jahre. Raucher im 50. Lebensjahr, die jeden Tag 20 Zigaretten konsumieren, sterben in den nachfolgenden 10 Jahren zweimal häufiger als gleichaltrige Nichtraucher.

In den letzten zehn Jahren lenken die Ärzte die Aufmerksamkeit der Öffentlichkeit zunehmend auf das sogenannte „passive Rauchen“. Es gilt als bewiesen, daß das Einatmen von Tabakrauch dem eigentlichen Rauchen gleich kommt, so daß Nichtraucher, die gezwungen sind, den von Rauchern produzierten Qualm einzuatmen, genau so gesundheitlich geschädigt werden. Auf diese Weise werden sie von den Rauchern „verurteilt“, ebenfalls Nikotingift einzunehmen, mit dem Unterschied aber, daß ihr wehrloser Organismus in bei weit höherem Maße der im Tabakrauch vorhandenen Giftmixtur ausgesetzt ist. Deshalb ist der Nichtraucher anfälliger für verschiedene, durch das Rauchen verursachte Krankheiten als der Raucher.

1987 veröffentlichte die Weltgesundheitsorganisation alarmierende Forschungsergebnisse, wonach 2,5 Millionen Menschen jährlich an den Folgen der Nikotinvergiftung sterben.

Man könnte behaupten, daß sich die amerikanischen Indianer hundertfach an den Eindringlingen aus der Alten Welt gerächt haben, die ihr Land raubten und ihre Stämme ausrotteten. Allein während der letzten 10 Jahre starben in den USA an vom Tabakrauch verursachten Krankheiten vielfach mehr Menschen als einst die Gesamtzahl der Eingeborenen betrug. Die Geister der abgeschlachteten Indiander können sich zur Ruhe begeben. Ihr Tod wurde und wird an den Nachkommen der einst mordenden Bleichgesichter gerächt.

Trotz aller besorgniserregenden Fakten und gegen das Rauchen gestarteten Kampagnen, trotz der Aufklärungsbemühungen von Ärzten, Psychologen und prominenter Persönlichkeiten wächst weltweit ununterbrochen die Tabakkonsumation. Besorgniserregend ist die Tatsache, daß sich heute ungefähr 50 % der Männer und 30 % der Frauen völlig bewußt mit Nikotin vergiften. Der bereits 1980 von der Weltgesundheitsorganisation ergangene Aufruf – „Tabak rauchen oder gesund bleiben – wählt allein!“ – blieb wirkungslos.

7.14. Sind Narkotika giftig?

Seit fernster Vergangenheit ist die Menschheit Stoffen zugeneigt, die stimulierend oder betäubend auf ihren Gemütszustand wirken. Verschiedene Halluzinationen bewirkende, fermentierte Fruchtsäfte oder Pilze waren die Quellen dieser euphorischen Gemütszustände. Sie wurden während der verschiedenen Zivilisationen entdeckt und nicht nur bei kultischen Handlungen verwendet, sondern auch als angenehme „Zutat“ des Tagesmenüs und zur Verbesserung der Lebensqualität. In einigen Staaten des Altertums war die Nutzung dieser Stoffe nur den obersten Priestern gestattet. In anderen wiederum hatten alle Gesellschaftsschichten Zugang zu den Quellen dieser trügerischen Seeligkeit. Obwohl in einigen Ländern die Zahl der Opfer unter den Süchtigen ständig wuchs, nahm der Mißbrauch mit betäubenden Stoffen immer mehr zu.

Die Menschheitsgeschichte beginnt im Dunklen der Unwissenheit, die aber auch heute noch weit verbreitet ist. Viele unserer Zeitgenossen zerstören langsam und systematisch ihre Gesundheit bis zum bitteren Ende, nur um einige Minuten des trügerischen Glücks zu genießen. Das sind die Millionen Drogensüchtigen, die noch zu Lebzeiten vom Tod gezeichnet sind, die giftige Kräuter und Stoffe ausgezeichnet kennen und die Folgen von ihrem Mißbrauch freiwillig in Kauf nehmen.

Seit uralten Zeiten sind einige der Pflanzenarten mit narkotischen Eigenschaften bekannt.

Schon im ältesten Werk der europäischen Literatur, in Homers „Odyssee“ aus dem 9. Jahrhundert v. u. Z., wird die Wirkung eines betäubenden Krautes beschrieben, das Helena dem Wein beigemischt hatte:

> „Und Helena, Enkelin des Zeus’, kam ein Gedanke
> wunderbar,
> Sie trat zum Weingefäß und verlieh dem edlen Saft
> mit einem Kraut die Kraft, Trauer, Zorn und Leid
> wohl zu vergessen.
> Und wer den Wein mit solcher Gabe zu sich nahm,
> vergoß den ganzen Tag mehr keine Träne,
> auch angesichts des toten Vaters und der toten Mutter,
> oder sollten seine Augen jenen Pfeil erblicken,
> der durchbohrt den Bruder, oder Sohn geliebten.“
>
> „Odyssee“ – IV. Lied

Es heißt weiterhin im Lied, daß Helena dieses wundertätige Kraut aus Ägypten erhalten habe und daß man es „Nepentes“, d. h. Opium nenne.

Heute ist jedermann bekannt, daß das **Opium (lat. opius – Saft)** aus der ältesten, der Menschheit bekannten Pflanze mit betäubender Wirkung, dem Schlafmohn (Papaver somniferum) von der Familie Mohngewächse (Papaveraceae), gewonnen wird. Die Römer nannten die Pflanze „papaver" – von „papo" d.h. essen, und „verum" gleich, echt, abgeleitet. Im Altertum mischte man der Kindernahrung Mohnbrei bei, wonach die Kinder weniger weinten und gut schliefen. Von hier auch der zweite Teil des lateinischen Namens „somniferum" in der Bedeutung „schlafbringend".

Abb. 47:
Gartenmohn
(Papaver somniferum)

Der Schlafmohn hat einen belaubten, mit Wachsfilm bedeckten Stengel, und eigenartigen, unangenehmen Geruch. Die Blüten sind groß und haben zwei Kelchblätter, die nach dem Aufspringen der Knospe abfallen. Die Farbe der Kronblätter variiert von rosa bis violett mit dunklen Flecken am unteren Blatteil. Die Blüte hat viele Staubblätter, und die Frucht stellt eine ovale, längliche Kapsel mit vielen Fächern und kleinen Samenkörnern dar. Die ganze Pflanze mit Ausnahme der reifen Samenkörner enthält einen klebrigen Milchsaft, der bei Veletzung der Fruchtkapsel austritt und sich an der Luft in eine zähflüssige Masse verwandelt, die man Opium genannt hat. Am Morgen wird diese Masse gesammelt, zu kleinen Laibchen geformt und getrocknet. Der namhafte Arzt und Naturforscher des Mittelalters, Paracelsus, qualifizierte das Opium als „Geheimnisvollen Stoff, dem jedes Lob gebührt". Im Altertum waren die im Opium vertretenen Alkaloide noch nicht bekannt und deshalb fand nur das Naturprodukt Anwendung.

Der Schlafmohn stammt vermutlich aus Asien, wo das Opium in einigen Gebieten seit langer Zeit als Mittel für „Reisen in die irreale Welt der Träume" dient. Auf altgriechischen Denkmälern der mykenischen Kultur fand man Darstellungen von Mohnkapseln. Später wird der Schlafmohn im Römischen Reich, Indien und China, vorerst als Heilmittel, dann aber auch als Narkotikum verbreitet. Auf einer 3500 Jahre alten ägyptischen Papyrusrolle werden die Heileigenschaften des Opiums angeführt, vor allem als schmerzstillendes und das Weinen der Kinder verhinderndes Mittel. Nach Europa wurde das Opium von Kaufmännern aus den heutigen Gebieten Syriens gebracht. Später setzten es die keltischen Druiden zu magischen Zwecken ein. In französischen Landesgebieten wurden Opiumpfeifen aus römischer Zeit gefunden. Die türkischen Janitscharen stürzten sich unter Opiumwirkung in die Schlacht und wüteten wie die Berserker. Arabische Kaufmänner verbreiteten ihre Kenntnisse über die betäubende Wirkung des Opiums in Indien. Und Birma, das heutige Indonesien, und Taiwan verfielen gänzlich diesem Rauschgift. In

China war das Opium lange Zeit nur als Heilmittel bekannt. Als Rauschgift findet es relativ spät, erst Ende des 17. Jahrhunderts Verbreitung, dafür aber in bedrohenden Ausmaßen. Das Verbot der Kaiser konnte weder die Einfuhr noch das Opiumrauchen eindämmen. Zuerst wurde das Rauschgift von portugiesischen Kaufmännern über Makao nach China geschmuggelt. Bald aber, bereits 1773 wurden sie von diesem schmutzigen aber profitablen Geschäft durch die Britische Ostindische Kompanie verdrängt. Im Jahre 1790 führten englische Kaufmänner 4000 Kisten indisches Opium in China ein, 27 Jahre später 6000, und 1838 bereits 25.000 Kisten. Sie erhielten für ihre Schmuggelware Gold und Silber. Im Zusammenhang mit den Geschäften der englischen Schmuggler schickte der chinesische Kaiser Königin Viktoria eine Botschaft, in der es unter anderem hieß: „Wie ist es nur möglich, daß man in China das gestattet, was in England verboten ist?" Das Unterhaus verwarf den Protest des Kaisers und erklärte einmütig in einer Resolution, daß der Verzicht auf eine derart bedeutende Einnahmequelle, die durch das Opiummonopol der Ostindischen Kompanie gesichert wird, völlig widersinnig sei. Diese ihre zynische Auffassung verteidigten die Engländer mit Waffengewalt. Die Bordgeschütze ihrer Kampfschiffe versenkten die leichten chinesischen Dschunken, und die schlecht bewaffnete chinesische Armee hatte gegen die britischen Kolonialtruppen keine Chance. Die Engländer verboten offiziell das Opiumrauchen, führten das Rauschgift aber getarnt ein und erzielten damit doppelte Profite.

In der Geschichte Chinas des vergangenen Jahrhunderts ist der sogenannte „Opiumkrieg" ein Begriff, in dem es letztendlich um die Herrschaft Englands, Frankreichs und Japans über China ging. Anno 1841 verbot die chinesische Regierung die Opiumeinfuhr, von der die englischen Kaufmänner sagenhafte Profite einstrichen. Im Hafen von Kanton entdeckten und verbrannten die Chinesen 1.330.000 kg geschmuggeltes Opium. Trotzdem aber waren 1850 in China 2 Millionen Menschen dem Rauschgift verfallen, und nach nur 28 Jahren betrug die Zahl der Süchtigen bereits 120 Millionen. Aber die Sucht verschonte auch die Kolonialmächte nicht. Die Engländer ließen sich nach indischem Rezept „Opium-Gebäck" bakken, die Franzosen rauchten das Opium mit Pfeifen wie in den mohamedanischen Ländern des Ostens, in denen diese Sucht seit langem verbreitet war, quasi als Kompensation für den vom Koran verbotenen Alkohol. Ende des 19. Jahrhunderts gab es in Frankreich schon mehrere tausend Opiumhöhlen.

Die französischen Pharmazeuten Armand Seguin und de Rosne und ihr deutscher Kollege F. W. Sertürner stellten sich gleichzeitig die Aufgabe, die betäubenden Stoffe des Opiums (aus getrocknetem Milchsaft des Schlafmohns), das als Betäubungs- und Schlafmittel in der Medizin bereits weit verbreitet war, zu isolieren. Die beiden Franzosen arbeiteten jeder für sich allein und gewannen eine kristallartige Substanz, die narkotische Wirkung zeigte. Sie konnten aber die Ergebnisse ihrer Experimente nicht richtig interpretieren, da diese von den wissenschaftlichlichen Erkenntnissen noch nicht erfaßt waren. Der Verdienst ihrer exakten Identifizierung fiel ihrem deutschen Kollegen Sertürner zu, der 1805 seine Forschungsergebnisse veröffentlichte. Es gelang ihm, aus dem Opium einen „schlaffördernden" Stoff mit alkalischen Eigenschaften zu isolieren. Er experimentierte seine Wirkung auf Versuchstiere und auch auf sich selbst. Dank der gewonnen Erkenntnisse bestimmte er die Dosis für die Erzielung des gewünschten Effektes. Zu Ehren des griechischen Gottes der Träume, Morpheus, gab er seinem Präparat den Namen Morphin.

Auf diese Weise wurde das erste Alkaloid des Opiums mit ausgeprägt narkotischen Eigenschaften entdeckt, die mehrfach diese der Ausgangsbasis übertrafen. Das Morphin wirkt schmerzstillend, beruhigend und einschläfernd. Außerdem senkt es die Erregbarkeit des Atem- und Hustenzentrums. Die Wirkung als hustenstillendes Mittel ist übrigens schon seit langem bekannt. Es war als Dover-Pillen gegen Husten weit verbreitet. Diese enthielten Opium und wurden von Thomas Dover entdeckt und verbreitet. Dover war kein Arzt, sondern ein Seeräuberkapitän, der Ende des 17. Jahrhunderts sein Unwesen trieb. Anno 1709 entdeckte er übrigens auf einer Insel im Stillen Ozean den Schiffbrüchigen Alexander Selkirk, der als Robinson Crusoe in die Weltliteratur eingegangen ist. Thomas Dover war offensichtlich mit der Piraterei auf keinen grünen Zweig gekommen, denn in seinem 40. Lebensjahr kam er nach England zurück und ließ sich als Arzt nieder, obwohl seine ganze medizinische Ausbildung darin bestand, daß er zeitweilig Diener des damals berühmten Arztes Sidenham gewesen war. Es gelang dem gescheiterten Seeräuber, mit seinen Opium-Pillen ein Vermögen zusammenzuraffen.

Außer der erwähnten Wirkung beseitigt das Morphin auch unangenehme Empfindungen wie Hunger, Müdigkeit, Trauer und Angst, da es die Hirnrinde betäubt. Obwohl es sogar den unerträglichsten Schmerz lindert, kann es seine Ursache nicht beseitigen. Nach Einnahme von Morphin fühlt sich der Mensch physisch und geistig gestärkt. Im Zustand leichter Betäubung treten schöne Träume auf. Neben diesen zweifelsohne wertvollen Heileigenschaften sind Opium und Morphin heimtückische Rauschgifte, da sie nach mehrmaliger Einnahme zur Gewöhnung führen, die sich allmählich in eine unüberwindbare Sucht verwandelt, so daß nach Entzug allgemeine Schwäche, Depressionen und Schmerzen in allen Körperteilen eintreten. Um diesen nun unerträglichen Empfindungen zu entgehen, greift der Süchtige erneut nach dem Gift und zwar nach immer größeren Dosen. Normalerweise zahlt der Rauschgiftsüchtige für seine kurze Seligkeit mit grausamen Qualen und schließlich mit dem Wertvollsten, das er besitzt – mit seiner Gesundheit. Allmählich zerstört das Morphin seine physischen und moralischen Kräfte, raubt ihm den Schlaf und die Arbeitsfähigkeit. Bei größeren Dosen kommt es zur Vergiftung, die in Brechreiz, Erbrechen, Verstopfung, erschwertes Urinieren und depressiven Zuständen Ausdruck findet. Beobachtet werden allergische Reaktionen, Schwindelgefühl, Trockenheit der Rachenhöhle, Senkung des Arteriendruckes, Störung des Atemrhythmus mit zeitweiliger Unterbrechung. Meistens tritt danach der Tod ein. Trotzdem scheut der Süchtige kein Mittel, um den Stoff anzuschaffen.

Im Laufe der Zeit stellte man fest, daß im Opium außer dem Morphin noch über 20 andere Alkaloide enthalten sind. Die bekanntesten unter ihnen sind Kodein, Papverin, Tebain, Narkotin, Pantopon u. a. Diese Alkaloide finden in der Medizin Anwendung: Papaverin – bei hohem Blutdruck, Kodein – bei Husten und Tebain, das rauschhafte Zustände verursacht in Dosen zu 0,1 g. Wie das Papaverin führt diese Komponente bei Tieren zu Paralysen. In pharmazeutischen Betrieben wurde intensiv nach Ersatzstoffen für das Morphin geforscht, die nur die positive Wirkung des Morphins haben. So kam es zur Entdeckung des Dionins (äthyliertes Morphin), Apomorphine u. a.

Ausgangsstoff für die Gewinnung von Alkaloiden des Schlafmohns bleibt das Opium. Die Wissenschaftler sind auch weiterhin bemüht, durch Veränderung der Alkaloidstruktur ihre positiven Eigenschaften zu verstärken und die negativen aufzuheben. In vielen Fällen wurden gute Resultate erzielt. Aus dem Kodein wurden im Labor die Präparate Eukadal und Dikodid gewonnen. Das Eukadal ist bei Schmerzen und Husten dreimal wirksamer als das Kodein. Auch mit Dikodid werden gute Heileffekte erzielt, insbesondere wenn es gilt, die übermäßige Reizung des Hustenzentrums im Gehirn zu beseitigen. Aus dem Morphin wird das Apomorphin gewonnen, dessen chemische Struktur zwei verbundene Morphinmoleküle darstellt. Das Apomorphin wirkt auf das Brechreizzentrum. Ein anderes Opiumderivat ist das Papaverin. Sein Wirkungsbereich umfaßt das Atem- und das ihm nahegelegene Hustenzentrum. Viel wichtiger aber ist seine erschlaffende Wirkung über das Nervensystem auf die glatte Muskulatur. Es verhindert die Bronchienspasmen bei Asthma, entspannt die Nerven bei Koliken und erweitert die Herzkranzgefäße. Das Papaverin ist auch deshalb ein hervorragendes Arzneimittel, da es nicht narkotisch wirkt und zu keiner Gewöhnung führt.

Ende des 19. Jahrhunderts, zur Zeit der größten Verbreitung des Morphins als Rauschgift, gewann H. Dreser von der weltbekannten Firma „Bayer" durch Azetylierung des Morphins einen neuen Wirkstoff, der als Arzneimittel gegen Tuberkulose gedacht war. Dieser glaubte derart stark an die wunderwirkenden Eigenschaften seines Stoffes, daß er ihn „Heroin" nannte, ein Name der symbolisch seine Kraft ausdrücken sollte. Der neue Stoff aber, der die schädliche Wirkung des Morphins mehrfach multiplizierte, entpuppte sich als süchtig machendes Rauschgift. Heute gehört das Heroin zu den am meisten verbreiteten und gefährlichsten Rauschgiften. Viele Menschen in Westeuropa und Nordamerika sind diesem Narkotikum verfallen und opfern ihm Gesundheit und Vermögen. In einigen Ländern grassiert diese Sucht zunehmend unter der Jugend und stößt sie in Verbrechen und Tod.

Gegenwärtig beläuft sich die zugelassene Weltproduktion von Opium auf 900 Tonnen jährlich. Hauptproduzenten sind Indien und die Sowjetunion. Die Produktion ist aus humanen Gründen gerechtfertigt, da das Opium Millionen Menschen auf unserer Welt hilft, ihre unerträglichen Schmerzen zu lindern. Außerdem kann Morphium auf synthetischen Wegen noch nicht hergestellt werden.

Eine andere Pflanzenart, deren narkotische Eigenschaften seit dem 16. Jahrhundert bekannt sind, ist der südamerikanische **Kokastrauch (Erythroxylon coca)** von der Familie der Kokagewächse (Erythroxylaceae). Er wird 2 m hoch und gedeiht in den tropischen Regionen Südamerikas (Bolivien, Peru, Chile, Ecuador, Kolumbien) und auf der Insel Java. Der Stengel ist gegabelt und trägt kleine, immergrüne Blätter mit Nebenblättern. Die Pflanze treibt kleine weiß-grüne Blüten.

Bei ungünstigen klimatischen Bedingungen – Trockenheit oder Niedrigtemperaturen – wirft der Strauch die Blätter ab. Lange vor dem Eintreffen der Spanier wurde der Kokastrauch von den Indianern in den Anden als Betäubungsmittel verwendet. Die Koka-Plantagen waren im alten Amerika oft der Grund für blutige Auseinandersetzungen zwischen den Indianerstämmen.

Im 16. Jahrhundert besetzten die Inkas in Peru riesige, von anderen Stämmen besiedelte Territorien und führten ein grausames Regime ein. Der oberste Herrscher wurde als „Sohn der Sonne“ betitelt. Er war der absolute Herrscher über Leib und Seele seiner Untertanen. Leute aus seiner Verwandtschaft bekleideten alle wichtigen Ämter und beuteten unbarmherzig die Bevölkerung aus. Alle seine Untertanen, einschließlich ihrer Kinder, arbeiteten auf den Feldern vom frühen Morgen bis in die Nacht hinein und erhielten nur $^1/_3$ der eingebrachten Ernte. Hunderttausende beugten sich willenlos ihren Herrschern, und es gab weder Unzufriedenheit noch Unruhen, geschweige denn Aufstände. Diese Lethargie der Landarbeitermassen ist nur mit der Tatsache zu erklären, daß jeder von ihnen ununterbrochen Kokablätter kaute. Der Saft dieser kleinen, hellgrünen Blätter enthielt irgendeinen Stoff, der in den Indianern das trügerische Gefühl des Wohlergehens hervorrief. Das Kauen der Kokablätter wurde bald Gewohnheit der gesamten, von den Inkas beherrschten Bevölkerung, die wenig Schlaf und Nahrung brauchten. Aber das künstliche Aufputschen dieser Menschen führte zum vorzeitigen Altern und zu einem qualvollen Tod.

Peru ist wahrscheinlich das einzige Land der Menschheitsgeschichte, das ausschließlich von Süchtigen bevölkert war. Nur damit ist die Tatsache zu erklären, daß die Indianer den spanischen Konquistadoren, die die Inkas vertrieben und an ihrer Stelle die Bevölkerung versklavten, keinen Widerstand leisteten. Und wie vorher fanden die Sklaven auf den Feldern und in den Silbergruben, Kokablätter kauend, Trost und Vergessen.

Abb. 48: Kokastrauch (Erythroxylon coca)

Die Spanier, die anfangs das Kauen der Blätter als „ekelhafte Gewohnheit der Indianer“ bezeichneten, wurden bald selbst Opfer dieser Sucht. Gegen ihre Verbreitung war auch das Konzil in Lima machtlos, das Mitte des 16. Jahrhunderts stattfand und allen Koka-Kauenden den Verstoß aus der Kirche androhte. Letztendlich aber „entdeckte“ sogar die Kirche im blühenden Koka-Handel eine unversiegbare Quelle für

Steuereinnahmen und hob das Verbot auf. Es vergingen Jahrhunderte, die Eroberer verließen das Land, die schwere Arbeit aber blieb, und der Grubenarbeiter, der heute bei Potosi Kalium schürft, kaut genau so Kokablätter wie einst seine Vorfahren. Außer in Bolivien, wo diese Sucht am meisten verbreitet ist, stimulieren und töten zugleich die Kokablätter tausende Menschen in ganz Südamerika entlang der Kordilleren. Die Eigenschaften dieser Blätter sind den Europäern seit der Eroberung Perus im 16. Jahrhundert bekannt. Der Eroberer Francisco Pizarro beschrieb im Jahr 1533 die Wirkung der Kokablätter als ein „Wunder". Zu dieser Schlußfolgerung kam er, nachdem er beobachtet hatte, daß die Inkas tagelang Hunger und kräftezehrende Märsche hinter sich brachten, indem sie nur ab und zu Kokablätter kauten. Einige Jahrhunderte vor der Eroberung Amerikas hatten viele Reisende beobachtet, daß die Eingeborenen nach dem Kauen der Kokablätter in tranceartigen Zustand fielen, ihre Sorgen, ihr Leid und ihre Erschöpfung nicht mehr wahrnahmen. Auf Grund dieser Eigenschaften erklärten die Einwohner Perus im 16. Jahrhundert den Kokastrauch sogar zu heiligen Pflanze. Sie ahnten nicht, daß sie für einige Minuten der Seligkeit und Ruhe einen hohen Preis zahlen würden. Bald stellte man fest, daß bei andauerndem Gebrauch der Pflanze die Peruaner physisch und geistig verkamen. Im Jahr 1859 beschloß der Arzt Paolo Manteju die gefährliche Wirkung der Kokablätter an sich zu erproben. Er kaute zuerst einen Teelöffel von den Blättern und trank auch eine Schale Aufguß. Bald danach verfiel er in halbfiebrigen Zustand ohne Anstieg der Körpertemperatur, empfand Ohrensausen, Herzpochen und einen eigenartigen psychischen Zustand, der zweifelsohne das Anfangsstadium einer Vergiftung signalisierte. Gleichzeitig verspürte er ungeheure Kraft und Energie, ungeahnte geistige Qualitäten und den Wunsch Körperliches zu leisten, wozu er sich bis dahin unfähig hielt. Außerdem träumte er phantastische Dinge.

Viele Wissenschaftler waren bemüht, das Geheimnis des Kokasaftes zu lüften. Einige von ihnen, wie Manteju, erforschten seine Wirkung auf den menschlichen Organismus. Anderen ging es um die Isolierung des sonderbaren Wirkstoffes. Dies gelang zum ersten Mal 1859 dem deutschen Wissenschaftler A. Niemann, der das Alkaloid Kokain isolierte (später noch ein Alkaloid, das Zinamilkokain). Zwei Jahrzehnte danach (1884) setzte es der Österreicher Karl Keller als Lokalanästhetikum ein. Das reine Kokain ist ein weißes, geruchloses Pulver. Es betäubt die sensiblen Nerven und dringt rasch durch die Schleimhaut in Mund und Nase sowie durch die Hornhaut des Auges ein, die unter seiner Wirkung ihre Empfindlichkeit verlieren. Diese Eigenschaften des Kokains waren bei chirurgischen Eingriffen äußerst wertvoll. Das Kokain hat eine doppelte physiologische Wirkung. Es erregt die Hirnrinde, wirkt stimulierend auf das Selbstbewußtsein und den Gemütszustand, beseitigt Empfindungen wie Hunger und Müdigkeit. Die dadurch erzielte trügerische Seligkeit bezahlt der Kokain-Süchtige mit dem Verlust seiner Gesundheit und Willenskraft. Andererseits wirkt es, aber nur vorübergehend, schmerzstillend und verringert die Empfindlichkeit für Wärme und Berührung. Diese Eigenschaften charakterisieren das Kokain als wertvolles Medikament, gleichzeitig aber ist es ein gefährliches Gift. Wertvoll deshalb, weil es schmerzlose chirurgische Eingriffe in Mund, Nase und Augen ermöglicht, gefährlich, weil es wie viele andere Gifte zur Sucht führt.

Die Kokainsucht ist keineswegs minder gesundheitsschädigend als die Morphinsucht. Außerdem ist für den Süchtigen die Einnahme des Kokains problemlos, da es geschnupft wird, so daß er weder Pfeife, noch eine Injektion oder irgendein anderes Hilfsmittel braucht. Die Kokainsüchtigen sind blaß, abgemagert, leiden an quälenden Juckreiz und oft an Verfolgungswahn. Vom ständigen Schnupfen wird die Nasenschleimhaut rissig. Die meisten von ihnen landen in Nervenanstalten. Bei längerem Kokainschnupfen kommt es zu epileptischen Anfällen und Wahnideen, Herzkrankheiten, Schlaflosigkeit und schließlich zum Tod. Deshalb ist das Kokain im Vergleich zum Morphin eine noch grausamere Geißel für die Menschheit. Sein hoher Handelspreis und die große Nachfrage regte weltweit Chemiker an, einen Ersatzstoff zu suchen. 1904 gewann der Chemiker Fourno die chemische Verbindung Stovain, in der alle auf den Organismus wirkenden chemischen Gruppen des Kokains vertreten waren. Nach einigen Jahren wurde ein anderes Präparat – Novokain, gewonnen, das bis heute zu den gelungensten Ersatzstoffen zählt, obwohl es ebenfalls einige negative Wirkungen aufweist. Es ist toxisch und deshalb äußerst vorsichtig anzuwenden, bei längerer Aufbewahrung zerfallen die Kokainlösungen und es kann das Kokain bei Nasen- und Halsoperationen nicht ersetzen.

Die neueste Abart des Kokains und wahrscheinlich die toxischste und ruinierendste Substanz, die der Mensch je zu sich genommen hat, um sich „Glückseligkeit“ zu verschaffen, ist das Crack, das im Laufe von knapp fünf Jahren nach seiner Entdeckung die größeren Städte der Vereinigten Staaten überflutete und nur Gewalt, Verzweiflung und Qualen hinter sich ließ. Das Crack, dem bereits Millionen Amerikaner verfallen sind, greift schon nach Europa über. Da es billiger als das Kokain ist, findet es rasche Verbreitung. Im Unterschied zum teuren Kokain, das nur injiziert unverzüglich wirkt, erzielt eine Crack-Zigarette augenblicklichen Effekt. Das Rauschgift erreicht sofort und in konzentrierter Form das Gehirn. Experimente mit Versuchstieren – Mäusen und Ratten – illustrierten auf frappante Weise ihre rasche Gewöhnung an das Narkotikum. Man konstruierte für die Versuchstiere eine Vorrichtung, mit der sie sich nach Bedarf durch Druck auf eine Taste das Narkotikum injizieren konnten. Nach nur einigen Stunden verwandelten sie sich in leidenschaftliche „Narkomanen", betätigten pausenlos die Taste und vergaßen alle ihre Bedürfnisse; Trinken, Fressen, Schlafen, Vermehrung. Auch als man versuchte, mit schwachen Stromschlägen die Konsumation des Rauschgiftes zu verhindern, drückten die Ratten trotz Schmerzen auf die Taste. Beim Vergleich mit Ratten, die unbehindert Heroin konsumierten, stellte man fest, daß 90% der „Kokain-Süchtigen" in nur einigen Tagen umkamen, alle „Heroin-Süchtigen" aber am Leben blieben.

Heute weiß man bereits, daß 20 Minuten nach dem Rauchen einer Crack-Zigarette das Gift auf das Gehirn zu wirken beginnt und gesteigerte Erregung, Euphorie, aggressive Sexualwünsche und ein Gefühl übermenschlicher Kraft verursacht. Der Süchtige verspürt bald den dringenden Wunsch nach der nächsten Dosis und verhält sich seinem Umfeld gegenüber absolut gleichgültig. In psychischer Hinsicht betrachtet, wird man rasch abhängig. Das „Entwöhnungssyndrom" findet Ausdruck in psychischen Störungen, Depressionen und zwar kurzweiliger aber äußerst starker Schläfrigkeit. Trotzdem scheitern fast alle Entwöhnungsversuche. Sogar nach mehrmonatigem Entzug empfindet der Süchtige starken Crack-Hunger.

Das Rauschgift führt rasch zu Paranoia-Zuständen, Halluzinationen und extremer Aggression. Diese Zustände werden nach entsprechender Behandlung bedeutend verdrängt, trotzdem aber treten starke Depressionen und Selbstmordwünsche auf. Die schädliche Wirkung Kokains und Cracks findet nicht nur in psychischen Störungen Ausdruck. Angegriffen werden auch das Herz und Gehirn mit ernst zu nehmender Gefahr von

Infarkt und Insult, die leider den Rauschgiftsüchtigen nicht ausreichend bewußt ist. Besonders erschreckend sind die Folgen bei schwangeren Frauen, da das Gift in den Fötus eindringt. Fehlgeburten, Wachstumshemmung, Mißbildungen, Konvulsionen, Hirnblutungen usw. sind das Resultat. Die Todesrate der Neugeborenen ist auf das Vierfache angestiegen.

Die dritte Pflanzenart mit narkotischen Eigenschaften ist der **indische Hanf (Cannabis sativa, var. indica)** von der Familie Moraceae. Sein Stengel ist niedriger als beim gewöhnlichen Hanf und gegabelt. Die Blätter- und Zweigspitzen tragen drüsenartige Gebilde, die eine harzähnliche, grün-gelbe Substanz ausscheiden. Diese Substanz ist weltweit als Haschisch bekannt, hat aber in verschiedenen Regionen und Ländern andere Namen. In Europa nennt man den Stoff Marihuana, in Japan Tajima, in Brasilien Makonha, in Marokko Kif, in Tunesien Takruri, in Indien Gansha, Harag oder Bang, auf der Insel Mauritius Gandshia, und in Südafrika Daga. In allen diesen Fällen handelt es sich um ein- und dasselbe Rauschmittel, das aus dem indischen Hanf gewonnen wird, eine Pflanze, die fast überall angebaut werden kann.

Abb. 49:
Hanf (Cannabis sativa, var. indica)

Das Haschisch ist ein uraltes Narkotikum, das in allen Kontinenten Verbreitung fand. Es war im Altertum genau so wie die anderen heimtückischen Pflanzengifte wohl bekannt. Schon Marco Polo (1254–1324), der namhafte italienische Reisende, der als erster Europäer Asien besuchte, berichtet in seinen Reisebeschreibungen über seine erste Begegnung mit dem sagenumwobenen Haschisch. Dies geschah 1298 in einer Bergregion, wo Scheich Hassan Ibn Sabah, der „Alte vom Berg“ genannt, über das Gebiet zwischen dem Kaspischen Meer und der Levante um Ende des 12. und Anfang des 13. Jahrhunderts herrschte. In einem tiefen, von hohen Felsen eingeschlossenen Bergtal schuf er einen wunderbaren Garten voller Blumen, Lauben, tanzenden Jungfrauen. Eine unzugängliche und unbezwingbare Festung schloß den Eingang zum Bergtal ab. Der Scheich feierte in diesem künstlichen Paradies Siegesfeste, an denen die mutigsten Krieger nach gewonnenen Schlachten teilnahmen. Während des Festschmauses gab man ihnen ein Getränk, das sie selig einschlummern ließ. Im Halbschlaf vernahmen sie den Gesang der lieblichen Jungfrauen im Paradiesgarten. Dieser selige Zustand wurde durch das Eindringen eines wunderwirkenden Rauches in den Festsaal noch mehr gesteigert. Derart versetzte sie der „Alte vom Berge“ in das Paradies, um ihnen vorzuführen, welch Glück sie erwartet, wenn sie seinem Willen gehorchen. In diesem Paradies erblickten die Krieger alles, was ihnen der Koran versprach: prunkvolle Feste, paradiesische Schönheiten, fröhliche Gelage, jederlei Vergnügen, sagenhafte Schätze. Bevor diese Feste ausklangen, brachten die Diener des Scheichs die berauschten Krieger zum Thron des Herrschers, wo sie in die Knie fielen und gelobten, jeden seiner Befehle auszuführen. Der „Alte vom Berge“ versprach ihnen neue und noch seligere Genüsse und ordnete die Beseitigung seiner Gegner und Feinde an. Auf diese Weise kam es zur Bildung der mohammedanischen Hassan-Sekte, der fanatisierte Untertanen eines Herrschers angehörten, den sie als Gottheit verehrten und nicht nur bereit waren für ihn zu sterben, sondern diesen Tod als höchstes Glück betrachteten. Die Krieger dieser Sekte warfen sich wie Bestien in die aussichtslosesten Schlachten, um neue Ländereien und Reichtümer für ihren Abgott zu erobern. Später nannte man diese Mörder „Haschischine“, da das Getränk, das sie im Paradiesgarten des Scheichs zu trinken bekamen, Haschisch war, zubereitet aus in Öl und Wasser gekochten Blüten des indischen Hanfes.

Diese von Marco Polo stammende Schilderung, ähnelt zwar den Märchen aus „Tausendundeine Nacht“ (wahrscheinlich entspricht sie der Wahrheit), liefert uns aber auch wertvolle Informationen über die Rolle des Rauschmittels Haschisch. Seine Entdeckung ist keineswegs der Verdienst des „Alten vom Berge“, denn die Wirkung des indischen Hanfes war schon im Altertum bekannt. Nach dem griechischen Historiker Herodot kannten es schon die Skythen, die es als Anästhetikum verwendeten und bei Begräbnissen den Verwandten des Verstorbenen verabreichten, um ihnen zu helfen, ihr Leid zu vergessen. In den arabischen Ländern wiederum ließ man die zum Tode verurteilten Verbrecher vor der Hinrichtung Haschisch rauchen, um sie die Vollstreckung als „Seligkeit“ empfinden zu lassen. Bis Ende des vergangenen Jahrhunderts herrschte in Indien die grausame Sitte, zusammen mit dem verstorbenen Mann auch seine Witwe zu verbrennen. Bevor man sie zum Scheiterhaufen brachte, betäubte man sie mit Haschisch. Nach dem chinesischen Philosophen Mao To (3. Jh. v. u. Z.), verwendeten die alten Chinesen das Haschisch in der Form eines Getränks als Betäubungsmittel bei medizinischen Eingriffen, das sie Ma-Jo nannten. Das Haschischrauchen bei einigen afrikanischen Stämmen entlang des Kongo-Flusses

(Zentralafrika) war derart verbreitet, daß es zum religiösen Kult erhoben wurde. In Reiseberichten wird dargelegt, daß man die Haschischraucher „Haschisch-Söhne“ nannte, und den von ihnen gegründeten Staat „Freundschaftsland“. Das Verlangen nach Haschisch war auch in diesem Fall mit seiner angenehmen Rauschwirkung, Steigerung des Gefühlslebens und paradiesischen Visionen verbunden. In Ägypten, Tunesien und Algerien eskalierte die Sucht zur nationalen Katastrophe.

Italienische Matrosen brachten das Haschisch zum ersten Mal in ihre Heimat. Von Italien aus drang es nach Frankreich und Deutschland vor. Anno 1553 veröffentlichte der Hofarzt des französischen Königs Franz II., J. Canape, sein „Handbuch für Barbiere und Chirurgen“, in dem er das Haschisch als Betäubungsmittel bei Amputationen der Extremitäten empfiehlt. Mitte des vergangenen Jahrhunderts waren die Künstlerkreise in Paris einer wahrhaften „Haschisch-Epidemie“ verfallen. Das regte Physiologen und praktizierende Ärzte an, die Wirkung des Rauschgiftes an sich selbst zu testen. Prof. K. Schrof beschreibt in seinem 1856 in Wien erschienenen „Handbuch für Pharmakologen“ die Wirkung des Rauschmittels, das er mit Haschisch aus Ägypten, von Prof. Siegmund mitgebracht, an sich selbst testete. Nachdem er 0,07 g zu sich genommen hatte, setzte die Wirkung ein: „Ich spürte in meinen Ohren und im ganzen Kopf ein Brausen, wie bei kochendem Wasser. Gleichzeitig erstrahlte alles um mich herum in angenehmen Licht, das auch meinen Körper zu erhellen schien und ihn durchsichtig machte. Meine Wahrnehmungen wurden schärfer und bald hatte ich märchenhafte Visionen und erblickte wunderschöne Bilder ...“ Das von Prof. Schrof durchgeführte Experiment leitete die Untersuchung der physiologischen Wirkung des Narkotikums auf den Menschen ein. Ähnliche Experimente mit Haschisch wurden vom deutschen Arzt Baron Ernst von Bibra und dem französischen Arzt Noro de Tour vorgenommen, die sie danach ausführlich beschrieben. Heute ist das Haschischrauchen unter breiten Bevölkerungsschichten in einigen Ländern Afrikas, Europas und Amerikas, insbesondere in einigen asiatischen Ländern verbreitet, wo der Stoff getrunken, gekaut und vor allem geraucht wird.

Diese Sucht ist ein gefährliches Laster, das die Gesundheitsorgane in den betroffenen Ländern vor ernsthafte Probleme stellt. Wie bei Morphin und Kokain gewöhnt sich der menschliche Organismus auch an dieses Rauschgift. Tausende Haschisch-Süchtige sind zum völligen Verfall ihrer physischen und geistigen Kräfte verurteilt.

Die unbegrenzte Herrschaft des Haschisch wurde in den Schatten gestellt, als man das Marihuana auf den Markt warf. Der Unterschied zwischen den beiden Rauschmitteln besteht nur in der Art ihrer Gewinnung. Marihuana wird nicht wie Haschisch nur aus den Blüten des indischen Hanfs gewonnen, sondern aus allen Pflanzenteilen, einschließlich der Wurzel. Obwohl das Marihuana ein schwächeres Rauschgift als das Haschisch ist, sollte man seine schädliche Wirkung nicht unterschätzen. Dieser „harmlose" Stoff – wie viele meinen – ist besonders unter Schriftstellern, Malern und tausenden jungen Menschen (besonders in den USA und einigen Ländern Westeuropas) zur Mode geworden. Als chronische Marihuana-Konsumenten schädigen sie ernsthaft ihren Organismus.

Mittlerweile wurde wissenschaftlich belegt, daß die Wirkung des indischen Hanfs auf die Alkaloide Kanabinol und Tetrahydrokanabinol zurückzuführen ist, die auf eigenartige Weise das Nervensystem beeinflußen. Infolge ihrer Wirkung auf alle Sinnesorgane treffen im Gehirn Signale über eine veränderte und unreale Umwelt ein. Bei stärkeren Dosen erreichen die Nervenimpulse das Gehirn überhaupt nicht. Am empfindlichsten wird das Sehzentrum angegriffen. Aus diesem Grund haben Süchtige märchenhafte Visionen. Starke Rauschgiftdosen führen zur Vergiftung, bei der 2 Phasen zu unterscheiden sind. In der ersten kommt es zur Erregung des Bewegungs- und Sprachzentrums, beschleunigten Puls, Ohrensausen, Halluzinationen mit Lachanfällen, manchmal auch Weinkrämpfen, Angstzuständen, Argwohn und Aggressivität. In der zweiten Phase machen sich Schläfrigkeit, phantastische Träume, Trübsinn, niedriger Blutdruck, verlangsamter Puls, niedrige Körpertemperatur und Trockenheit der Schleimhäute im Mund und Hals bemerkbar. Die Intoxikation verursacht Brechreiz, Erbrechen und Durchfall.

Die vierte Pflanzenart mit narkotischer Wirkung ist der mexikanische Kaktus **Anhalonium Lewinii,** nach seinem Entdecker, dem namhaften Giftforscher Prof. L. Lewin, benannt. Während seiner Reise durch Mittel- und Südamerika im Jahre 1886 lernte er die Eigenschaften dieser Kaktusart kennen. Keines der bis dahin bekannten Rauschmittel hatte eine derart starke Wirkung auf das Gehirn. Der Extrakt von diesem Kaktus steigert das Freudegefühl und ruft wunderbare Visionen hervor – farbenprächtiger Himmel, tausende Sonnen und berauschender Höhenflug. Für die Azteken, die ältesten Einwohner Mexikos, aber auch den späteren indianischen Stämmen war dieser Kaktus, den sie Pejotl nannten, die Behausung einer Gottheit. Seine Ernte war ein feierliches Ritual, denn alle Eingeborenen verehrten den Gott. Er gehörte zu ihrem Alltag, weil er ihnen märchenhafte Visionen bescherte. Dieser „göttliche" Kaktus wurde von Prof. Hennings im Botanischen Institut zu Berlin eingehend untersucht. Es erwies sich, daß die phantastische Wirkung der Pflanze vom Alkaloid Meskalin hervorgerufen wird. Der Psychotherapeut W. Frederking aus Hamburg führte 40 Tests mit Meskalin durch. Er nahm gefährliche Dosen bis zu 0,5 g dieses Alkaloids zu sich. Im Zusammenhang mit seinen Beobachtungen schrieb er unter anderem folgendes: „Plötzlich erschienen mir verschiedene Gestalten, die auch plötzlich wieder verschwanden, einige von ihnen aber tauchten immer wieder auf und wurden Hauptthemen der Visionen, die mir vorschwebten. Wie im Traum beobachtete ich, wie diese Wahngebilde ihre Konturen ständig veränderten".

Heute zählt man Drogen, die Halluzinationen hervorrufen, zur Gruppe der sogenannten Halluzinogene. Zur Erforschung der Rauschgiftwirkung wurde nicht nur Meskalin, sondern auch Lysergsäurediethylamid (LSD) untersucht. Es handelt sich um ein Produkt des Mutterkorns (Sklerotien) – des an Roggen schmarotzenden Pilzes Claviceps purpurea, der Alkaloide der Indol-Reihe Ergotamin, Ergotoxin, Ergosin, Ergometrin, Ergokriptin enthält. Dr. A. Hofmann, Mitarbeiter der Schweizer Firma „Sandoz", entdeckte 1943 zufällig die halluzinogenen Eigenschaften des LSD, deren Wirkung er 14mal an sich testete. Seinem Beispiel folgte auch Prof. W. Stoll, von der Burghelzli-Klinik in Zürich, und beschrieb ausführlich die Wirkung der Droge. An einer Stelle der Beschreibung heißt es: „... zuerst waren die Halluzinationen einfach – Strahlen, Strahlenbündel, Regen, Räder, Wirbel, Wasserspritzer, Wolken u. a. Danach wurden die Halluzinationen komplizierter – Torbögen und Arkaden, ein ganzes Meer aus Häuserdächern, Wüstenlandschaften, Bergterrassen, loderndes Feuer, Sternenhimmel unbeschreiblicher Schönheit ..." Die Forscher stellten fest, daß LSD in Dosen von 50–100 Mikrogramm wie beim Meskalin Halluzinationen der Sinnesorgane (Augen, Ohren und Tastsinn) und Verlust des Einschätzungsvermögens für Zeit und eigenes Körpergewicht verursachen.

Trotzdem unterscheidet sich das LSD vom Meskalin vor allem dadurch, daß seine Wirkung 500mal stärker ist. Bei LSD-Intoxikationen treten Euphorie mit Lachanfällen, Verfolgungswahn und gesteigerte Erregbarkeit auf. Bei Dosen über 100 Mikrogramm machen sich Funktionsstörungen des vegetativen Nervensystems, Brechreiz, Erbrechen, übermäßige Schweißausscheidung, beschleunigter Puls, Blutdruckanstieg, Senkung der Urinausscheidung, Blutzuckeranstieg u. a. bemerkbar.

Höhere Dosen führen zum sicheren Tod. Gesunde Menschen erhalten unter LSD-Einfluß ein verzerrtes Abbild ihrer Umwelt. Maler, zum Beispiel, geraten in schizophrene Zustände und stellen die objektive Wirklichkeit verworren, phantastisch und chaotisch dar.

LSD ist auch deshalb besonders gefährlich, weil bei regelmäßiger Einnahme einige Anomalien vererbt werden, zum Beispiel Funktionsstörungen des Gehirns u. a. In einigen Ländern sind die Mediziner äußerst besorgt über die massenhafte Verbreitung dieser Droge unter der Jugend. Sie fordern nicht nur ihr völliges Verbot, sondern auch eine strenge Kontrolle der LSD-Produktion in der ganzen Welt, die nur in geringen Mengen zugelassen werden soll. Diese kategorische Forderung ist auf Grund der Tatsache berechtigt, daß die Halluzinationen verursachende LSD-Dosis nur 200 Mikrogramm (200 Millionstel vom Gramm) beträgt. Demzufolge reicht 1 g dieser Droge, um 5000 Personen in halluzigenen Zustand zu versetzen.

Für die massenhafte LSD-Verbreitung unter der Jugend haben auch einige scheinbar harmlose Lieder namhafter Formationen beigetragen, zum Beispiel das berühmte Lied der Beatles „Lucy in the sky with Diamonds“ (Lucy im Diamantenhimmel). Die Anfangsbuchstaben der drei Substantive im Liedtitel bilden das Kürzel LSD, und im Text ist von berauschenden Bildern die Rede.

Zur Gruppe der halluzinogenen Drogen gehört auch das Psilozibin – der einzige Naturstoff, ein Indol-Derivat, das in seinem Molekül ein Phosphoratom hat. Dieses Narkotikum wurde zum ersten Mal von Dr. A. Hofmann aus dem mexikanischen Pilz Psilocybe mexicana isoliert. Die Azteken nannten diesen Pilz „göttlich“ (Teonanakatl). Später wurde dieser Stoff auch in anderen Pilzarten der Gattung Psilocybe sowie der Gattung Stropharia, die in Mexico, Kambodscha und Thailand gedeihen, nachgewiesen. Der mexikanische Pilz enthält zwei Indol-Derivate – Psilocybin (0,2–0,4%), und Psilocyn (in geringerer Menge), ohne Phosphoratom. Die Azteken setzten den göttlichen Pilz bei religiös-kultischen Handlungen ein. Ungefähr eine halbe Stunde nach dem Verzehr eines Pilzes machte sich seine eigenartige Wirkung bemerkbar. Der Konsument empfand Schwerelosigkeit und angenehme Gefühle, ohne jegliche Bewußtseinsstörung. Sein Körper floß scheinbar mit der Natur zusammen und löste sich in ihr auf. Alle ihn umgebenden Gegenstände erstrahlten in prächtigen Farben. Die Halluzinationen des Sehsinnes vermengten sich mit himmlischen Tönen. Im Laufe zahlreicher Forschungen wurde festgestellt, daß dieses verzerrte Wirklichkeitsbild durch die Funktionsstörung des Zentralnervensystems entsteht. Dieselben Störungen wurden bei Einnahme von aus dieser Pilzart gewonnen Psilocybin und Psilocyn nachgewiesen. Die Wirkung ist individuell, d.h. unterschiedlich in bezug auf Stärke und Dauer (von 1 bis 6 Stunden) bei jedem einzelnen Komsumenten. Schon nach Einnahme von 4 mg traten Halluzinationen auf, bei 12 mg wurde der Effekt bedeutend größer, und bei noch stärkeren Dosen kam es zu schweren Störungen des vegetativen Nervensystems, Erweiterung der Pupillen, Verlangsamung oder Beschleunigung der Herztätigkeit, Gleichgewichtsstörungen, Krämpfen und starkem Zittern. Letale Ausgänge sind möglich.

Die Zahl der toxischen Drogen, mit denen sich die Menschen unserer Erde ums Leben bringen, ist groß. Da sie aber Schmerzen und unangenehme Empfindungen abklingen lassen und Wohlbefinden trügerisch vorgaukeln, wird immer wieder nach ihnen gegriffen. In den meisten Fällen ist es Neugier oder der Wunsch, nicht hinter den anderen zurückzubleiben oder gar etwas zu versäumen. Dann aber nehmen die Ereignisse ihren unerbitterlichen Lauf. Halluzinationen sind krankhafte Zustände der menschlichen Psyche und signalisieren Funktionsstörungen in jenen Hirnsektoren, die die Reize von der Außenwelt annehmen und zu Empfindungen verarbeiten. Die Gewohnheit, Narkotika einzunehmen, verwandelt sich unvermeidlich in eine Sucht, die nur mit immer höheren Dosen befriedigend ist. Der Organismus vollzieht eine Umgestaltung der Reaktivität seines vegetativen Nervensystems, um die toxische Wirkung aufzuheben. Bei plötzlichem Entzug der Droge tritt eine schwere Nervenkrise ein, da im Organismus bereits komplizierte biolgische Veränderungen vor sich gegangen sind, oder anders ausgedrückt, da er psychisch und physiologisch vom Rauschgift abhängig geworden ist. Diese Abhängigkeit und das Verlangen nach einer neuen Dosis sind derart stark, daß der Süchtige bereit ist, auf alle seine materiellen und geistigen Werte zu verzichten, nur um an seinen Stoff zu kommen. Die Qualen, die er empfindet, sind schrecklicher als die abscheulichste Wirklichkeit. Solche Menschen sind erbarmungswürdige Existenzen, im wahren Sinne des Wortes Geisteskranke.

Die Menschheit verwendet seit ihrer Existenz große Mengen verschiedener Rauschgifte. Wir haben nur einige der bekanntesten und verbreitetsten geschildert. Sie alle aber haben etwas gemeinsam – sie können allmählich und geräuschlos durch Schnupfen, Kauen, Trinken, Injizieren und Rauchen den Tod herbeiführen. Diese lange Geschichte der Rauschgifte kann nicht anders bezeichnet werden als die Geschichte des menschlichen Unglücks.

8. Das Reich der Pilze
(Fungi, Mycobiota, Mycota)

8.1. Die Pilze – wertvolle Nahrung und heimtückisches Gift

Die Pilze waren schon im Altertum bekannt. Sie gehörten zur Nahrung des Menschen schon in der prähistorischen Periode seiner Existenz. Mit dem Preis vieler Opfer lernte der Mensch die genießbaren von den giftigen Pilzen zu unterscheiden und überlieferte seine im Laufe von Jahrhunderten erworbenen Kenntnisse von Generation auf Generation.

Obwohl der Hunger oft siegte, hinterließ die Furcht vor Pilzvergiftungen tiefe Spuren im Bewußtsein der Völker und fand ihre Widerspiegelung in der Volkskunst, im Brauchtum und auch im Aberglauben. Die Pilze waren stets bei magischen Handlungen und religiös-kultischen Ritualen vertreten. Man setzte sie als Mittel für das Herbeiführen von Euphorie, Halluzinationen und religiöser Ekstase ein.

Die Pilze waren in den antiken Staaten Babylonien, Assyrien, Griechenland, Persien u.a. äußerst beliebt. Eine Beschreibung verschiedener Pilzarten hinterließ der altgriechische Gelehrte Theophrastos (372–287 v.u.Z.). Kaiser und Patrizier des römischen Sklavenhalterstaates hielten einige Pilzarten für göttliche Speisen. Es ist daher kein Wunder, daß sie sogar in das Schaffen einer ganzen Reihe römischer Dichter und Schriftsteller eingingen. Aber schon damals waren Pilzvergiftungen keine Seltenheit. Bei Hofintrigen und im politischen Leben waren sie bevorzugtes Mittel, um sich unbequemer Widersacher zu entledigen, selbstverständlich als bedauernswerter „Zufall" hingestellt. Viele namhafte Persönlichkeiten, Geistliche und Aristokraten wurden Opfer von Pilzvergiftungen. Es ist bekannt, daß Kaiser Claudius 54 n.u.Z. mit dem Roten Fliegenpilz – ein Doppelgänger des Kaiserlings, beseitigt wurde. Es ist wohl kaum ein Zufall, daß der römische Gelehrte L. A. Seneca (um 4 v.u.Z. bis 65 n.u.Z.) die Pilze „voluptarius venetum" (etwa Genuß spendendes Gift) nannte und daß sie Plinius der Ältere (23–79) als „verdächtige Nahrung" beschrieb und sie in genießbare und giftige einteilte. Trotzdem blieben die Pilze bevorzugte Speisen nicht nur von Kaisern und Königen (deshalb heißt ja der Amanita Caesarea Kaiserling), sondern auch vom „gemeinen Volk". Diese Tatsache verlangt eine Antwort auf die Frage, worauf die Beliebtheit der Pilze als Nahrungsmittel zurückzuführen ist.

Die Pilze sind nicht nur eine Gaumenfreude, sondern zeichnen sich durch einen sehr reichen und verschiedenartigen Inhalt an chemischen Substanzen aus. Frische Pilze enthalten 3–5% Stickstoffe, getrocknete 15–60%. Von ihnen sind 50–80% Eiweißstoffe und der Rest Aminosäuren, Hitin u. a. Aber der biologische Wert der Pilz-Eiweißstoffe ist ungefähr 8mal geringer als die Eiweißstoffe in Milch und Milchprodukten. Der Gehalt an Fettstoffen in getrockneten Pilzen bewegt sich von 1,5–10%. Vorwiegend vertreten sind **Phosphorproteine**, für den Organismus wichtige Stoffe. Pilze haben mehr Eiweiß- und Fettstoffe als Kartoffeln, Kohl, Rüben u. a., und weniger Kohlehydrate im Vergleich zu anderen Pflanzenprodukten. Im Unterschied zum Gemüse ist in den Pilzen keine Stärke, dafür aber Glykogen vertreten. Weiter kommen Oxal-, Apfel-, Zitronen- und Weinsäure vor. Nachgewiesen wurden auch verschieden Enzyme, die auch in getrockneten Pilzen ihre Aktivität nicht verlieren und eine richtige Verdauung fördern. Der Gehalt an Vitamin C ist gering, dafür enthalten Pilze aber bedeutende Mengen Vitamin B_1 und PP – vergleichbar mit Hefe und Rindsleber. Das gegen Rachitis wirksame Vitamin D ist mengenmäßig wie in Butter vertreten. Die chemische Analyse ergab auch das Vorhandensein von bedeutenden Mengen Pantothen und Folsäure sowie Biotin. Die meisten Vitamine (ausgenommen Vitamin C) bleiben beim Trocknen und Kochen bis zu einem gewissen Maße erhalten. Das spezifische Pilzaroma ist auf verschiedene ätherische Öle und Harze zurückzuführen. In bezug auf ihren Gehalt an Mineralstoffen (Kalium, Natrium, Kalzium, Eisen u. a.) und an Mikroelementen (Zink, Kupfer, Mangan, Kobalt, Jod, Arsen) ähneln sie Obst und ihr Phosphorgehalt ist mit diesen bei Fischprodukten vergleichbar. Diese eigenartige chemische Zusammensetzung erinnert an einige pflanzliche oder tierische Produkte. 1 kg frische Champignons, zum Beispiel, haben soviel Kalorien wie 250 g Rindfleisch, 240 g Fisch, 4–5 Eier, 600 ml Milch, 150 g weiße Bohnen oder 180 g Brot. Während die tierischen Eiweiße bis zu 96–99% absorbiert werden, sind es beim Pilz-Eiweiß nur 60–70%. Dank des reichen Gehalts an extraktiven Stoffen, ungebundenen Aminosäuren und aromatischen Bestandteilen, regen Pilze und insbesondere Pilzsuppen den Appetit an, erhöhen die Absonderung von Magensaft und aktivieren die Verdauungsprozesse. Was den Säuregehalt und die verdauungsfördernden Eigenschaften der Pilzbrühe betrifft, überwiegen sie oder sind dieser, der Fleischbrühe zumindest, gleichwertig. Dank ihrer Geschmackseigenschaften sind Pilze ein ausgezeichnetes Produkt für die abwechslungsreiche Gestaltung des Menüs und für die Versorgung des Organismus mit wertvollen Nährstoffen. Die Praxis hat bewiesen, daß sie die Herztätigkeit unterstützen und hohen Blutdruck senken und daß ihre Phosphorsalze positiv auf die Funktion des Zentralnervensystems wirken. Die Pilze senken den Cholesterinspiegel und wirken damit vorbeugend gegen verfrühte Arterienverkalkung. Das in einigen Pilzarten vorkommende Mangan fördert die Funktion der Geschlechtsdrüsen. Recherchen unter Menschen mit hoher Lebenserwartung haben ergeben, daß Pilze zu ihrer Hauptnahrung gehörten.

Was sind eigentlich Pilze? Pilze sind eine Gruppe von Organismen, die kein Chlorophyll besitzen und zu keiner Photosynthese fähig sind. Oft werden sie als kurzlebige Pflanzen bezeichnet, die nach dem Regen rasch sprießen und genau so rasch verfaulen. In einigen Fällen könnte man sie wie einst den Pflanzen zuordnen – sie wachsen unbegrenzt, sie haften dem Substrat an und saugen von ihm Nährstoffe ein – in anderen Fällen aber ähneln sie Tieren – sie ernähren sich heterotroph (nehmen fertige organische Verbindungen auf), ihre Zellwände bestehen aus Chitin und nicht aus Zellulose. Sie weisen aber auch Merkmale auf, die nur für sie charakteristisch sind – Entwicklungszyklus u. a. Während die Pflanzen Produzenten und die Tiere Konsumenten sind, haben die Pilze eine reduzierende (zerstörende) Funktion und verarbeiten kompliziertere organische Stoffe in einfachere, womit sie diese zusammen mit einigen Bakterien den Pflanzen wieder zugänglich machen. Deshalb werden sie weder dem Tierreich noch dem Pflanzenreich zugeordnet, sondern in dem selbständigen Reich der Pilze zusammengefaßt (Fungi, Mycota, Mycobiota, Mycetalia), und die Wissenschaft, die sich mit ihnen befaßt, wird Mykologie genannt (gr. mykes – Pilz, und logos – Wissenschaft). In den Schriften verschiedener Autoren wird die Zahl der auf unserer Erde verbreiteten Pilzarten mit ungefähr 100.000 angegeben, die sich durch eine große Vielfalt auszeichnen (Hutpilze, Porlinge, Bauchpilze, Schlauchpilze sowie die niederen Hefe- und Schimmelpilze u. a.). Die höheren Pilze sind in der Natur weit verbreitet und untrennbar mit dem Pflanzenreich verbunden. Das, was wir „Pilze" nennen, ist eigentlich nur die Frucht eines eigenartigen unterirdischen „Baumes" – Myzel genannt. Dieser vegetative Teil bleibt oft unbemerkt, weil er aus feinen, in der Erde zerstreuten Fäden besteht. Noch bevor der Pilz auf der Oberfläche erscheint, befindet sich das Myzel schon in der Erde. Das Myzel einiger Pilzarten kann 10–20 Jahre in der Erde überleben, ohne Früchte zu geben. Da sie ohne Chlorophyll keine Saccharide bilden können, nehmen sie solche von benachbarten Pflanzen auf. Als Gegenleistung liefert das Myzel der entsprechenden Pflanze mineralische Stoffe, die von ihren Wurzeln – Lebensraum der Myzelien – aufgenommen wird. Bekannt sind viele Fälle solcher symbiotischen Wechselbeziehungen zwischen Myzelien und Wurzeln höherer Pflanzen.

8.2. Giftige Pilzarten

Gewöhnlich teilt man die Pilze drei Hauptgruppen zu – eßbare, ungenießbare und giftige. Am größten ist die Zahl der ungenießbaren Pilze. Sie sind ungiftig, eignen sich aber wegen ihres bitteren, unangenehmen Geschmacks, harten Fleisches, geringen Nährwertes und geringen Wuchses nicht als Nahrungsmittel. Die giftigen Pilze werden je nach Stärke der Giftwirkung vier Gruppen zugeordnet: tödlich giftig, stark giftig, giftig und bedingt giftig.

1. ***Tödlich giftige Pilze.*** Zu dieser Gruppe gehören relativ wenige, aber die gefährlichsten Pilze. Sie führen zu schweren degenerativen Veränderungen der Innenorgane mit meistens letalem Ausgang. Die wichtigsten unter ihnen sind:

Abb. 50:
Grüner Knollenblätterpilz (Amanita phalloides), rechts;
Weißer klebriger Fliegenpilz (Amanita virosa), links.

Grüner Knollenblätterpilz (Amanita phalloides). Hut hell- bis olivgrün (ändert seine Farbe in braun oder gelbgrün) mit zart gefaserter Oberfläche. Stiel gerade, weiß, blaßgrün genattert, mit hängender Manschette, unten etwas dicker. Die Knolle von großer, abstehender Hauttasche (Scheide) umhüllt. Fleisch weiß, bei Abbrechen nicht verfärbend. Lamellen weiß oder blaßgrün, bei älteren Pilzen oliv-grün und nicht am Stiel angewachsen. Fleisch mit honigartigem, bei älteren Exemplaren unangenehmen Geruch. Die jungen Pilze sind völlig in die Hauttasche gehüllt.

Der Grüne Knollenblätterpilz wird zu den giftigsten Pilzen gezählt. Er wächst vor allem in Laubwäldern.

Abb. 51 a:
Roter Fliegenpilz
(Amanita muscaria)

Weißer Fliegenpilz (Amanita verna). Hut weiß, klebrig, glatt, mit dünnem und glattem Band. Stiel weiß, gerade wachsend, unten dicker und fleischig, dann hohl, mit weißer, dünner, ledriger, anklebender Hauttasche; ledrige Manschette. Fleisch weiß und zart. Weiße, dichte und dünne Lamellen. Abstoßender Geruch und unangenehmer, manchmal scharfer Geschmack. Wächst in Nadel- und Laubwäldern.

Weißer klebriger Fliegenpilz (Amanita virosa). Hut weiß, kugelig mit weißem oder gelblichem Fleisch. Stiel weiß, faserig, unten dicker, kleine Manschette, gelbgrüne fest anklebende Hauttasche. Weiße oder gelbe, eng und regelmäßig stehende Lamellen. Unangenehmer Geruch und süßlicher Geschmack. Wächst in Mischwäldern.

Abb 51 b:
Pantherpilz
(Amanita pantherina)

2. ***Stark giftige Pilze.*** Verursachen starke Vergiftungen, stören die Funktion des Zentralnervensystems, oft tödlich. Weit verbreitet sind folgende Arten:

Pantherpilz (Amanita pantherina). Hut zuerst halbkugelig, später flach ausgebreitet, mit hellen Flöckchen, graubraun, in der Mitte dunkler. Zarter, blaßgelber, unten etwas dickerer Stiel mit schlaffer Manschette und gerandet abgesetzter Hauttasche. Rand deutlich durch Lamellen gereift. Fleisch weiß, nicht verfärbend. Lamellen weiß, weich, engstehend und nicht am Stiel angewachsen. Geruchlos, Geschmack unbestimmt. Wächst in Wäldern, verstreut.

Roter Fliegenpilz (Amanita muscaria). Hut scharlachrot, mit weißen Flöckchen, fleischig und zuerst kugelig, später ausgebreitet. Stiel weiß, leicht gelblich, mit ungereifter Manschette und fleckig gegürtelter Knolle. Fleisch weiß, Lamellen weiß und breit. Geruch nicht ausgeprägt, süßlicher Geschmack.

Abb. 52:
Ziegelroter Rißpilz
(Inocybe patouillardii)

Ziegelroter Rißpilz (Inocybe patouillardii). Hut zuerst weiß, dann ockerlich bis ziegelrot und braunrötlich und mit rissigem Rand, Stiel weiß, später rötlich anlaufend, voll, ohne

Manschette und Hauttasche. Fleisch weiß, rötet beim Liegenlassen. Lamellen weiß, dann olivgrau bis olivbraun, eng stehend, am Stiel angewachsen. Unangenehmer Geruch und unbestimmter Geschmack. Wächst in Parks und Laubwäldern.

Abb. 53:
Bleiweißer Trichterling (Clitocybe phyllophila), rechts; Riesenrötling (Rhodophyllus sinuatus), links.

Bleiweißer Trichterling (Clitocybe phyllophila). Hut bleiweiß mit rosafarbener Nuance und relativ fleischig, flach, zur Mitte hin trichterförmig. Rand dünn, fein gereift, später wellig-verbogen. Lamellen blaß-gelblich, dünn, am Stiel angewachsen, kaum herablaufend. Stiel rohrförmig, voll, zäh, etwas seitwärts gekrümmt, weißlich. Fleisch zäh, weiß bis blaßgrün, süßlich, Geruch unangenehm. Wächst büschelig in Laub- und Nadelwäldern, auf sonnigen Lichtungen und Wiesen.

Riesenrötling (Rhodophyllus sinuatus). Hut fleischig, zuerst etwas formlos, später in der Mitte gewölbt, Haut seidig glänzend, glatt, trocken, grau, blaßgelb-rötlich, aschgrau-gelblich usw., mit andersfarbigen Strichen gemustert. Rand fein gereift, heller. Lamellen jung gelblich, bald rosa, zuletzt rosabraun, wenig gedrängt, am Stiel angewachsen oder ausgebuchtet. Stiel weißlich bis gelblich, kräftig, ebenmäßig oder etwas bauchig. Fleisch weiß mit süßem Geschmack. Geruch zuerst angenehm, erinnert dann an frisch gemahlenes Mehl und schließlich widerlich. Wächst verstreut in Laubwäldern.

Frühjahrslorchel (Gyromitra esculenta). Hut hellbraun bis dunkelbraun, unregelmäßig hirnartig gewunden, wulstig, teilweise mit dem Stiel verwachsen. Stiel blaß, rohrförmig, oft gequetscht mit Einbuchtungen, hohl und zart. Fleisch weiß, wachsartig, brüchig, mit angenehmen Geruch und Geschmack. Enthält das stark giftige und flüchtige Alkaloid Gyromitrin. Wächst auf Sand in Nadelwäldern. Achtung! Vom Verzehr ist unbedingt abzuraten!

Andere stark giftige Pilze sind Lepiota helveola, Speitäubling (Russula emetica), VOLVARIA GLIOCEPHALA usw.

Abb. 54 a:
Frühjahrslorchel (Gyromitra esculenta)

3. ***Giftige Pilze.*** Sie verursachen meistens eine Magen-Darm-Verstimmung, selten tödlich.

Karbolchampignon (Agaricus xanthodermus). Hut weiß, alt, etwas bräunlich, kugelig, später ausgebreitet, dicke Haut. Stiel weiß, schlank, mit unterseits schuppigem Ring und abgesetzter Knolle, ohne Hauttasche. Fleisch weiß, beim Ankratzen gelb und zur Knolle hin chromgelb anlaufend. Lamellen ziegelrot. Ältere Pilze riechen karbolartig. Kein ausgeprägter Geschmack. Wächst in Parks, Laubwäldern und auf Wiesen.

Abb. 54 b:
Satanspilz
(Boletus satanas)

Gelber Fliegenpilz (Amanita citrina). Hut zuerst glockenartig, später ausgebreitet, mit glattem, bereiften Rand, weiß, gelblich oder gelb-grünlich, mit weißen Flöckchen. Lamellen weiß oder gelblich. Stiel fast rohrartig, mit Knolle, unten dikker; anfangs gelb, dann blasser, am oberen Teil weißlicher mit Manschette. Hauttasche gelbgrün, fest an der Knolle angeschmiegt. Fleisch weiß oder gelblich, süßlich und mit unangenehmen Geruch. Wächst auf trockenen Böden in Nadel- und Mischwäldern.

Satanspilz (Boletus satanas). Hut anfangs kugelartig, später polsterförmig gewölbt, selten ausgebreitet, hellgrau bis hellbraun, teilweise mit kleinen Einbuchtungen. Röhren kurz, grün-gelb mit rötlich angehauchten Mündungen, später rot, nicht am Stiel angewachsen. Stiel bei jungen Exemplaren eiförmig, später dickbauchig, oben gelb, nach unten allmählich rötlich, am Grund olivgrau. Bei Druck zartblau verfärbend. Fleisch weißlich, beim Abbrechen blau und nach längerer Zeit bis schwarz verfärbend. Wächst in Laubwäldern.

Grünblättriger Schwefelkopf (Hypholoma fasciculare). Hut meist mit stumpfen Rücken, Hutrand bei jungen Exemplaren durch gelben Schleier mit Stiel verbunden und eingestülpt, dann ausgebreitet und ganzrandig. Haut trocken, glatt, hell- bis schwefelgelb, zur Mitte hin orange bis rostbraun. Fleisch zart, schwefelgelb, sehr bitter schmeckend. Lamellen sehr eng stehend, mit dem Stiel verwachsen, schwefelgelb, später grünlich bis olivgrün. Stiel rohrartig, oft verbogen, oben hellgelb, am Grund zu gelbbraun übergehend. Wächst büschelig an Stubben und Wurzeln von Laub- und Nadelhölzern.

Andere Giftpilze sind: Kahler Krempling (Paxillus involutus); Lila Dickfuß (Cortinarius traganus); Bruchreizker (Lactarius helvus); Schöne Koralle (Romaria formosa); Kartoffelbovist (Slceroderma citrinum) u. a.

Abb. 55:
Speitäubling
(Russula emetica), rechts;
Amanita citrina, links;
Hypholoma fasciculare,
mitte.

*4. **Bedingt giftige Pilze (bedingt genießbar).*** Tödliche Vergiftungen mit diesen Pilzarten sind seltene Ausnahmen. Ihre toxische Wirkung kann durch Einhaltung einiger Regeln bei der Zubereitung vermieden werden. Bei einigen Arten ist das erste

Kochwasser wegzuschütten; beim Verzehr von Speisen aus Faltentintlingen (Coprinus atramentarius) sollte man keinen Alkohol trinken; Kröstlinge, Bleigraue Zwergboviste (Bovista plumbea), Flaschenstäublinge (Lycoperdon perlatum), Lycoperdon echinatum, Calvatia caelata, Calvatia excipuliformis, Langermania gigantea, Scleroderma aurantium u. a. sind nur jung genießbar; Perlpilzen (Amanita rubescens) ist die Huthaut abzuziehen. Einige Exemplare der bedingt genießbaren Pilze enthalten minimale Giftmengen und verursachen nur bei äußerst empfindlichen Menschen leichte Verstimmungen. Bedingt giftig sind: Amanita spissa, Amanita rubescens – Perlpilz, Phallus impudicus – Stinkmorchel, Lycoperdon caelatum u. a.

8.3. Chemische Zusammensetzung und Wirkung der Pilzgifte

Die chemische Zusammensetzung der von einigen Pilzarten gebildeten toxischen Stoffe ist sehr abwechslungsreich: Alkaloide, Glykoside, Polipeptide, Hämolysine, Sterine, organische Säuren u. a.

Das Amanitin (Amanitoxin) wurde in kristalliner Form von den deutschen Biochemikern H. Wieland und Hallermayer gewonnen. Es ist ein bis 100° C stabiler toxischer Stoff, wird weder von Säuren noch Basen zerstört, von Tannin nicht denaturiert und weder von medizinischer Kohle noch von Enzymen des Verdauungssystems unschädlich gemacht. Die toxische Wirkung ist auch durch mehrmaliges Waschen und Abbrühen nicht herabzusetzen. Das Amanitin verschwindet auch bei lange dauernder Trocknung nicht. Wieland und Hallermayer haben eine große Anzahl von Fliegenpilzen untersucht und bewiesen, daß das Amanitin sehr langsam wirkt und die Heilung vergifteter Menschen fast unmöglich macht. Außerdem haben sie drei Amanitin-Arten festgestellt, die sich in bezug auf ihre biologische Wirkung unterscheiden (verschiedene isomerische Formen). Die drei Isomeren enthalten gleiche Aminosäuren, die aber eine jeweils andere Stelle im Molekül einnehmen. Das Amanitoxin ist ungleichmäßig im Fruchtkörper und im Stiel vertreten. Dieses Gift wurde in der Mehrzahl der Fliegenpilze gefunden. Gerade das Amanitoxin macht aus dem Grünen Knollenblätterpilz (Amanita phalloide) eine tödliche Gefahr. Dasselbe Gift wurde auch im Gelben Fliegenpilz (Amanita citrina), Weißen Fliegenpilz (Amanita verna), Volvaria-Pilz (Volvaria gliocephala) u. a. nachgewiesen.

Das Phalloidin wurde in kristalliner Form 1940 von F. Lynen und H. Wieland aus einer großen Anzahl Grüner Knollenblätterpilze gewonnen. Es handelt sich um ein hexapolipetides Gift und unterscheidet sich von den anderen phalloiden Giften durch seine rasche Wirkung. Nach 12–15 Stunden tritt der Tod ein. Es greift das Lebergewebe an und verursacht heftige Magen- und Darmblutungen. Zu seiner Zusammensetzung gehören Oxitriptofan, Oxiprolin, Alanin u. a.

Die toxische Wirkung des Phalloidins und Amanitins besteht in folgendem: Beide zerstören den Kern der Leberzelle, die Mitochondrien und Mikrosomen; stören bedeutend die Enzymfunktionen; verringern das Glykogen; stören die Funktion der Lipasen – führt zur Verfettung und Entartung der Leber; stören die Eiweißsynthese und das elektrolytische Gleichgewicht auf beiden Seiten der Zellmembran, das dadurch seine wichtigste Funktion – die Entgiftung, nicht mehr erfüllt, worauf Nekrosen des Lebergewebes auftreten. Entartet werden auch Zellen anderer Innenorgane – der Bauchspeicheldrüse und der Nieren. Angegriffen werden die Hirnzellen, Speicheldrüsen und die Kapillaren der Gedärme.

Das Phallin. Es wird auch Amanitahämolysin genannt, da es vorwiegend Hämolysin enthält, d. h. sogar in geringen Dosen die völlige Auflösung der roten Blutzellen bewirkt. Diese Wirkung tritt rasch bei 37° C und langsamer bei niedrigeren Temperaturen ein. Dieses hämolytische Gift stellt ein Pentosid dar und gehört zu den Glykosiden. Phallin wurde in allen stark giftigen Fliegenpilz-Arten und auch in anderen Arten gefunden. Phallin intravenös oder unter die Haut gespritzt, führt bei Versuchstieren zu schweren Vergiftungen mit Hämolyse, blutigem Urin und schließlich zum Tod.

Die Vergiftung mit Fliegenpilzen kann allerdings nicht nur mit der Hämolysin-Wirkung erklärt werden, da es sehr thermostabil ist. Es verliert unter Wärmeeinwirkung seine Eigenschaften und zerfällt gänzlich bei Temperaturen von 65–70° C. In gekochten Fliegenpilzen wurden keine Hämolysin-Spuren nachgewiesen. Außerdem wird es vom Pepsin des Magensaftes und auch von Säften der Bauchspeicheldrüse zersetzt.

Muskarin. Es wurde zum ersten Mal 1869 von O. Schmideberg und R. Koppe in unreiner Form aus dem Roten Fliegenpilz (Amanita muscaria) isoliert. Es ist außerdem in folgenden Pilzarten vertreten: Pantherpilz (Amanita pantherina), Inocybe fastigiata, Clitocybe dealbata, Ziegelroter Rißpilz (Inocybe patouillardii), Inocybe asterospora u. a.

Erst 1954 gelang es F. Kögl und Mitarbeitern, die chemische Formel des Muskarins zu präzisieren. Es ist ein Gift, das eine Wirkung erzielt, die mit dieser des erregten Parasympathikus vergleichbar ist. Es beeinflußt die dem Azetylcholin gegenüber empfindlichen Systeme, die es in größeren Dosen paralysiert. Es verlangsamt die Herztätigkeit, verengt die Pupillen, provoziert übermäßige Speichelbildung und Schweißausscheidung, erhöht die Darmperistaltik und führt schließlich zu Koliken und Durchfall. Alle seine Wirkungen werden vom Atropin neutralisiert. Das Muskarin hat keinen Heileffekt.

Mykoatropin, auch Pilzatropin genannt, ist in pharmakologischer Hinsicht mit der Tollkirsche (Atropa belladonna) vergleichbar. Es ist im Fruchtkörper des Pantherpilzes, des Roten Fliegenpilzes und auch in anderen Pilzarten vertreten. Es wurde zum ersten Mal 1891 von Kobert entdeckt. In bezug auf seinen Wirkungsmechanismus gehört es zu den cholinolytischen Mitteln, die den Parasympathikus paralysieren. Es verursacht Trockenheit im Mund und Hals, starken Durst und Schwierigkeiten beim Schlucken, Heiserkeit, rot anlaufende Haut im Gesicht und am Brustkorb, mit unnatürlichem Wärmegefühl, Erweiterung der Pupillen, Störung der Akkommodation, krankhaftes Glänzen der Augen, Störung der Hautsensibilität, Verlust des Tast- und Geschmackssinnes und der Schmerzwahrnehmung. Die Pulsfrequenz und der Blutdruck steigen an. Das Mykoatropin provoziert auch einige psychische Erscheinungen, die der Wirkung des Myosciamins ähneln: Euphorie, Geschwätzigkeit, Tobsucht, unsicherer Gang, später allgemeine Schwäche, Depression und bei schweren Fällen Bewußtlosigkeit.

Orellanin ist ein thermostabiles toxisches Produkt des Pilzes Cortinarius orellanus. Das Gift greift die Nieren an und verursacht Nephritis und Nekrose der Nierenzellen und führt damit zur völligen Unterbrechung der Harnausscheidung. Die toxischen Urinbestandteile gehen in das Blut über. Es kommt zur Anhäufung von Stickstoffen und schließlich zum Nierenkoma. Geschädigt werden auch die Leberzellen.

Stoffe mit lokaler Reizwirkung. Eine große Gruppe bedingt genießbarer und bedingt giftiger Pilze enthalten Stoffe mit Reizwirkung auf die Schleimhäute des Verdauungssystems: Speitäubling (Russula emetica), Entoloma lividum, Tricholoma pardinium, Birkenreizker (Lactarius torminosus Fr.), Slceroderma vulgare, Boletus purpureus, Grünblättriger Schwefelkopf (Hypholoma fasciculare), Karbolchampignon (Agaricus xanthodermus), Satanspilz (Boletus satanas) u. a.

Die toxische Wirkung dieser Reizstoffe tritt 1–3 Stunden nach ihrem Verzehr mit folgenden Symptomen auf: Magenschmerzen, Brechreiz, häufiger Durchfall, Entwässerung des Organismus mit Senkung des Gehaltes an Kalium- und Natriumsalzen, ständiges Absinken des Blutdruckes und Verringerung der Pulsfrequenz, Muskelkrämpfe in den Beinen und in einigen Fällen Kollaps. Entsprechend der Pilzart können auch leichte Schädigungen der Leber verursacht werden. Die Reizwirkung der Pilzgifte sind selten lebensbedrohend.

Helvellasäure. Sie wurde zum ersten Mal von Behm und Künz aus der Frühjahrslorchel (Helvella esculenta heute als Gyrfomitra esculenta geläufig) 0,2–0,4 % und der Speiselorchel (Morchella esculenta) u. a. isoliert. Die Säure ruft typische Vergiftungssymptome hervor und deshalb werden Vergiftungen mit ihr Helvellen- oder Giromitra-Syndrom genannt. Die toxische Wirkung beginnt nach einer latenten Periode von 3 bis 20 Stunden mit Schmerzgefühl im Magen, starken Darmkoliken, Brechreiz, häufigem Erbrechen und allgemeiner Erschöpfung. Durchfall tritt selten auf. Die Intoxikation führt zu allgemeinem Schwächezustand, Kopfschmerzen, Herzschwäche, starker Pupillenerweiterung, Gelbsucht, üblen Mundgeruch als Folge geschädigter Leber, degenerativen Veränderungen der Nieren, des Herzmuskels und der Leber. Man hat festgestellt, daß die Säure auch mit der Muttermilch ausgeschieden wird. In letzter Zeit vertreten einige Forscher die Meinung, daß die sogenannte Helvellasäure das toxische Alkaloid Gyrometrin im Darmtrakt in das sehr toxische N-Methylhydrazin verwandelt.

*

8.4. Irrtümer bei der Unterscheidung giftiger von ungiftigen Pilzen

Die genießbaren und die giftigen Pilze wachsen oft vermischt an ein- und demselben Ort, was verständlicherweise unerfahrenen Pilzsuchern Kopfzerbrechen bereitet. Hinzu kommt noch, daß viele Speisepilze sogenannte Doppelgänger – giftige Arten – haben, die sich von ihnen nur durch unwesentliche Merkmale unterscheiden und oft mit den genießbaren verwechselt werden. Solche Fehler unterlaufen manchmal auch erfahrenen Pilzsammlern. So wird oft der tödliche Grüne Knollenblätterpilz (Amanita phalloides) mit dem Waldchampignon (Agaricus silvaticus) verwechselt. Was die Giftpilze betrifft, gibt es kein sicheres Mittel, sie von den ungiftigen zu unterscheiden. Sowohl giftige als auch genießbare wachsen zur selben Zeit und am selben Ort. Der Geschmack des Pilzes kann in diesem Zusammenhang auch kein Identifizierungsmerkmal sein. Es stimmt zwar, daß die meisten genießbaren Pilze einen angenehmen Geschmack und Geruch haben, aber es gibt auch Giftpilze mit ebensolchen Merkmalen, wie zum Beispiel die gefährlichen Entoloma lividum, Tricholoma pardinium, Inocybe piridora u. a.

Die Verfärbung (blau bis schwarz) beim Ankratzen oder Abbrechen erfolgt nur bei einigen Giftarten, zum Beispiel beim Satanspilz. Irrtümlich ist die Meinung, daß nur genießbare Pilze von Schnecken und Würmern befallen werden. Richtig ist, daß sie gegenüber dem Gift vieler Pilzarten immun sind. Eine ganze Reihe äußerst giftiger Pilze verursachen keineswegs eine Verfärbung von Silberlöffeln oder Münzen, Zwiebel oder Knoblauch, wie zum Beispiel der Rote Fliegenpilz und der Grüne Knollenblätterpilz. Demzufolge ist auch ihre Verfärbung kein wertvoller Hinweis. Um der Vergiftungsgefahr zu entrinnen, sollte man sich deshalb an folgende Regel halten: Nur Pilze nehmen, die man ausgezeichnet kennt! In Zweifelsfällen auf keinen Fall anrühren! Es gibt Leute, die dem Irrtum verfallen sind, daß das Gift bei Weinkonsum oder durch Zubereitung der Pilze mit Essig neutralisiert wird. Andere wiederum meinen, daß das Gift beim Kochen zerfällt. Es gibt viele Pilzarten mit thermostabilen Toxinen.

8.5. **Vergiftungssymptome**

Zu Pilzvergiftungen kommt es in aller Welt. Ihre Zahl ist nicht groß, dafür aber die letalen Fälle 50–70 %. In bezug auf die Giftwirkung zeichnen sich zwei Gruppen ab. Bei der ersten treten die Symptome rasch auf – in 1 bis 2 Stunden. Zum Beispiel beim Roten Fliegenpilz (Amanita muscaria), Pantherpilz (Amanita pantherina), Satanspilz (Boletus satanas), Speitäubling (Russula emetica), Grünblättriger Schwefelkopf (Hypholoma fasciculare), Birkenreizker (Lactarius torminosus) u. a. Bei der zweiten Gruppe – nach 10 bis 35 Stunden. Gerade die Vertreter dieser Gruppe sind am gefährlichsten, da sie unkurierbare Schäden verursachen. Deshalb beträgt bei ihnen die Letalität 50–80 %. Dazu gehören der Grüne Knollenblätterpilz, die Arten Amanita verna, Amanita verosa, Lepiota helveola, Frühjahrslorchel (Gyromitra esculenta) u. a.

Ungeachtet der Giftart treten folgende Symptome auf: Reizung des Magen- und Darmtraktes mit übermäßiger Speichelausscheidung, Bauchschmerzen – manchmal unerträglich, häufiger Durchfall wie bei Cholera, Dickflüssigkeit des Blutes, Schädigung der Nieren und Leber, infolge dessen nach 48–72 Stunden Gelbsucht und Unterbrechung der Urinbildung. In einigen Fällen machen sich Störungen in der Tätigkeit des Zentralnervensystems bemerkbar – starke Erweiterung der Pupillen, abwechselnd Erregung und Depression, Schläfrigkeit und Halluzinationen.

Bei Vergiftungssymptomen, sogar den geringsten, ist unverzüglich der Arzt zu rufen. Bis zu seinem Eintreffen muß der Kranke liegen. Erforderlich sind Maßnahmen zur Entleerung des Magens und der Gedärme durch Magenspülungen. Das geschieht am einfachsten, wenn der Kranke einige Gläser warmes Wasser trinkt und durch Druck auf die Zungenwurzel Erbrechen provoziert. Empfehlenswert ist die Verabreichung von Abführmitteln wie Karlsbader Salz u. a. sowie medizinischer Kohle. Alle anderen Gegenmaßnahmen liegen in der Kompetenz des Arztes. Alkohol soll nicht getrunken werden, da er die Absorption des Giftes vom Organismus fördert. Die unverzügliche Überführung des Kranken in das nächste Krankenhaus, wo alle modernen Mittel zur Bekämpfung des schweren Zustandes bereit stehen, kann lebensrettend sein.

8.6. „Fluch der Pharaone", „Veitstanz" und „Rauschbrot" – nur Legenden?

Schon über 50 Jahre kursieren Legenden über den „Fluch" des Pharao Tutenchamun. Es ist bekannt, daß er schon in seinem 11. Lebensjahr den Thron bestieg und kaum 20-jährig im Kampf um das alte Theben fiel (um 1330 v. u. Z.). Nach 3250 Jahren wurde sein Grab von den Archäologen Lord Carnarvon und Howard Carter entdeckt. Neben den zahlreichen Schätzen fanden sie auch eine kleine Terrakottaplatte mit folgender beschwörender Inschrift: „In raschem Flug wird der Tod jeden erreichen, der die Ruhe des Pharao stört". Ähnlich lautete sinngemäß ein Text auf der Rückseite einer kleinen Statuette: „Ich bin es, der den in das Grabmal eingedrungenen Räuber mit den Flammen der Wüste in die Flucht schlagen werde. Ich bin der Wächter des Pharaograbes".

Die Legenden über den „rachsüchtigen" Pharao kamen gleich nach der Graböffnung in Umlauf. Mit dem berüchtigten Fluch verband man 30 Todesfälle von Menschen, die an den Untersuchungen des Grabmals oder gefundenen Schätzen beteiligt waren. Es gab übrigens schon vor der Graböffnung unter den Archäologen und ihren Mitarbeitern einige rätselhafte Todesfälle. Ursprünglich maß man ihnen keine besondere Bedeutung zu. Erst nach dem Hinscheiden von Lord Carnarvon am 6. April 1923 in Kairo, sechs Monate nachdem er zusammen mit dem englischen Archäologen Howard Carter das Grabmal Tutenchamuns entdeckt hatte, machte man sich Gedanken. Es gab Leute, die seinen Tod auf den Stich oder Biß irgendeines Insektes im Grabmal zurückführten, andere äußerten die Meinung, daß er an einer Lungenentzündung gestorben sei. Im selben Jahr 1923 starben weitere 3 Personen, die das Grabmal Tutenchamuns besucht hatten. Unverzüglich erschienen in der ganzen Welt Zeitungsartikel mit Schlagzeilen wie „Die Rache des Pharao", „Neue Opfer des Fluches der Pharaone" usw. Die ganze Aufregung um den Fluch der Pharaone wurde von Inschriften provoziert, die man in den meisten Grabmälern fand. Im Vorraum eines der Grabmäler, zum Beispiel, stand geschrieben: „Der Geist des Toten wird jedem das Genick brechen, der es wagen sollte, dieses Grab zu schänden". Eine andere Inschrift lautete: „Das Krokodil im Wasser und die Schlange an Land werden sich auf jeden stürzen, der mein Grab schändet, obwohl ich ihm nie Böses zufügte. Gott bestrafe ihn!“ Auf diese Weise kam es zum Glauben an den **„Fluch der Pharaone“** (also nicht nur des Tutenchamuns).

In einigen Grabmälern fand man auch beschädigte Mumien, wahrscheinlich von Schatzsuchern. Das Fleddern war nämlich schon im alten Ägypten verbreitet. Es gab Leute, die auf diese Weise unverschämt reich wurden, aber auch andere, die dafür mit ihrem Leben bezahlten. Sicher wurden sie nicht vom „Fluch der Pharaone“ oder anderen Beschwörungen eingeholt, eher von sich loslösenden Steinen erschlagen. Heute ist allerdings schwer zur sagen, ob es sich dabei um Zufälle handelte oder ob von den alten Ägyptern raffiniert konstruierte Fallen angelegt wurden. Wie dem auch sei, jedenfalls hüteten sich die Schatzsucher aller Zeiten, das Grab Tutenchamuns zu betreten, obwohl sie seine Ortslage kannten. Als Carter und Carnarvon die erste Grabkammer entdeckten und betraten, fanden sie eine Vielzahl an goldenen, verstreut herumliegenden Gegenständen. Offensichtlich waren schon andere Leute vor den beiden Archäologen im Grabmal, ohne aber etwas zu entwenden! Was könnte sie wohl verscheucht haben?

Bald nach dem Tod Lord Carnarvons an einem „unbekannten Fieber“ starben auch die Ägyptologen Arthur Weigall und Archibald Reid. Letzterer war gerade dabei, eine Röntgenaufnahme von einer Mumie zu machen. Dann starb auch der amerikanische Ägyptologe Arthur C. Mace, der Carter half, die Mauer der Hauptkammer des Tutenchamun-Grabmals zu durchbrechen. Vor seinem Tod litt er an fortschreitendem Kräfteschwund. Anschließend kam es zu einer ganzen Reihe rätselhafter Todesfälle: J. Woolf, bekannter englischer Industrieller, starb an ungewöhnlich starkem Fieber, nachdem er das Grab Tutenchamuns besucht hatte, an Bord des Schiffes, mit dem er nach England zurückfuhr; die Witwe des Lords, Elisabeth Carnarvon, starb 1927 nach dem Stich eines giftigen Insektes an Anaphylaxie; im selben Jahr verschied auch Carters Sekretär, Richard Bethel; 1930 fand man an einem Morgen Lord Westburys plötzlich verstorbenen Sohn, obwohl er am Abend zuvor völlig gesund schlafen gegangen war; auch er hatte als Carters Sekretär an den Ausgrabungen im Grabmal Tutenchamuns teilgenommen; Aubrey Herbert, der Stiefbruder Lord Carnarvons wiederrum, verübte in depressivem geistigen Zustand Selbstmord.

Bekannt sind auch andere rätselhafte Todesfälle von Menschen, die mit den Grabmälern der Pharaone Ramses II. und

Ramses IV. in Kontakt gekommen waren. Der französische Ägyptologe und Professor an der Universität zu Straßburg, Professor Dümichen zum Beispiel, traf 1922 in Ägypten ein und arbeitete wochenlang, ohne die unterirdischen Räume zu verlassen. Nach einigen Monaten bemerkten seine Kollegen, daß er an psychischen Störungen zu leiden begann. Bald danach starb er in völliger geistiger Umnachtung.

Der seinerzeit bekannte amerikanische Ägyptologe, James Breasted, erlahmte während einer Expedition im Niltal. Er litt an ständigem Fieber, das ihn fast zwei Monate ans Krankenbett fesselte.

Im März 1971 begab sich der Archäologe Walter Emery (Leiter verschiedener Ausgrabungen seit 1935) auf die Suche nach dem Grab des „ersten Arztes in der Menschheitsgeschichte“ – Imhotep. Die Ausgrabungen wurden ungefähr 30 km südlich von Kairo vorgenommen. Eines Tages wurde ihm während der Arbeit plötzlich übel. Man brachte ihn ins Krankenhaus, wo die Ärzte eine völlige Lähmung der rechten Körperseite und den Verlust des Sprachvermögens feststellten. Emery starb am nächsten Tag. Aus diesem Anlaß schrieb eine in Kairo erscheinende Zeitung: „Dieser mysteriöse Fall deutet an, daß der Fluch der Pharaone erneut wirksam wird“. Darauf hin untersagte die ägyptische Regierung jede weitere Öffnung von Mumien.

Nur Carter überlebte alle an seiner Expedition teilgenommen Ägyptologen. Aber diese Tatsache allein hatte als Argument gegen den „Fluch der Pharaone“ keine Überzeugungskraft, weil ein anderer Fall erneut die Geister in Aufruhr brachte. Als der Schriftsteller Philipp Vandenberg an seinem Buch „Der Fluch der Pharaone“ arbeitete, fragte er im Juli 1972 den Direktor des Ägyptischen Museums in Kairo, Gamal Mehrez, ob er an den „Fluch“ glaube und bekam folgende Antwort: „Wenn man alle mysteriösen Todesfälle zusammenzählt, könnte man natürlich auf düstere Gedanken kommen. Ich aber glaube an solche Dinge nicht. Nehmen sie mich als Beispiel. Mein ganzes Leben beschäftige ich mich mit den Grabmälern der Pharaone und mit Mumien. Und trotzdem lebe ich noch. Das ist der beste Beweis, daß es sich nur um eine Anhäufung von Zufällen handeln kann“. Nur vier Wochen nach diesem Gespräch verstarb plötzlich der Museumsdirektor. Die Ärzte gaben eine Kreislaufstörung als Todesursache an. Dieser Fall lieferte den Zeitungen in den ganzen Welt eine neue Sensation, da man herausgefunden hatte, daß der Direktor einen Tag vor seinem Tod die goldene Maske Tutenchamuns betrachtet hatte.

Hatte sich der 1350 Jahre vor unserer Zeitrechnung gelebte Pharao ein neues Opfer geholt? Handelte es sich wieder um einen Zufall? Ist am „Fluch der Pharaone" doch etwas dran?

Wissenschaftler, Schriftsteller und Journalisten trennten sich in zwei Lager. Eine der beiden Gruppen glaubte noch immer an die Folgen des unerklärlichen „Fluches". Die anderen verhöhnten diesen dummen Aberglauben, den sie als Folge übereinstimmender Zufälle betrachteten. Es gab auch Leute, die der Meinung waren, daß die alten Ägypter ihre Mumien mit irgendeinem Gift präpariert haben, andere deuteten auf strahlende Stoffe im Umfeld der Pharaone hin. Keine der zahlreichen Hypothesen konnte überzeugend das tragische Schicksal der „Verwünschten" erklären, denn wer könnte schon die Frage beantworten, warum die Strahlung oder das Gift den Tod bei bestimmten Leuten verursachen kann, bei anderen aber nicht, zum Beispiel unter den Millionen Besuchern der Tutenchamun-Ausstellungen in Kairo, Paris, London ...

Nach der vorausgegangenen Aufzählung von ausreichend rätselhaften Todesfällen unter den Ägyptologen, sei nun den Medizinern das Wort für eine wissenschaftlich überzeugende Erklärung gegeben. Im November 1962 teilte Prof. Ezz-Ed-Din Taha von der Universität in Kairo im Zusammenhang mit den Todesfällen unter den Archäologen mit, daß er seit vielen Jahren den Gesundheitszustand der Arbeiter und Archäologen, die in den ägyptischen Grabmälern tätig waren, beobachtet habe. Dabei sei es ihm gelungen, einige Viren zu isolieren, die leichtere oder akute Formen von Entzündungen der Atemwege hervorgerufen haben. Insbesondere wichtig war der Fund von Sporen des winzigen Pilzes Aspergillus niger, der, wie bekannt, außergewöhnlich resistent und auch nach tausenden Jahren entwicklungsfähig ist. Deshalb glaubt Prof. Tach, daß einige der Ägyptologen wahrscheinlich an Aspergillose erkrankt seien – eine schwere Krankheit, die von den Schimmelpilzen der Gattung Aspergillus verursacht wird.

Einige Jahre später wurde dieselbe These von deutschen Wissenschaftlern aus Göppingen vertreten, wonach der Tod vieler Archäologen, die an der Öffnung und Erforschung der Grabmäler ägyptischer Pharaone beteiligt waren, tatsächlich auf diese Pilze als Krankheitserreger zurückzuführen ist. Der Glaube an ein Leben im Jenseits der alten Ägypter verlangte, daß den Toten verschiedene Gegenstände und auch Nahrungsmittel mitgegeben wurden. Die tödlichen Sporen überlebten in den Pyramiden über 3000 Jahre auch deshalb, weil sie an den mumifizierten Weizenkörnern einen „Nährboden“ fanden. Als nun die Archäologen die Gräber öffneten, wurden die Sporen zu neuem Leben „erweckt“ und drangen wahrscheinlich in den Organismus der ahnungslosen Wissenschaftler ein.

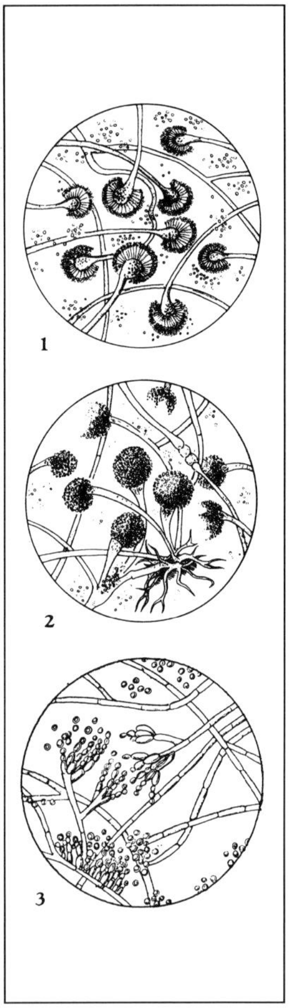

Abb. 56:
Niedere Pilze (mikroskopische Abbildung):
1. Aspergillus niger
2. Mucor mucedo
3. Penicillium glaucum

Die Vertreter der Schimmelpilze der Gattung Aspergillus gehören zu den Bauchpilzen. Die giftigsten Arten unter ihnen sind Aspergillus niger, Aspergillus flavus und Aspergillus fumigatus. Sie entwickeln sich meistens auf gewöhnlichen und konzentrierten Futtermitteln (Heu, Stroh, Weizen, Hafer, Gerste, Mais u. a.) während der Lagerung bei erhöhter Feuchtigkeit und Sauerstoffzufuhr. Ihre Entwicklung auf Fleisch oder Fleischwaren ist nicht auszuschließen. Die Aspergillusarten sind in der Natur weit verbreitet. In der Erde, auf Pflanzen, Nahrungsmitteln und in der Luft kommen sie vorwiegend als Coenidien vor und zersetzen aktiv organische Stoffe. Die Coenidienträger dieser Gattung bilden an der Spitze ein Köpfchen mit stielförmigen Auswüchsen (Sterigmen). An ihnen bilden sich ganze Coenidienketten mit verschiedener Färbung (schwarz, weiß, gelb, blau-grün usw.), entsprechend der Farbe, die ihre hauchdünnen oder kompakten Beläge bilden, die besonders klar an Mais- und Haferkörnern zu erkennen sind (z. B. Aspergillus flavus – gelb, Aspergillus niger – schwarz, Aspergillus glaucus – hellgrün usw.). Es ist für die verschiedenen Aspergillusarten charakteristisch, daß sie insbesondere bei Feuchtigkeit, Fäulnisprozessen und Temperaturen von 30°C bis 40°C stark toxische Stoffe (Aspergillustoxine) entwickeln.

Wenn Aspergillustoxine in den tierischen und menschlichen Organismus geraten (durch Nahrung, Einatmung von Sporen usw.), provozieren sie schwere Aspergillotoxikosen genannte Vergiftungen, die eine Verletzung der hämatogenen Organe, Zerstörung der Blutbestandteile, Krämpfe und Paralysen (Schädigung des Nervengewebes), Beschädigung des Verdauungstraktes, Entwicklung dystrophischer, degenerativer und nekrotischer Veränderungen des Parenchyms der Innenorgane herbeiführen (Leber, Lungen, Nieren, Milz, Eierstöcke u. a.). Entsprechend des angegriffenen Organs und des krankheitserregenden Merkmals der Aspergillustoxine werden sie häpatoxisch, nephrotoxisch, neurotoxisch, dermonekrotisch usw. genannt.

Die Aflatoxine – ihr Name wurde aus den ersten Buchstaben der sie produzierenden Schimmelpilzart gebildet, und zwar (A)spergillus (fla)vus plus toxin nach dem lateinischen Wort toxicum – sind die gefährlichsten Aspergillustoxine. Der Wissenschaft aber ist bekannt, daß viele andere Schimmelpilzarten ebenfalls Aflatoxine produzieren (z. B. von der Gattung Aspergillus, Penicillium, Bipollaris u. a.).

Das Interesse für diese gefährlichen Mykotoxinen (aus gr. mykes – Pilz, und toxikon – Gift) wuchs besonders stark im Jahr 1960, als in einer der größten und modernsten Geflügelfarmen Großbritanniens unerwartet über 200.000 Truthühner, Gänse und Fasane verendeten. Ähnliche Fälle wurden aus Kenia und Uganda mitgeteilt. Nach sorgfältiger Überprüfung stellte man fest, daß die Tiere mit aus Brasilien eingführtem Erdnußmehl vergiftet wurden. Aus diesem Mehl wurde die Pilzschimmelart Aspergillus flavus isoliert, deren starke Toxizität bei den toxischen Stoffwechselprozessen im Myzel entsteht, wobei Aflatoxine produziert werden. Nach der Analyse aller Toxikosen mit ähnlichem Erscheinungsbild erwies sich, daß solche Massenvergiftungen schon 1945 in den USA und Marokko beschrieben wurden, wobei tausende Mastschweine nach Fütterung mit Mais- und Erdnußmehl eingingen. Die Tiere entwickelten eine akute Atrophie der Leber mit Gelbsucht sowie tumorartige Leber-Hypertrophie. Beschrieben wurde auch eine massenhafte Erkrankung der Negerbevölkerung in den warmen und feuchten Gebieten Afrikas, die wegen Nahrungsmangel gezwungen waren, von Schimmelpilz befallene Lebensmittel zu verzehren (in Uganda, z. B. wurde festgestellt, daß 90 % der Aspergillusarten Aflatoxine produzieren).

Bald konnte bewiesen werden, daß die Aflatoxine nicht nur Vögel, bzw. Geflügel, sondern auch Säugetiere, einschließlich Affen und Menschen angreifen. Einmal in den Magen-Darm-Trakt eingedrungen, werden sie vom Blut aufgenommen und erreichen alle Körperteile, siedeln sich aber bevorzugt in der Leber an, wo sie als typisches Lebergift zu wirken beginnen. Entsprechend ihrer Menge verursachen sie akute Krankheitszustände (mit rasch eintretendem Tod) chronischen Charakters (mit Lebertumor und Metastasen in der Lunge).

Vielleicht ist es durch die Identifizierung der Aflatoxine der Wissenschaft gelungen, das Geheimnis des „Fluchs der Pharaone“ zu lüften. Die Heilung der mit Aflatoxinen vergifteten Menschen und Tieren ist trotz der großen Fortschritte der Medizin äußerst schwierig, da sie außergewöhnlich resistent sind (hohe Temperaturen zerstören sie nur allmählich) und nur von einigen Mikroorganismen teilweise zerstört werden. Aus diesem Grund sollte man mit Aflatoxinen verseuchte Nahrungsmittel vernichten. Es ist bewiesen, daß an Afla- und anderen Aspergillustoxikosen erkrankte Tiere für den Menschen gefährlich sind, da sie mit der Milch ausgeschieden werden, die weder im unverarbeiteten noch im verarbeiteten Zustand verwendet werden darf.

Es bestehen keinerlei Zweifel, daß Afla- und Aspergillustoxine und die von ihnen verursachten Krankheiten ein ernst zu nehmendes gesundheitliches und biologisches Problem für Menschen und Haustiere darstellen.

Eine andere besonders gefährliche Nahrungsmittelvergiftung findet im schon während des Altertums bekannten **„Veitstanz“** Ausdruck. Anno 922 starben an dieser Mykotoxikose, heute als Ergotismus (frz. ergot – Mutterkorn) bekannt, ungefähr 40.000 Menschen in Spanien, Frankreich und der Schweiz.

Erhalten ist eine interessante Schilderung eines Vorfalls, den der Fleischer Heini Murer aus Zürich 1418 in einer Kirche beobachtet hatte: „Die unglücklichen Frauen tanzten wie besessen, dann kam unser Waffenschmied Hans und sagte, wir sollten mehr Platz machen, weil die Frauen mehr Luft brauchen, dann vertrieb er die Neugierigen aus der Kirche.“ In Anbetracht dieser Schilderung ist nur eine Schlußfolgerung möglich: Die Frauen in Zürich wie auch anderorts in Europa während des 15. Jahrhunderts tanzten keineswegs aus Freude oder religiöser Ekstase. Sie hatten starke Schmerzen und litten an Atemnot, d.h. sie waren vom Veitstanz befallen. Der Name dieser Krankheit ist mit einem Vorfall in einem Kloster in Schaffhausen verbunden. Am 23. Juli 1442 hatte sich dort ein Mönch „adeligen Geschlechts“ zu Tode getanzt. Kurz vor diesem Vorfall wurde der heilige Veit gefeiert, der im Mittelalter als Beschützer der Leidenden verehrt wurde. Nach dem Vorfall im Kloster verehrte man ihn auch als Beschützer aller Menschen, die von diesen eigenartigen Konvulsionen heimgesucht wurden. Am 15. Juli 1452 kam es in Zürich wegen der unglücklichen „Tänzer“ sogar zu einer Gerichtsverhandlung. Ein Kranker hatte den Waffenschmied Hans gebeten, ihm Hilfe zu leisten. Hans umarmte den Kranken und führte mit ihm einen stürmischen Tanz vor. Die Bewegungen der beiden Tänzer waren derart komisch, daß vier Arbeiter in schallendes

Gelächter ausbrachen. Darauf hin verklagte sie Hans und sie wurden zu einigen Stockhieben verurteilt. Die „komischen Bewegungen“ sind mit der Tatsache zu erklären, daß es den Erkrankten äußerst schwer fällt, ihre Extremitäten zu kontrollieren und das Gleichgewicht zu halten.

Die Menschheit litt im Mittelalter an vielen Krankheiten, gegen die die Ärzte machtlos waren. Eine dieser Krankheiten war der Veitstanz. Er war wie eine Epidemie in ganz Europa (nördlich der Alpen) verbreitet. Seit dem Mittelalter wurde in Europa vorwiegend Brot aus Roggenmehl gebacken. Und da im Mittelalter das Roggenbrot wichtigstes Nahrungsmittel der armen Bevölkerungsschichten war (die wohlhabenden aßen Brot aus feinem Weizenmehl), grassierte diese Krankheit nur unter ihnen.

Abb. 57: Kupfergravüre von Hendrik Hondius (nach einer Zeichnung von Pieter Breughel) – von Veitstanz erkrankte Frauen.

Anno 1717 äußerste der Schweizer Arzt Karl Niklaus Lang die Vermutung, daß zwischen dem Mutterkornpilz in der Roggenähre und den Qualen der Opfer des Veitstanzes eine Verbindung bestehen muß. Im Jahr 1879 wurden über 100 Krankheitsfälle registriert: 70 in Frankreich, 37 in Deutschland und weitere in den anderen europäischen Ländern. Die vom Ergotismus verursachten Muskelkonvulsionen sind äußerst schmerzhaft. Die Kranken versuchen durch Sprünge ihre Muskeln zu entkrampfen und auf diese Weise eine Linderung ihrer Qualen zu erzielen. Krankheitserreger ist der Mutterkornpilz Claviceps purpurea, dessen Sklerotien in die Körner des Brotgetreides eindringen. Es ist bekannt, daß die kleineren Sklerotien bei weitem giftiger als die größeren sind. Deshalb sind Vergiftungen mit kleineren Mutterkornpilzen an wild wachsenden Getreidepflanzen und Süßgräsern gefährlicher als solche an Brotgetreide. Frische Mutterkornpilze enthalten die giftigen Alkaloide Ergotoxin und Ergotamin, die nach Lagerung von ungefähr einem Jahr allmählich viel von ihrer Toxizität verlieren.

Beim Menschen verursacht die Vergiftung mit dem Mutterkornpilz Claviceps purpurea andauernde Krämpfe in den Händen und Beinen (der ganzen oder nur der Fußsohlen).

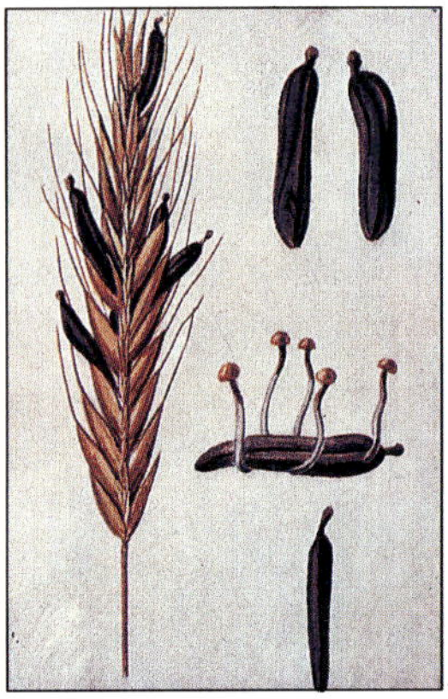

Abb. 58:
Mutterkorn
(Claviceps purpurea)

Der Kranke leidet an allgemeiner Schwäche. Außerdem kommt es zu Speichelfluß und Schaumbildung, Brechreiz und Erbrechen, Magenschmerzen und Durchfall. Manchmal treten auch epileptische Anfälle und psychische Störungen auf. Bei mittelstarker Vergiftung dauert der Krankheitszustand mehrere Monate, bei starker Vergiftung sterben die Leidtragenden in den ersten zwei Tagen. Haustiere erkranken und sterben oft an Ergotismus.

Eine der gefährlichsten Nahrungsmittelvergiftungen für den Menschen wird vom sogenannten **„Rauschbrot“** hervorgerufen. Heute wird sie von Medizinern Fusariotoxikose genannt (nach dem toxischen Pilz Fusarium graminearum). Diese Vergiftung tritt nach Komsumierung, sogar in geringen Mengen von Brot aus Getreide auf, das von diesem Pilz befallen ist, der ein zu den Glykosiden gehörendes Toxin (Searalenon) produziert. Der Fusarium-graminearum-Pilz entwickelt sich in feuchten Jahren an Weizen, Roggen, Hafer, Gerste und Mais. Die während der Vegetation befallenen Körner verlieren ihren Glanz, sind dunkler, leichter, porös und manchmal von hellrosa bis gelb-braun gefärbt. An der befallenen Ähre beobachtet man rosafarbene Beläge, die eine Anhäufung von Coenidien darstellen. Nach einigen Tagen entwickeln sich auf den Ähren dunkle Anhäufungen aus Perithezien (Fruchtkörper einiger Pilzarten). Gewöhnlich sind die meisten Körner der befallenen Ähre giftig, obwohl sie sich äußerlich von den gesunden kaum unterscheiden. Das Myzel klebt an den Blättern und Halmen des befallenen Getreides und bleibt bis 3 Jahre entwicklungsfähig. Es ist gegen Frost widerstandsfähig, wird aber von höheren Temperaturen leicht vernichtet.

Vergiftungssymptome sind Kopfschmerzen, Schwindelgefühl, allgemeine Schwäche und Störung des Verdauungssystems. Nach Eintritt des Fusariotoxins in den Magen-Darm-Trakt und von dort in das Blut machen sich bald Störungen des Zentralnervensystems bemerkbar. Sie finden Ausdruck in erschwerter Bewegung, Schlaffheit der Muskulatur, nachlassender Schmerzempfindlichkeit sowie Beeinflussung des psychischen Zustandes und des Benehmens des Erkrankten.

Die Fusariotoxikose war bereits Ende des vergangenen Jahrhunderts im Fernen Osten, und seit Anfang unseres Jahrhunderts auch in Deutschland, USA, Frankreich, Italien, Schweden, Finnland und anderen Ländern bekannt.

Charakteristisch für diese Krankheit ist, daß sie auch bei Haustieren auftritt (Pferde, Schweine, Hunde), Rind ist aber bedeutend weniger anfällig.

Heute kommt es sehr selten zu dieser Vergiftung, da auch beim Saatgut regelmäßig phytopatologische Analysen vorgenommen werden.

Vergiftungen bei Menschen und Tieren können sogar die populären Schimmelpilze der Gattung **Penicillium** hervorrufen, die in der Natur weit verbreitet sind. Die Coenidienträger dieser Schimmelpilzarten bilden becherförmige Verzweigungen, auf denen sich ganze Coenidienketten entwickeln. Der Coenidien-Apparat ähnelt einer Hand mit gespreizten Fingern. Die verschiedenen Arten der Gattung Penicillium entwickeln sich oft auf Nahrungsmitteln und machen sie ungenießbar. Auf Fleisch, insbesondere an trockenen Stellen, findet man meistens Penicillium glaucum; auf Äpfeln, Pflaumen u.a. Penicillium patulum, das in den 40er Jahren entdeckt wurde und aus dem man ursprünglich das bekannte Penicillin gewann. Bald jedoch mußte man feststellen, daß es Nebenwirkungen hervorruft (Juckreiz, Erbrechen, Schädigung der Leber, Nieren u.a.). Aus diesem Grund untersagte man seine Herstellung, da man herausgefunden hatte, daß dieser Schimmelpilz ein gefähliches Mykotoxin – Patulin, produziert. Bei Laborversuchen wurde bewiesen, das Ratten bei Verabreichung geringer Dosen Krebs entwickeln. Ob das Patulin auch bei Menschen kanzerogen wirkt, ist vorläufig nicht bewiesen. Auf Empfehlung der Weltgesundheitsorganisation beträgt der zulässige Patulin-Gehalt pro kg Körpergewicht 50 Mikrogramm. Die Gesundheitsorgane empfehlen keine Konsumierung von Äpfeln mit vorhandenen Fäulnisprozessen; angefaultes von gesundem Obst zu entfernen; Obst in kühlen und dunklen Räumen zu lagern; bereits geöffnete Flaschen mit Fruchtsäften nur kurzfristig (sogar im Kühlschrank) aufzubewahren und angeschimmelte Fruchtsäfte zu beseitigen. Während bei Äpfeln die Entfernung angefaulter Teile den Patulin-Gehalt bis zu 1% senken können, sollten angefaulte Pflaumen, Weintrauben und Tomaten weder konsumiert noch verarbeitet werden, da sogar bei Kochzeiten von über 1 Stunde das Patulin nicht zerstört wird. Bei der Herstellung von Spirituosen jedoch wird das Patulin während der Fermentation völlig zerstört. Ob aber die bei der Zerstörung gewonnen Produkte giftig sind oder nicht, ist nicht bewiesen.

Abb. 59:
Entwicklung des Pilzes Penicillium patulum auf einem Apfel.

Die Schimmelpilze der Familie Mucoraceae gehören zur Klasse der algenähnlichen Pilze – Phycomycetes. Sie bilden ein stark verzweigtes Myzel mit vertikalen Auswüchsen, die sich über die Oberfläche des jeweiligen Nahrungsmittels erheben. Das Sporangium stellt eine kugelige Verdickung der Myzelspitzen dar. Die Pilze dieser Familie führen zu Vergiftungen bei Tieren, wenn sie mit feucht und dunkel gelagerten Furagen gefüttert werden oder wenn ihre Sporen in den Organismus der Tiere geraten. Bekanntere toxische Pilzarten an Futterpflanzen sind Mucor racemosus und Mucor stolonifer, und auf Fleisch Mucor mucedo. Letztere entwicklen sich gewöhnlich auf Fleisch und Fleischwaren und bilden unterschiedliche, meistens dunkle Flecken. Nach ihrer Entfernung ist das Fleisch genießbar. Falls aber Schimmelpilze tief eingedrungen sind, wird das Fleisch entweder vernichtet oder entsprechenden Betrieben zur andersartigen Verwendung zugestellt.

Die Stachybotrys-Toxikosen gehören zu den schweren Vergiftungen bei landwirtschaftlichen Nutztieren. Sie werden bei Fütterung mit vom Schimmelpilz Stachybotrys alternans befallenen Furagen hervorgerufen.

Um den werten Leser nicht in Panik zu versetzen, sei darauf hingewiesen, daß in der Natur tausende Schimmelpilze vorkommen, und daß die meisten von ihnen harmlos sind. Aus anderen aber, zum Beispiel der Gattung Penicillium (Penicillium notatum und Penicillium chrysogenum) wird das bekannte Penicillin gewonnen, das schon Millionen kranken Menschen und Tieren das Leben gerettet hat. Man sollte zugleich nicht vergessen, daß der Wissenschaft über 100 Schimmelpilzarten bekannt sind, die Mykotoxine produzieren und Mensch und Tier gefährlich werden können. Gegen diese Gefahr sind die Bemühungen von tausenden Human- und Veterinärmedizinern gerichtet.

9. Das Reich der Tiere
(Animalia, Zoobiota)

9.1. Gifttiere – lebende toxikologische Laboratorien

Als anno 1492 die Schiffsmannschaften des Christoph Kolumbus den bis dahin unbekannten Kontinent betraten und in die von den Indianern seit Jahrhunderten bevölkerten Ländereien vordrangen, hagelten auf sie todbringende giftige Pfeile und Wurfspeere nieder. Die getroffenen Europäer starben bald darauf unter schrecklichen Qualen.

Später bekamen es die europäischen Eindringlinge zum zweiten Mal mit dem unbekannten Gift zu tun, mit dem die Indianer ihre Pfeil- und Speerspitzen bestrichen, als sie dazu übergingen, deren Ländereien an sich zu reißen. Diese primitiven Waffen waren nicht minder gefährlich als die feuerspeienden Vorderlader. Für die wilden Indianerstämme, die seit Jahrhunderten diese starken Gifte kannten, waren sie die einzige Möglichkeit, die Invasion der Bleichgesichter aufzuhalten. Viel später wurde bekannt, daß die Indianer schon in fernster Vergangenheit, bevor sie auf die Jagd gingen oder in den Krieg zogen, ihre Pfeil- und Speerspitzen mit einigen Giftarten präparierten, die ihnen von der Natur in fertigem Zustand geliefert wurden. Es handelte sich um Gifte tierischer Herkunft, die sie direkt von den Zähnen äußerst gefährlicher Giftschlangen, von den Giftdrüsen der Skorpione und vom Hautsekret einiger Frosch- und Salamanderarten gewannen.

Auf Grund unserer heutigen Kenntnisse dürfen wir eine Reihe von Vertretern der Tierwelt mit Recht als „lebende chemische Laboratorien für Gifte“ bezeichnen, da sie sich auf die Herstellung von mehr oder weniger toxischer Gifte spezialisiert haben.

9.2. Entstehung und biologische Bedeutung der Gifte in der Tierwelt

Die Wissenschaftler sind der Meinung, daß die von einigen Tierarten hergestellten Gifte ursprünglich als Abwehrmittel dienten. Im Laufe ihrer Jahrtausende andauernden Evolution und ihres kompromißlosen Existenzkampfes konnten nur jene von ihnen überleben, die über die wirksamsten Abwehrmittel verfügten. Gift ausscheidende Tiere wurden als Beute vermieden, und dank dessen blieb auch ihre Art erhalten. Später verwendeten einige Tierarten diese wirksamen Abwehrmittel auch zum Angriff, wobei die entsprechenden Organe zu ihrer Herstellung und Speicherung immer vollkommener wurden. Es kam zur Entwicklung der Giftdrüsen. Gleichzeitig entwickelten sich auch die Mechanismen für das Ausstoßen der Giftstoffe und ihr Eindringen in andere Organismen – dünne, schlauchartige Fäden, Dorne, Zähne etc. Parallel dazu kam es ebenfalls zur Vervollkommnung der biochemischen Prozesse ihrer Synthese. In den abwechslungsreichen tierischen Giftsekreten werden toxische Bestandteile unterschiedlicher chemischer Beschaffenheit entdeckt. Meistens handelt es sich um hochmolekulare Eiweißkörper, manchmal aber auch um niedermolekulare toxische Verbindungen, die bei Reizwirkung in das Umfeld ausgstoßen werden. Ihre Toxizität ist auf einen oder auch einige Bestandteile zurückzuführen, und die restlichen dienen zur Erhaltung ihrer Aktivität und ermöglichen ein leichteres Eindringen in den Organismus des angegriffenen Objektes. Viele Wissenschaftler vertreten die Meinung, daß die Entstehung der Giftstoffe der Tiere im Laufe ihrer Evolution bei der Formierung des Stoffwechsels – eine der wichtigsten Eigenschaften des organischen Lebens – eingeleitet wurde. Es ist bekannt, daß beim Zell- und Gewebestoffwechsel eine Reihe Endprodukte entstehen. Einige von ihnen wie Ammoniak, Schwefelwasserstoff, Wasserstoffperoxyd, Alkohole, Säuren, Kohlenwasserstoffe u. a. üben auf die Zellen eine äußerst toxische Wirkung aus. Die Anhäufung größerer Mengen dieser toxischen Stoffe im Organismus führt zur Störung der in ihm verlaufenden biochemischen Prozesse und damit zur Veränderung der physiologischen Funktionen seiner Zellen und Gewebe. Während der Evolution entstanden allmählich Mechanismen für die Ausscheidung oder Entgiftung der Schadstoffe. Die angehäuften Schadstoffe wurden zusätzlichen biochemischen Umwandlungen unterzogen, wobei sich die Toxizität veränderte und wahrscheinlich verstärkte.

Heute trifft man Giftstoffe als Abwehr- oder Angriffsmittel in vollkommenster Form bei verschiedenen Arten in der Systematik der Tierwelt.

9.3. **Gibt es giftige Hohltiere?**

Unter den Hohltieren (Coelenterata) findet man giftige Vertreter vor allem bei Polypen und Medusen, die in verschiedenen Wasserbecken, in allen Meeren und Ozeanen verbreitet sind.

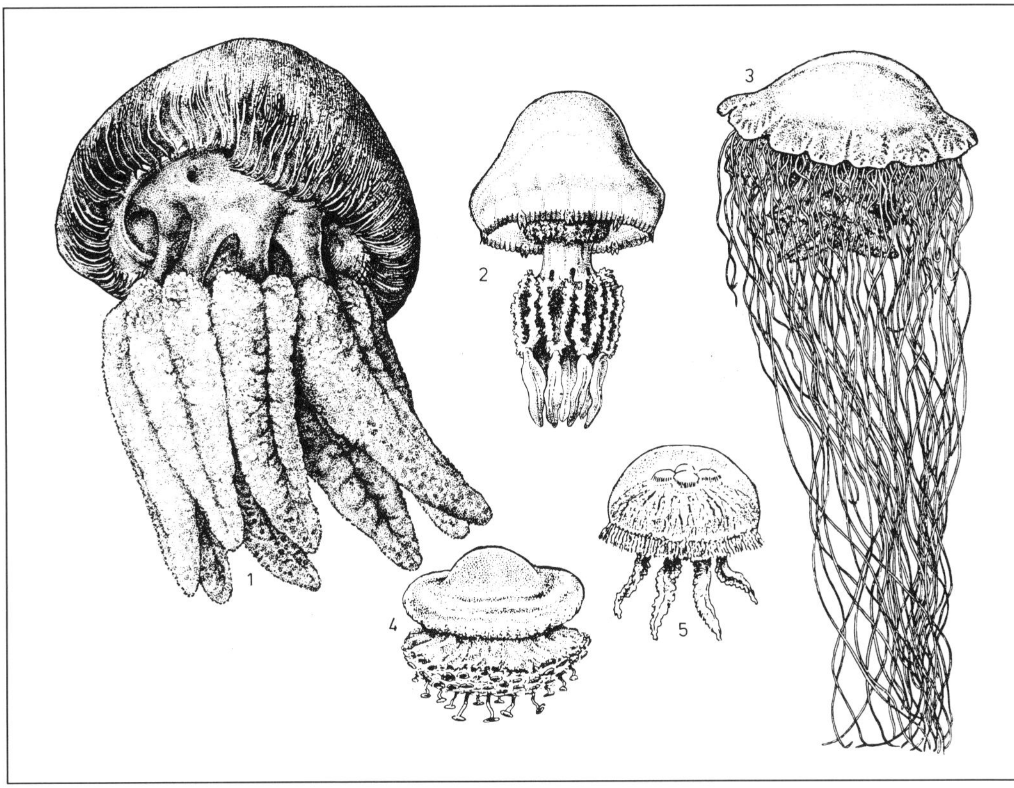

Abb. 60:
Verschiedene Arten giftiger Medusen:
1. Catostylus mosaicus
2. Rhizostoma pulmo
3. Cyanea capillata
4. Cotylorhiza tuberculata
5. Aurelia aurita

Die Polypen (Gattung Hydra, Chlorohydra, Protohydra und Pelmatohydra) haben ektodermale Zellen, die ihren Körper bedecken, und unter ihnen eine Vielzahl Kuidozile an Nesselzellen mit brennender Wirkung. Wenn eine Nesselzelle gereizt wird, schnellt sie einen hochempfindlichen, spiralartig in der Nesselkapsel der Zelle eingerollten Faden ab, der das Opfer durchbohrt – Wasserfloh, kleiner Fisch, Krebs. Durch den schlauchartigen Nesselfaden dringt Gift mit lähmender Wirkung in den Körper des Opfers ein.

Viele Medusenarten der Klasse Schirmquallen (Scyphozoa) sind mit vollkommenen Abwehr- und Angriffsmitteln ausgestattet. Eine Reihe ihrer Vertreter lenken dank ihrer Schön-

Abb. 61:
Die giftige Meduse
Pelagia noctiluca

Abb. 62:
Meerwespe
(Chironex fleceri) –
die giftigste aller Medusen

heit das Augenmerk auf sich. Sie sehen wie zarte, durchsichtige Blumen aus, aber nur zu oft ist diese Schönheit heimtükkisch, weil unter ihnen auch äußerst giftige Arten vorkommen *(Abb. 63)*. Die Medusen haben mikroskopische bis gigantische Ausmaße. Zu den größten gehört die giftige gemeine Haarqualle (Cyanea capillata), die im Norden bis zur Arktis verbreitet ist. Ihr Schirm hat einen Durchmesser von über 2 m, und ihre Fangfäden können eine Länge von 30 m erreichen. Alle Medusen sind mit sich ähnelnden Ausstoßmechanismen – Nesselknöpfen und -batterien – ausgestattet, und alle sind in unterschiedlichem Maße giftig. Einige von ihnen verursachen leichten Brennreiz, andere stechenden Schmerz, dritte aber können den Tod herbeiführen. Die Waffe der Medusen ist in ihren Fangarmen konzentriert, die frei unter dem gallertartigem Schirm hängen. In der Außenschicht dieser Fangarme sind hochspezialisierte Nesselzellen – Knidoblasten – vorhanden, die Nesselfäden enthalten. Bei Berührung mit Fremdkörpern „schießt" die Meduse tausende Nesselfäden – Nematozysten (schlauchartiges dünnes Organ) – ab, die in das zufällig berührte Meerestier oder in den Menschenkörper eindringen.

Prinzipiell ist die Mehrzahl der Medusenarten nicht überaus gefährlich für den Menschen, ausgenommen Vertreter der Gattung Chironex, Chiroplasmus und Corybdea, die zu den wohl giftigsten überhaupt gehören. Jede Begegnung mit ihnen führt zu folgenschweren Verletzungen, einschließlich mit tödlichem Ausgang. So ist, zum Beispiel, in den warmen Küstengewässern Australiens, Indonesiens, der Philippinen und Bahamas die Art Chironex fleceri (Meerwespe) verbreitet, die als giftigste und für den Menschen gefährlichste Meduse gilt. Sie hat die Größe eines Menschenschädels, unter dem aber 40–50, bei einigen Exemplaren bis 6 m lange Fangfäden hängen. An jedem Fangfaden befinden sich zehntausende Nesselzellen, die spiralartige Nesselfäden enthalten. Bei der leichtesten Berührung des Opfers werden diese blitzschnell in seinen Körper „abgeschossen". Aus den Nesselfäden tritt das tödliche Gift aus, das gewöhnlich schon nach einigen Minuten den Tod kleinerer Meerestiere verursacht. Das herzlähmende Gift dieser Meduse verursachte 1980 in den Küstengewässern von Queensland den Tod von 66 Badegästen.

Zu den gefährlichsten und eigenartigsten Hohltieren der Unterklasse Röhrenquallen (Siphonophora) gehört die grauenerregende Meduse Portugiesische Galeere (Physalia physalis). Eigentlich gehört sie nicht zu den echten Medusen, sondern stellt eine frei schwimmende Kolonie aus spezialisierten hydroiden-ähnlichen Individuen dar. Es handelt sich um außergewöhnlich schöne Meeresbewohner, die sich mit Hilfe ihrer „Segeln" – auf dem Wasser liegenden Gasblasen, in Windrichtungen vorwärtsbewegen. Die Gasblasen sind blau, violett und purpurrot gefärbt. Die Begegnung mit dieser Meduse, d.h. die Berührung ihrer Fangfäden, ist für den Menschen gemeingefährlich. Sie sind mit tausenden Nesselbatterien ausgerüstet, die eines der stärksten und rasch wirkenden Gifte enthalten, das unerträgliche Schmerzen, Schwellung, Lähmung des berührten Körperteils, Blaufärbung der Haut, stechende Magenschmerzen, Erstickungsanfälle, Bewußtlosigkeit und viele Todesfälle verursacht. Der amerikanische Naturforscher Roger Caras führte in seinem Buch „Für den Menschen gefährlich" ausreichend Beweise für solche Fälle an. Seiner Ansicht nach haben die Gifte der Hohltiere eine starke neurotoxische Wirkung mit sich klar abzeichnenden lokalen Symptomen, die bleibende Narben hinterlassen, einige Systeme des Organismus gefährlich verletzen und sogar den Tod herbeiführen. In einigen Ländern (USA, Kuba u.a.) werden die Strandbäder beim massenhaften Auftauchen von Medusen der Art Portugiesische Galeere geschlossen.

Abb. 63:
Die stark giftigen Medusen Portugiesische Galeere (Physalia physalis) – oben, und die Kompaßqualle (Chrysaora hyoscella) – unten.

Zum Glück ist an der europäischen Küste eine für den Menschen ungefährliche Meduse, die sogenannte Ohrenqualle (Aurelia aurita) verbreitet, die in fast allen gemäßigten und tropischen Meeren vorkommt. Die Berührung größerer Exemplare dieser Art beim Schwimmen verursacht leichten Brenn- und Juckreiz, wie etwa bei Brennesseln. In denselben Meeren kommt noch eine Medusenart – die Lungenqualle (Phizostoma pulmo) vor. Der Kontakt mit ihr führt zu relativ starkem Brennreiz. Badegäste, die mit offenen Augen schwimmen, können bei Berührung mit der Ohrenqualle ernsthafte Augenverletzungen davontragen. Sie zeichnet sich durch ihren fast durchsichtigen, weißlichen Schirm mit blauen oder leuchtend violetten Rändern und von der Größe eines Fußballes aus.

Bis unlängst war man der Meinung, daß Medusen nicht verwertbar seien, da ihr Körper aus fast 99 % Wasser besteht. Japanische Pharmakologen jedoch haben Medusen aus dem Stillen Ozean getrocknet und durch Auspressen einen Extrakt gewonnen, in dem sie einen ganzen Komplex von Mikroelementen, Vitaminen (insbesondere der B-Gruppe) und unersetzliche Aminosäuren feststellten. Ihren Angaben nach wirkt sich das gewonnene Präparat positiv auf das Nervensystem aus. Japanische Ärzte verschreiben es Leuten, die sich über den Großstadtlärm beklagen. In Arzneimittelfabriken ist die Produktion von Vitamin B-Komplex aus getrockneten Medusen angelaufen.

In einigen Medusenarten wurden große Mengen Prostaglandine gefunden. Diese sind aktive Hormone und stimulieren die Tätigkeit der glatten Muskulatur, senken den Blutdruck und können als Tranquilizer für das zentrale Nervensystem verwendet werden. Unlängst hat der amerikanische Wissenschaftler Charles Lyn die Struktur der stark giftigen Physalia-Meduse dechiffriert und das Antiphysalserum entdeckt. Gleichzeitig gewann er auf der Basis dieses Toxins einige Arzneipräparate. Aus dem Gift der Palythoa ribacorium (ebenfalls von der Gattung der Hohltiere) wurde Palythotoxin gewonnen, das eine gefäßverengende Wirkung besitzt und bei der Behandlung einiger Herzkrankheiten Anwendung findet, da es Spasmen der Koronargefäße provoziert.

9.4. Gibt es giftige Weichtiere?

Unter den Klassen des Typs Weichtiere (Mollusca) sind nur in den Klassen Kopffüßer (Cephalopoda) und Schnecken (Gastropoda) Gifttiere vertreten. Es handelt sich um eine Krakenart, die beim Fang von Fischen und Krebsen stark wirkendes Gift einsetzt. Beim Biß mit dem für Kopffüßer typischen „Papageienschnabel" (Kieferapparat) wird giftiges Sekret ausgeschieden, das in die zugefügte Wunde eintritt. Gefährlich für den Menschen sind einige kleine Krakenarten, die an der Küste des Indischen Ozeans verbreitet sind und den örtlichen Fischern mehr Angst einjagen als die Haie. Falls Tiere dieser Arten in die Fangnetze geraten sind, werden sie unverzüglich beseitigt. Es handelt sich um die kleinen Krakenarten Octopus maculosa und Octopus lunulata. Beide sind in den Küstengewässern Australiens, Neuguineas, Indonesiens und der Philippinen verbreitet. Sie werden 15–20 cm lang (Körper mit Fangarmen) und wiegen nur 40–50 g. Roger Caras schildert in seinem Buch „Für den Menschen gefährlich" folgenden Fall: „Zwei australische Unterwassersportler fingen 1954 in den Gewässern der Küstenstadt Darwin, Nordaustralien, eine giftige Krake, Octopus

Abb. 64:
Die Kleinkrake
Hapalochlaena maculosa

maculosa. Beide spielten mit dem Tierchen, das an ihren Armen herumkroch, schließlich den Rücken des einen Tauchers erreichte und dort zubiß. Nach einigen Minuten spürte der Gebissene, wie ihm die Mundhöhle trocken wurde, dann bekam er Schwierigkeiten beim Schlucken. Bald danach mußte er sich erbrechen, verlor die normale Koordination der Bewegungen, begann an Atemnot zu leiden und verlor schließlich seine Artikulationsfähigkeit. Im Krankenhaus lief sein Gesicht blau an, sein Puls war kaum zu vernehmen und die Anfangsphase der Erstickung trat ein. Er wurde sofort künstlich beatmet, starb aber eine Viertelstunde nach der Aufnahme im Krankenhaus, also weniger als zwei Stunden nach dem Biß".

In letzter Zeit sind Mitteilungen über einen weiteren Vertreter der Kopffüßer des Typs Weichtiere, die Muskus-Krake Ozeana moschata, vorhanden.

Unter der Klasse der Gastropoda oder unter der Familie der Schnecken (Conidae), genauer, in der Gattung der Conus geographus, Conus striatus und Conus textilis sind Gifttiere vertreten. Diese Typen erreichen eine Länge von 70 mm und bewohnen die warmen Küstengewässer Australiens, des Irans, Indiens sowie – einige Typen – das Mittelmeer (z. B. Conus mediterraneus). Diese Schnecken besitzen gut entwickelte Giftdrüsen, die eine Giftmischung aus mehr als 50, bislang noch nicht ausreichend erforschten Toxinen erzeugen. Die Ausgangskanäle der Drüsen enden in der Grundfläche eines Rüssels, der aus der Schneckenschale ragt. Die Oberfläche des Rüssels ist einer Reibe (Radula) ähnlich und ist aus vielen, sehr spitzen, leicht eingeknickten Stacheln aufgebaut. Beim Anfassen einer solchen Schnecke reißt diese Reibe durch eine schnelle Bewegung des Rüssels die Haut des Opfers auf und ergießt Gift in die entstandene Wunde. Nachdem das Gift in die Wunde eingedrungen ist, spürt man zunächst einen heftigen Schmerz; Fingerstarre und Entzündung der Wundoberfläche folgen. Später treten Atemnot, Herzklopfen und Bewußtlosigkeit auf. Lähmungserscheinungen in den Armen sind nicht ausgeschlossen. Nach dem bekannten russischen Wissenschaftler Talysin sind auch Todesfälle bekannt, da bislang noch kein Gegengift (Impfstoff oder Serum) bekannt ist. In medizinischen Kreisen wird lediglich die Behandlung der beschrie-benen Symptome empfohlen. Zoologische Spezialisten gehen davon aus, daß der gifterzeugende Apparat in erster Linie für das Töten der Beute bestimmt ist, daneben auch der Selbst-verteidigung der Schnecken dient.

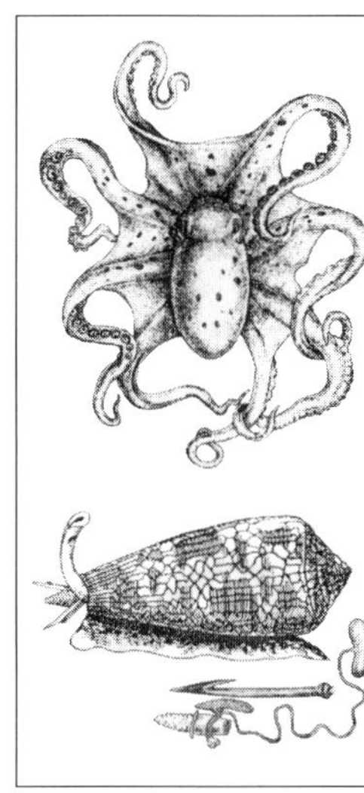

Abb. 65:
Die Muskus-Krake
Ozeana moschata

9.5. Sind giftige Spinnen und Skorpione gefährlich?

In der Klasse der Spinnentiere (Arachnida) sind zahlreiche giftige Vertreter, insbesondere in den Ordnungen Spinnen (Aranei) und Skorpione (Scorpiones) vorhanden.

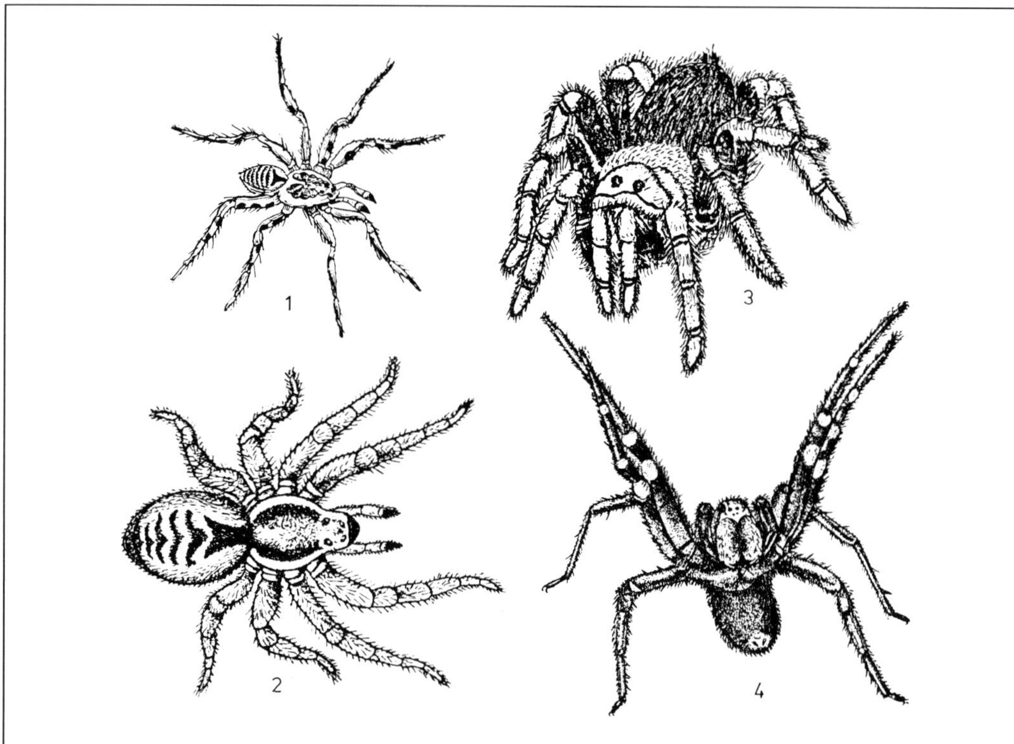

Abb. 66:
Giftige Spinnen:
1. Apulische Tarantel (Lycosa tarantula);
2. Große Tarantel (Lycosa praegrandis);
3. Vogelspinne der Gattung Theraphosa;
4. Brasilianische Wanderspinne (Phoneuteria fera) – Drohgebärde.

Prinzipiell sind alle Arten mehr oder weniger giftige Räuber und größtenteils auf den Fang verschiedener Insekten spezialisiert. Einige von ihnen greifen sogar kleine Vögel an. Die Spinnen attackieren ihre Opfer auf unterschiedliche Weise. Sie erkennen fehlerlos die sich in ihren Netzen verfangenen Insekten – Fliegen, Motten, Bienen, Wespen, Käfer, Heuschrecken etc. Falls das gefangene Insekt keine „Giftwaffe" besitzt (Motten z. B.), wird es zuerst von der Spinne gebissen, vergiftet und dann umsponnen. Ist jedoch das gefangene Insekt mit einem Giftapparat ausgestattet (Wespe z. B.), nähert sich ihm die Spinne äußerst behutsam, webt es sorgfältig ein und beißt erst dann zu, wenn sich das Beutetier nicht mehr bewegen kann und paralysiert es mit ihrem Gift.

Das Gift wird von Giftdrüsen in Spitzennähe der Kieferfühler (Chelizeren) produziert und tritt durch winzige Kanäle aus. Die Spinne vergiftet ihr Opfer eigentlich durch einen Stich mit den Kieferfühlern und nicht durch einen Biß, wie man es zu nennen pflegt, da sie mit keinem Kau-, sondern mit einem Saugapparat ausgestattet ist.

Bisher wurden über 30.000 verschiedene Spinnenarten klassifiziert. Man vermutet, daß noch viermal so viele Arten unklassifiziert geblieben sind. Gottlob können uns Menschen nur einige Dutzend Spinnenarten gefährlich werden *(Abb. 67)*. Zu den giftigsten und gefährlichsten gehören die Spinnen der Gattung Latrodectus. Sie sind in verschiedenen Teilen unserer Welt vertreten: Nord-, Mittel- und Südamerika, auf den Bahama-, Antillen- und Hawaii Inseln; in Australien, Neuseeland, Neukaledonien, Südafrika, Mittelasien und Südeuropa (einschließlich auf der Balkanhalbinsel).

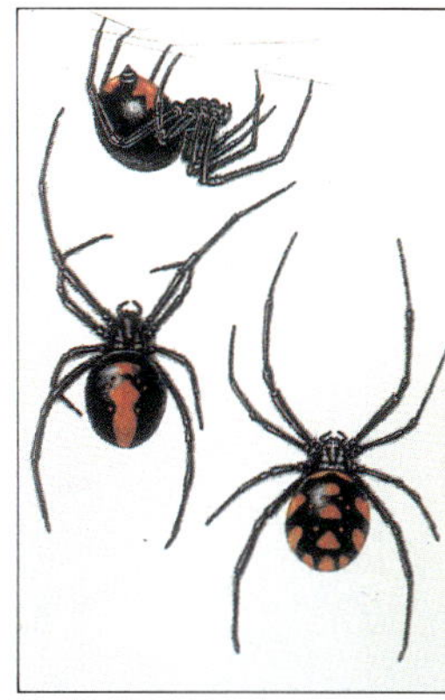

Abb. 67:
Stark giftige Spinnen der Gattung Latrodectus (von oben nach unten): Schwarze Witwe (Latrodectus mactans); Latrodectus hasselti; Karakurt-Spinne (Latrodectus tredecimguttatus).

Der bekannteste Vertreter dieser Art ist die schwarze Karakurte-Spinne (Latrodectus tredecimguttatus). Das Karakurte-Männchen wird max. 6–7 mm lang, das Weibchen bis 10 mm. Sie bauen ihr Nest in öden, leicht hügeligen Gegenden mit Grasdecke und Sträuchern. Das Männchen und das geschlechtlich noch unreife Weibchen haben auf dem Bauch je 13 winzige, leuchtend rote Punkte. Der Biß des Weibchens führt zu schwerer Vergiftung, die sogar tödlich verlaufen kann. An der Bißstelle bildet sich ein roter Fleck, der bald verschwindet. Nach 10–15 Minuten jedoch treten starke Schmerzen in der Brust- und Kreuzgegend auf, Krämpfe lähmen die Beine, Erregung und ungewöhnliche Angstgefühle ergreifen den Gebissenen. Beoachtet werden auch Gleichgewichtsstörungen, Erbrechen, Kopfschmerzen und arhythmische Herztätigkeit. Falls der Tod nicht eintritt, bildet sich nach 3–5 Tagen ein typischer Hautausschlag und der Zustand des Kranken bessert sich. Diesem Gift gegenüber sind außer dem Menschen auch Pferde, Rinder u. a. empfindlich. Interessanterweise besitzen Schafe eine angeborene Immunität.

Der gefährlichste und giftigste Vertreter dieser Gattung ist die in Amerika verbreitete Spinne Latrodectes mactans, die auf Grund ihrer Farbe als „Schwarze Witwe“ bekannt ist. Wenn nicht sofort Gegengift injektiert wird, findet gewöhnlich die Vergiftung einen tödlichen Ausgang.

Gefährlich sind auch die giftigen Arten der Familie Lycosidae, die man als Taranteln kennt, und insbesondere Vertreter der Gattung Lycosa-Tarantel. Daß der Biß der apulischen

Tarantel (Lycosa tarantula) dem Menschen gefährlich werden kann, ist schon seit dem Altertum bekannt. In alten Chroniken wird berichtet, daß bald nach dem Eindringen der Heerscharen Ludwigs II. (867) in Italien, und nachdem sie Kalabrien erreicht hatten, seine Krieger massenweise von einer unbekannten Krankheit befallen und dahingerafft wurden. Sie starben unter fürchterlichen Krämpfen. Man stellte fest, daß ihr Tod vom Biß giftiger Spinnen – Taranteln – verursacht wurde. Ihr Name ist wahrscheinlich auf diesen der süditalienischen Stadt Taranto zurückzuführen, da sie in ihrer Umgebung in großen Mengen verbreitet waren. Die damaligen Ärzte wußten keinen anderen Rat, als den Erkrankten zu empfehlen, ununterbrochen zu tanzen, womöglich einen ganzen Tag und eine ganze Nacht durch. Mit Geigen, Schellentamburinen, Gitarren, Mandolinen und Kastagnetten spielte man rasende Rhythmen. Völlig erschöpft und in Schweiß gebadet, sank der Kranke in tiefen Schlaf, um wie erhofft, am nächsten Tag gesund, wenn auch völlig entkräftet, aufzuwachen. Der Sinn dieser Tanztortur bestand darin, daß zusammen mit dem Schweiß auch das gefährliche Spinnengift ausgeschieden wird. Auf diese Weise entstand der Volkstanz Tarantella, der nicht nur in ganz Italien, sondern auch in anderen Ländern Verbreitung fand und beliebt war.

Heute wissen wir bereits, daß das Gift dieser Spinne vor allem das Nervensystem und das Blut angreift, Hämolyse (Zerstörung der Blutgefäße und Blutergüsse) verursacht, aber selten zum Tod des Gebissenen führt.

Experimentell wurde festgestellt, daß 1 mg Tarantel-Gift in 15 Minuten eine Maus tötet, einen Sperling – nach dem bekannten französischen Entomologen Jean-Henri Fabre – in 3 Minuten, und einen Maulwurf in 90 Minuten.

Bedeutend schwerer ist das Krankheitsbild beim Biß der südamerikanischen Tarantel (Lycosa raptoria), eine Raubspinne, auch Brasilianische Wolfsspinne genannt. Ihr Gift verursacht Eiterherde im Gewebe, das sehr langsam heilt, da sich die Haut im Bißbereich buchstäblich auflöst. Diese Erscheinung ist auf den Umstand zurückzuführen, daß die Spinnen eine extrazelluläre Verdauung haben. Die Spinne benetzt mit ihrem Verdauungsenzyme enthaltenden Speichel, die gelähmte oder umwobene Beute. Das Enzym zersetzt das Gewebe und die Spinne saugt die Nährstoffe ein. Es gibt keine einzige Spinne, die imstande wäre, ein größeres Stück Nahrung aufzunehmen und zu schlucken, da die Mundöffnung der sogar gigantischen Arten einen Durchmesser von der Größe nur eines Stecknadelkopfes haben. Zu den größten Spinnen gehört die behaarte Vogelspinne (Aviculariidae). Bisher wurden ungefähr 600 Arten gezählt, die vorwiegend in den Südwestregionen Nordamerikas, in Mittel- und Südamerika, auf den Karibischen Inseln, in Afrika, Australien, Indonesien, Madagaskar, Neuguinea und Sri Lanka verbreitet sind. Sie sind Nachträuber und überfallen kleine Vögel, die sie mit ihrem Gift töten und ihren Körper teilweise aussaugen. Bei einem Experiment mit Sperling und Vogelspinne in einem Käfig war der Sperling einige Minuten nach dem Biß tot. Der bekannte Naturforscher Brahm berichtet über vier Todesfälle bei von Vogelspinnen gebissenen Menschen. Am giftigsten von ihnen sind die Vertreter der Art Theraphosa, aber auch der Arten Acanthoscurria, Phormictopus und Sericopelma. Dessen ungeachtet sind sie nicht die giftigsten Spinnen überhaupt. In den Tropen kommen Arten vor, deren Gift tödliche Auswirkung hat. Ein Beispiel dafür wäre die brasilianische Kamm-Spinne (Ctenus nigriventris), deren Gift das Nervensystem und die Blutgefäße des Menschen angreift. Der Biß verursacht Herzjagen, Rückgang der Körpertemperatur, Muskelkonvulsionen und oft den Tod. Ähnlich wirkt das Gift der bolivianischen Spinne Schlanger Baumspringer (Dendryphantes noxiosus), der peruanischen Giftspinne (Mastophora gasteracanthoides) und auch der Dornfinger-Spinne (Chiracanthium punctorum).

Trotzdem sind Wissenschaftler überzeugt, daß die allergiftigste Spinne die brasilianische Phoneuteria fera, die sogenannte Wander-Spinne, ist. Die Vertreter dieser Art werden relativ groß, sind aggressiv, dringen oft in Wohnungen ein und verkriechen sich in Kleidern und Schuhen. Wenn sie gereizt werden, greifen sie wütend an und ergießen in den Körper des Menschen stark wirkendes Nervengift. Alljährlich treffen aus Brasilien Meldungen über zahlreiche Unglücksfälle ein, aber dank des in diesem Land hergestellten Gegengiftes (im Institut Butantan – Sao Paulo) finden tausende gebissene Menschen Rettung. Heute produziert man weltweit in Laboratorien und Instituten Seren gegen den Biß verschiedener Arten von Giftspinnen. Spinnengift wurde übrigens schon in fernster Vergangenheit als Arzneimittel bei verschiedenen Erkrankungen eingesetzt. Afrikanische Volksmediziner, zum Beispiel, drehen seit Jahrhunderten Kügelchen aus den Spinn-

Abb. 68:
Springspinne
(Salticus scenicus)

weben örtlicher Arten, die sie Malaria-Kranken verabreichen. Von denselben Spinnweben produziert die Pharmaindustrie in vielen Ländern das Präparat Arachnidin, das als temperatursenkendes Mittel eingenommen wird und dessen Wirkung dieser des Chinins ähnelt. Deutsche Wissenschaftler haben durch Reizung mit elektrischen Strom von einer schwarzen Karakurte-Spinne einen Tropfen Gift gewonnen und aus ihm ein effektives Mittel gegen Gelenkschmerzen erhalten. Inzwischen wurde berechnet, daß für 1 g getrocknetes Spinnengift ungefähr 4000 Giftspinnen „gemolken" werden müssen. Dieses Gift gehört heute zu den Bestandteilen vieler Arzneimittel. In Laboratorien verschiedener Länder werden bereits Giftspinnen zwecks Arzneigewinnung gezüchtet. Das Kasachstanische Zoologische Kombinat in Alma Ata (UdSSR) besitzt eine Spinnenfarm mit mehreren tausend Exemplaren, die 2–3mal pro Saison „gemolken" werden. Amerikanische Wissenschaftler haben unlängst festgestellt, daß der Tarantelbiß beruhigend auf Nervenanspannung und Melancholie wirkt. Diese Erkenntnis hat die Produktion von Arzneipräparaten aus Tarantel-Gift angeregt.

Abb. 69:
Verschiedene Arten Skorpione:
1. Kaiserskorpion (Pandinus imperator);
2. Karpatischer Skorpion (Euscorpius carpathicus);
3. Sudanesischer Skorpion (Leiurus quinquestriatus)

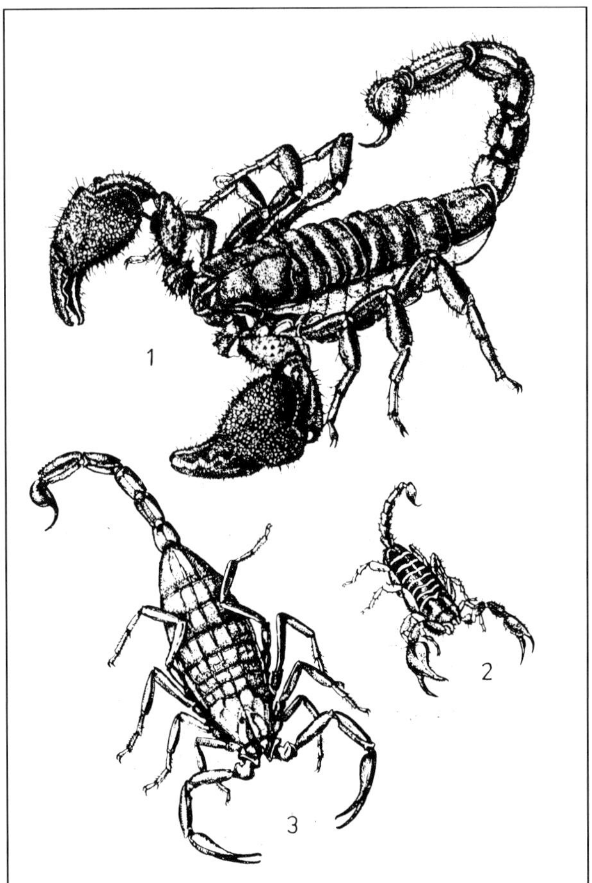

Die **Skorpione** (Ordnung Scorpiones) gehören zu den ältesten Landtieren unserer Erde. Ungefähr 100 Arten kommen in fast allen warmen Weltregionen vor. Die meisten von ihnen sind in Wüstengebieten verbreitet, der Rest in klimatisch gemäßigten Regionen. Kennzeichnend für sie ist ihre Anpassungsfähigkeit an die verschiedenen Lebensbedingungen. Extrem hohe Temperaturen und radioaktive Strahlungen beeinträchtigen sie nicht, fast ein ganzes Jahr kommen sie ohne Nahrung aus und haben außerdem die Fähigkeit, verletzte oder abgetrennte Körperteile zu regenerieren. Der Giftapparat des Skorpions befindet sich an seinem Schwanzende, das in einem scharfen Stachel mit zwei winzigen Öffnungen ausläuft, aus denen das Gift austritt. Die Skorpione sind vor allem deshalb gefährlich, weil sie in Wohnräume eindringen und sich in Schuhen, Kleidungsstücken, unter Bettdecken, Teppichen und Möbeln verkriechen. Sie sind Nachträuber, gehen in der Dunkelheit auf die Jagd und können dabei Menschen begegnen. Ihr Stich ist besonders für Kinder gefährlich. Aus der ganzen Welt treffen Meldungen über Todesfälle nach solchen Begegnungen ein. Laut statistischen Angaben kommen in einigen Gebieten der Vereinigten Staaten Amerikas, Mexikos und Algeriens mehr Menschen durch Skorpione als durch Giftschlangen ums Leben.

Abb. 70:
Feldskorpion
(Buthus caucasicus)

Zu den größten – 20 bis 30 cm Länge – und gefährlichsten Arten gehört der Kaiserskorpion (Pandinus imperator). Dementsprechend groß und produktiv ist sein Giftapparat und Stachel.

Abb. 71:
Skorpion
(Androctonus australis)

Für den englischen Wissenschaftler, Bernard Beets, ist der gelbe sudanesische Skorpion (Leiurus quinquestriatus) am giftigsten. Er ist im Ostteil Nordafrikas bis zur Küste des Roten Meeres und dem Mittleren Osten verbreitet. Zum Glück produziert er wenig Gift – bis 0,25 mg –, das kaum den Tod eines erwachsenen Menschen herbeiführen kann, auf Kleinkinder und kleine Tiere aber oft tödlich wirkt.

Stark giftige Skorpione kommen auch auf dem asiatischen Kontinent (Indien) vor.

In Europa sind kleinere giftige Arten verbreitet – der Gemeine karpatische Skorpion (Euscorpius carpathicus) und der Italienische Hausskorpion (Euscorpius italicus). Sie werden 4–5,5 cm lang und sind für den Menschen nicht besonders gefährlich.

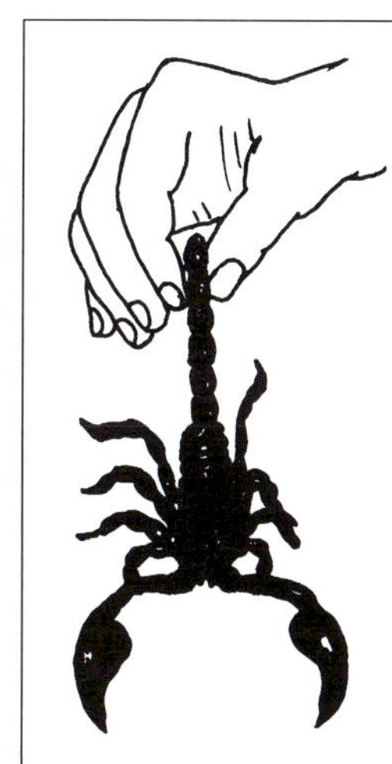

Abb. 72:
Gefahrlose Fangart für Skorpione

Das Gift der Skorpione wurde schon im Altertum gegen Neurosen verwendet. Gegenwärtig wird in vielen Laboratorien Gegengift hergestellt, das schon vielen Menschen das Leben gerettet hat. In Baku gelang es sowjetischen Wissenschaftlern, durch elektrische Reizwirkung bei ein- und denselben Skorpionen mehrmals Giftausscheidung zu provozieren. Für die Gewinnung von 1 g Trockensubstanz müssen 8000 Tiere „gemolken" werden. Die sowjetischen Wissenschaftler untersuchen intensiv die Wirkung dieses Giftes auf verschiedene Erkrankungen des Nervensystems mit dem Ziel, neue Arzneimittel herzustellen.

9.6. Giftige Vielfüßer

Zu den Tausendfüßern (Chilopoda) gehören einige sehr giftige Vertreter der Gattung Scolopendra. In den Wüstengebieten der Vereinigten Staaten Amerikas ist der max. 15–20 cm lange Grüne kalifornische Skolopender verbreitet (Scolopendra heros). Sein Biß ist äußerst schmerzhaft, Todesfälle aber sind bisher nicht bekannt geworden. Einige asiatische Arten in den Tropen Indiens, Birmas und Sri Lankas werden bis 20 cm lang und ihr Biß führt zu schweren Erkrankungen, die den Leidtragenden bis 3 Monate ans Bett fesseln. Besonders gefährlich sind einige Skolopenderarten auf den Inseln des Malaiischen Archipels, deren Biß schwerere Folgen hat, als dieser der örtlichen Schlangen.

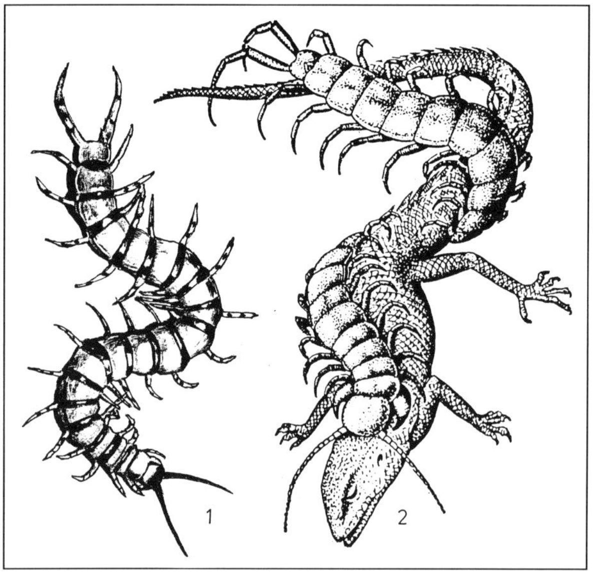

Abb. 73:
Europäischer Scolopender (Scolopendra cingulata) und Gigantischer Scolopender (Scolopendra gigantea) – eine Echse angreifend.

Mit seinen 26 cm Länge ist der in Südamerika, auf Jamaica und Trinidad verbreitete Riesen-Skolopender der größte von allen bisher bekannten Vielfüßern. Er greift Eidechsen, Frösche und Vögel an, die er mit seinem Gift tötet *(Abb. 73)*. Man nimmt an, daß sein Biß auch beim Menschen einen letalen Ausgang verursachen kann.

In Europa ist die Art Scolopendra cingulata verbreitet. Der Körper ihrer Vertreter besteht aus 21 unterschiedlich großen Segmenten, die mit je einem Paar Gliedmaßen besetzt sind. Das letzte Paar ist länger als die anderen. Es nimmt an der Fortbewegung nicht teil, sondern dient als Klammervorrichtung nach dem Fang der Beute. Diese Vielfüßer haben auch ein paar lange, äußerst empfindliche Fühler, die aus 17–21 Segmenten bestehen. Mit ihnen tasten sie sich an ihre Beute heran, da sie nur mit Einzelaugen (keine Komplexaugen) ausgestattet und fast blind sind. Es ist kennzeichnend für diesen Vielfüßer, daß das erste Paar seiner Laufbeine zu kräftigen, sichelförmigen Kiefern evolvierte und mit einer Giftdrüse versehen ist. Das Gift fließt durch den engen Kieferkanal, der in der Kieferspitze mündet, in den Körper der Beute. Der Skolopender greift Insekten und ihre Larven an, Weichtiere, Spinnen, Würmer und andere wirbellose Tiere. Sein Biß ist für Menschen nicht lebensgefährlich aber sehr schmerzhaft und verursacht Entzündungen und Schwellungen.

Die Vertreter der Unterklasse Hundertfüßer (Diplopoda) unterscheiden sich von der Unterklasse Chilopoda durch mehrere Kennmerkmale. Sie sind Pflanzenfresser und ihre Körpersegmente tragen 2 Paar Laufbeine – insgesamt ungefähr 200. Ihr Gift kann dem Menschen nicht besonders gefährlich werden. Aber einige tropische Arten Hundertfüßer (z. B. Ecrebiche bois der Ordnung Vropugi auf Haiti) stoßen bei Gefahr Blausäure aus. Man vermutet, daß ihr Körper Zyanid in stabiler Form enthält, der nur unter Einwirkung eines Enzyms als Katalysator die Zyanverbindung bildet. Es konnte bewiesen werden, daß sich das Zyanid und das Enzym in den Drüsen beiderseits jedes einzelnen Körpersegmentes befindet. Die Drüsenöffnungen stellen mikroskopisch winzige Poren an jedem Laufpaar dar. Die Drüsen bestehen aus zwei Kammern. Die größere befindet sich in der Drüse, und die kleinere an der Grenze zwischen der Drüsenöffnung und der größeren Kammer. Beide Kammern sind mit einem engen Kanal verbunden. Der Inhalt der beiden Kammern kann sich nicht willkürlich vermischen, da sich zwischen ihnen eine Schließklappe befindet. Es konnte festgestellt werden, daß bei Reizung der Inhalt der größeren Kammer in die kleinere übertritt, die wahrscheinlich das die Stoffumsetzung auslösende Katalysator-Enzym enthält. Chemische Analysen ergaben, daß die Drüsen Benzaldehyd und Amygdalin enthalten. Heute weiß man, daß die Hundertfüßer mit ihren Giftreserven äußerst sparsam umgehen und daß dabei zwei Einsatzetappen vorhanden sind – zuerst Blausäure und danach Benzaldehyd, das sich langsam verflüchtigt und ihre Feinde für eine geraume Zeit abschreckt. Einige andere Arten produzieren unterschiedlichere Giftstoffe wie Benzochinon, Phenol u. a. Obwohl die Drüsen der einzelnen Hundertfüßer-Arten verschiedene chemische Stoffe synthetisieren, unterscheiden sie sich in bezug auf ihre Beschaffenheit kaum. Es wäre für die Wissenschaft interessant, festzustellen, worauf die Tatsache zurückzuführen ist, daß die Blausäure keinerlei Auswirkung auf die Tiere selbst zeigt. Sollte es gelingen, dieses Geheimnis zu lüften, wäre der Weg zur Prophylaxe und Behandlung einer der tödlichsten Intoxikationen – der Vergiftung mit Zyanwasserstoff – freigelegt.

9.7. Worin besteht die Giftwaffe der Insekten?

Abb. 74:
Der Käfer Carabus tauricus greift die Schnecke Helix pomatia an, die sich durch Schaumbildung zu verteidigen versucht.

Es ist bekannt, daß die Klasse der Insekten (Insecta) mit ihren etwa 800.000 Arten – Entomologen vermuten annähernd 1 Million – die zahlreichste in der ganzen Tierwelt darstellt. Als leicht verletzbare Tiere haben viele Insekten für ihren kompromißlosen Existenzkampf erstaunliche „biochemische Labors“ geschaffen und entwickelt, in denen sie „chemische Kampfstoffe“ zu ihrer Verteidigung, manchmal auch zum Angriff produzieren. Es gibt Insekten, die Stinkstoffe ausscheiden (Grüne Waldwanze – Palomena prasina u.a.) und damit ihre Feinde vertreiben, andere flößen ihr Gift in den Körper ihrer Feinde durch Bisse, Stiche und Härchen (Insektenraupen) ein, dritte spritzen ihr Gift in Richtung des Feindes (einige Ameisen- und Käferarten). Ein typisches Beispiel sind einige Käferarten, die man Bombardierkäfer nennt. Sie gehören zu den Gattungen Brachyninae, Goniotropis, Stenaptimus, Artinus, Playmeurus u.a. der Familie Laufkäfer (Carabidae), die in tropischen und klimatisch gemäßigten Regionen vorkommen. Diese Bombardierkäfer setzen bei Gefahr eine originelle Waffe ein – einen chemischen „Flammenwerfer“ – mit dem sie einen dünnen Strahl giftiger und heißer Flüssigkeit in Richtung ihres Feindes abschießen. Diese chemische Waffe der Bombardierkäfer ist schon seit Anfang des vergangenen Jahrhunderts bekannt. Bei der Überquerung der Pyrenäen während des spanischen Feldzuges Napoleons (1808) erlitten viele seiner Soldaten Hautverbrennungen. Der Militärarzt Dr. A. Dufo, untersuchte die lang bleibenden Pigmentbildungen auf der Haut und stellte nach einigen Beobachtungen fest, daß die Verbrennungsmale von der heißen Flüssigkeit verursacht werden, die einige Käferarten ausstoßen. Erst viel später gelang es Naturforschern, das Geheimnis dieser einmaligen Waffe zu lüften. In ein Terrarium setzte man zu einem Bombardierkäfer der Reihe nach verschiedene seiner Feinde – andere Insekten, Spinne, Maus, Eichelhäher, Frosch, Opossum u.a. Es erwies sich, daß der angegriffene Käfer mit verblüffender Genauigkeit den Strahl seines „Flammenwerfers“ auf seinen Feind richtete. Das Ergebnis war überwältigend: Die angreifenden Tiere flohen panikartig, und die kleineren und genau getroffenen verendeten. Man hat selbstverständlich Bemühungen angestellt, um den Mechanismus dieser kompro-

Abb. 75:
Giftige Käferarten:
1. Bombardierkäfer (Brachinus explodens), links;
2. Paederus fuscipes, rechts.

mißlosen Waffe festzustellen, und entdeckte dabei, daß der Bombardierkäfer tatsächlich mit einem „chemischen Labor“ ausgestattet ist.

Er hat in seinem Bauchende 2 Drüsen, die jeweils aus zwei Teilen bestehen – Reservoirkammern und gemeinsamen Vorraum. In einem der Reservoire sekretiert die Drüse Hydrochinon, und in der anderen Wasserstoffperoxid. Zwischen den Reservoiren und dem Vorraum, der ein Katalase-Peroxidase-Enzym-Gemisch enthält, sind winzige Schließklappen vorhanden. Bei Gefahr werden die Reservoire zusammengezogen, die Schließklappen geöffnet und ein Teil des Sekretes wird in den Vorraum ausgestoßen, der nun die Funktion einer Sprengkammer erfüllt. In ihr kommt es zu einer stürmisch verlaufenden chemischen Reaktion: unter Einwirkung der Katalase wird das Wasserstoffperoxid in Wasser und Sauerstoff zerlegt, und die Peroxidase oxidiert den Wasserstoffperoxid, so daß Chinon entsteht, das sich mit dem Wasser vermischt. Diese explosionsartig verlaufende chemische Reaktion verursacht augenblicklichen Temperaturanstieg. Meßgeräte (Thermometer und Thermoelemente) zeigten während des beschriebenen Vorganges 100°C an! Unter dem Druck des frei gewordenen Sauerstoffes und durch plötzliche Kontraktion seiner Ringmuskulatur „schießt“ der Käfer (man hört einen relativ starken Kall) durch seine Analöffnung diese kochende chemische Mischung bis auf 20–30 cm ab (besonders gefährlich für Augen und Schleimhäute) und vernichtet damit seinen Feind. Und für die Sicherheit des Käfers selbst hat die Natur gesorgt: Vorraum und Analöffnung sind von innen mit einer festen Chitinschicht „verkleidet“, die hohe Temperatur und Druck aushält und von der oxidierenden Wirkung des Wasserstoffperoxides und der toxischen Wirkung des Chinons nicht angegriffen wird. Insbesondere interessant ist die Tatsache, daß der „Flammenwerfer“ verschiedener Bombardierkäfer 5–10 „Schüsse“ nacheinander, und bei einigen Arten (z. B. Artinus bombarda, Brachinus ballistarius und Goniotropis nicaraguensis) sogar 15–20 auslösen kann.

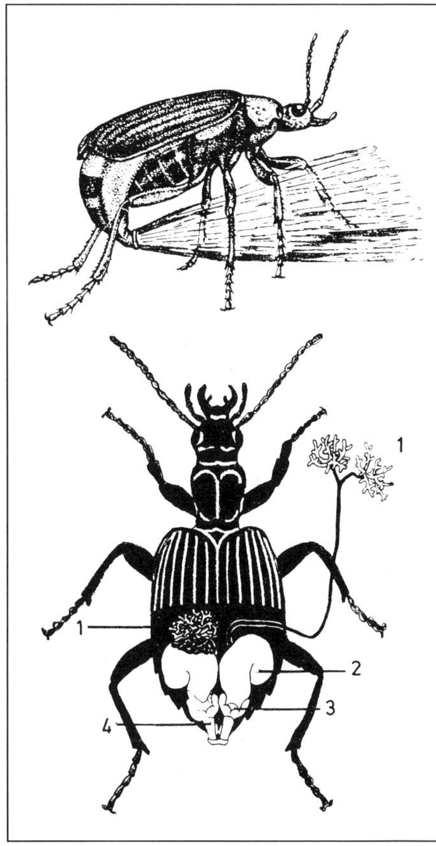

Abb. 76:
Der Bombardierkäfer (Brachinus ballistarius) setzt seinen „Flammenwerfer“ ein – oben; schematische Darstellung seiner Abwehrwaffe (Innenansicht) – unten:
1. Drüsen
2. Kammern-Reservoir
3. Muskelklappen
4. Vorraum

Mit einer ähnlichen „chemischen Waffe" ist auch der Ameisenkäfer (Paussus spiniceps) ausgestattet. Er gehört zu den Myrmekophilen – von Ameisen in ihren Nestern geduldete Bewohner. Bei Gefahr stößt er unter Knall ebenfalls eine stinkende Flüssigkeit aus, die außerdem auch eine toxische Wirkung hat und die Ameisen paralysiert und tötet. Bisher konnte man jedoch die Zusammensetzung der chemischen Verbindungen, die von den Ameisenkäfern und von den großen Raubkäfern der Gattung Playmeuros ausgeschieden werden, nicht identifizieren.

Auch andere Käferarten haben während ihrer Evolution chemische Giftstoffe entwickelt, um ihre Feinde abzuschrecken und im Existenzkampf zu überleben. Der Kurzflügler (Stenus comma) von der Familie Staphylinidae, zum Beispiel, tötet die ihm schädlichen Mikroorganismen mit Eukalyptol (1,8 Zineol), das in seiner Bauchdrüse produziert wird *(Abb. 76)*.

Ein anderer Wasserkäfer (Gyrinus natator) mit zum Schwimmen ausgezeichneter Körperform und Taumelkäfer genannt, der auf Sumpf- und Seegewässern Kreise und Spiralen zieht, ist ebenfalls mit einer interessanten Giftwaffe ausgestattet. Dieser Käfer setzt das ungesättigte Keto-Aldehyd Girinal ein, mit dem er Raubfische abschreckt, die, falls sie ihn doch verschlingen sollten, Gleichgewichtsstörungen erleiden, in schwere Narkose fallen und schließlich verenden. Er besitzt außerdem Drüsen, die die Stinkstoffe Isobaldrian-Aldehyd und Isopentanol ausscheiden und seine Feinde vertreiben.

Die chemische Waffe eines anderen Wasserkäfers (Dytiscus marginalis) dient zur Vertreibung von Wirbeltieren. Bei Gefahr scheidet der Käfer von zwei Brustdrüsen einen Tropfen milchiger Flüssigkeit aus, die nach der chemischen Analyse als hochkonzentriertes Kortexon (11-Desoxikortikosteron) identifiziert wurde. Dieses Hormon reguliert das Wasser-Salz-Gleichgewicht (konkreter das Kalium-Natrium-Verhältnis) in den Zellen der Wirbeltiere. Es ist aber bekannt, daß das Verhältnis zwischen den Kalium- und Natriumionen in der Zelle eine entscheidende Rolle für den normalen Verlauf der physiologischen Prozesse spielt. Jede Veränderung dieses Verhältnisses führt zu Nervenerregung und Auslösung von Nervenimpulsen über die Nervenfasern. Und gerade darin besteht die „chemische Waffe" des Käfers. Wird er von einem Frosch oder Fisch angegriffen, scheidet er Kortexon aus, das das erwähnte Verhältnis stört, so daß Natriumionen in sekundenschnelle in die Nervenzellen des Aggressors eindringen, diese überreizen, wobei der Frosch oder Fisch einen Schockzustand erfährt, der Käfer aber inzwischen das Weite sucht.

Die amerikanische Forscherin Elisabete Tomas berichtet, daß Buschmänner in der afrikanischen Wüste Kalahari ihre Pfeilspitzen mit einem Gift bestreichen, das sie aus dem Sekret ausgegrabener und zerstückelter Puppen des Käfers Diamphidia simplex gewinnen. Ein einziger in das Blut des Menschen geratener Tropfen dieses Giftes wirkt tödlich. Es wurde bisher nicht ausreichend untersucht und man weiß fast überhaupt nichts über seine Zusammensetzung.

Die sogenannte Spanische Fliege (Lytta vesicatoria) ist eine sehr interessante Käferart. Sie scheidet bei Gefahr von den Läufergelenken eine ölige, hautreizende Flüssigkeit aus, die den Giftstoff Kantharidin enthält, der sowohl in frischem als auch getrocknetem Zustand eine stark toxische Wirkung besitzt. Auf die Haut geraten, verursacht er Ausschläge und Blasen. In größeren Mengen eingenommen, führt das Kantharidin zu akuten Entzündungen des Magens, der Nieren, Harnwege und Genitalien, löst Konvulsionen und eine krankhafte Steigerung des Geschlechtstriebes aus. In der Vergangenheit wurden getrocknete und zerriebene Spanische Fliegen in kleinen Dosen zur Steigerung des Geschlechtstriebes bei Tieren und Menschen verabreicht. Heute weiß man, daß ungefähr 0,03 g Kantharidin den Tod des Menschen herbeiführen. Es ist interessant zu vermerken, daß dieses für Menschen, Eidechsen und Haustiere derart starke Gift, bei Igeln, Fledermäusen und einigen Vogelarten überhaupt keine Wirkung zeigt, so daß sie Spanische Fliegen mit Vergnügen in ihr Menü aufnehmen.

Abb. 77:
Giftige Insektenarten: Mylabris cichorii – oben links; Spanische Fliege (Lytta vesicatoria) – oben rechts; Cerocoma schweberi – unten links; Maiwurm albe (Meloë violaceus) – unten rechts.

Einige **Heuschrecken** der Gattung Dictyophorus, aber auch die italienische Wanderheuschrecke (Calliptamus italicus) scheiden bei Gefahr ein schäumig-braunes Speichelsekret aus, das eine bisher unidentifizierte Säure enthält. Sie verursacht auf der Haut ihrer Feinde (Mensch oder Tier) kleine Brandwunden.

1977 haben die australischen Naturforscher Koman und Belas festgestellt, daß die Raupen der **Schmetterlinge** von der Gattung Myrasia aus ihrem Divertikulum einen öligen Giftstoff gegen ihre Feinde ausstoßen. In Raupen einer anderen Schmetterlingsart auf Trinidad wurden die Giftstoffe Usoregenin und Kolotropagenin identfiziert. Man vermutet, daß sie dieses starke Gift den Giftpflanzen entnehmen, die ihnen als Nahrung dienen. Vögel meiden die Raupen der Schmetterlinge Fichtenprozessionsspinner (Thaumetopoea pityocampa), Viereichenspinner (Thaumetopoea processionea) und Goldafter (Euproctis chrysorrhoea), da die Berührung ihrer Gifthärchen Juckreiz und Entzündungen der Schleimhäute, Augen und Haut sowohl bei Tieren als auch Menschen verursachen. Das Raupengift dringt bei jeder Berührung der Härchen, die meistens in der pelzigen Hülle verborgen bleiben, in den Körper ein.

Es ist bekannt, daß in den **Termitennestern** tropischer Regionen nicht alle Bewohner bewaffnet sind, sondern nur die Soldaten, die den Bau bewachen, Eindringlinge abwehren, manchmal aber auch Überfälle durchführen. Einige Termitenarten (Isoptera) sind nicht nur mit starken Kiefern, sondern auch mit „chemischen Waffen" ausgerüstet. Ihr Biß ist giftig. Sie haben in ihrem Bauch eine Vorrichtung, die man als Giftspeicher bezeichnen könnte. Bei Gefahr ziehen sich die Bauchmuskeln zusammen und aus dem Speicher tritt ein Flüssigkeitstropfen hervor, der den Feind vertreibt. Sollte der Feind die Termite gebissen haben, ziehen sich die Bauchmuskeln derart stark zusammen, daß der Speicher platzt und die gesamte Flüssigkeit den Feind bespritzt. Man hat festgestellt, daß sie Benzochinon und Terpene enthält, die bei Kontakt mit der Luft chemisch reagieren und rasch verdicken. Sie lähmen den Feind durch Verkleben der Kauwerkzeuge und Extremitäten. Besonders interessant ist aber die Tatsache, daß die Termiten detonieren, d. h. daß beim Platzen des Speichers bei einem der Tiere eine Detonation auch bei den benachbarten Tieren ausgelöst wird, ohne daß sie berührt werden. Diese Kettenreaktion wird vom Feromon in der ausgestoßenen Flüssigkeit provoziert, das wie ein Signal für die kollektive Verteidigung des Termitennestes wirkt.

Der amerikanische Naturforscher Prestuisch konnte 1978 die „Waffe" der afrikanischen Rüsseltermite (Trinervitermis bettonianus) entdecken. Zwischen den Fühlern dieser blinden Insekten befindet sich die „Kanonenmündung", aus der die Soldaten eine klebrig-giftige Flüssigkeit gegen ihre Todfeinde, die Ameisen, „abschießen" und sie damit paralysieren.

Viele **Netzflügler** der Ordnung Hymenoptera – verschiedene Arten von Wespen, Hornissen, Honigbienen, Erdbienen und Ameisen – sind von der Natur mit Giftdrüsen und Stacheln ausgerüstet, um das Gift in den Körper ihrer Feinde zu bringen. Man vermutet, daß im Laufe der Evolution die Ameisen ihren Stachel verloren haben und daß heute viele von ihnen einen Giftstrahl (Ameisensäure) bis 10 cm Entfernung abschießen. Einige in Nordamerika verbreitete Ameisen aber – vorwiegend der Gattung Solenopsis – wehren ihre Feinde durch giftige Bisse ab. Dazu gehören auch einige tropische Arten – Feuerameisen und die australischen Bulldoggen-Ameisen – deren Biß äußerst giftig ist und beim Menschen schwere Krankheitszustände hervorruft (allergischer Schock, asthmatische Zustände, Schwellungen des Gesichts, der Lippen, des Schlundes und Ausschlag am ganzen Körper).

Abb. 78:
Ameise (Formica rufa); mit ihrem Gift getötete Blattlaus.

Die Behandlung verschiedener Gebrechen mit Ameisensäure ist seit fernster Vergangenheit bekannt. Der englische Wissenschaftler Lawrence Gryn berichtet in seinem Buch „Die letzten Geheimnisse des alten Afrika“ unter anderem auch darüber, daß die Schamanen des Stammes Alure, der an den Ufern des oberen Nil lebt, schon seit uralten Zeiten Nervenkranke ihres Stammes dadurch zu heilen versuchten, daß sie ihre Patienten für eine gewisse Zeit bis zum Hals in Ameisennester eingraben ließen. Erst seit einigen Jahren wird das Ameisengift von der modernen Medizin in einigen Ländern als tonisierendes Mittel und zur Behandlung einiger Neurasthenien eingesetzt. Unlängst haben Wissenschaftler entdeckt, daß das Ameisengift antibiotisch auf einige krankheitserregende Bakterien (Streptokokken und Staphylokokken) und Pilze wirkt. Analysen ergaben, daß das Ameisengift aus 5 Alkaloiden besteht und keine Eiweißstoffe enthält. Diese Tatsache ist besonders wichtig, da injizierte Präparate, die Tiereiweiß enthalten, beim Menschen allergische Reaktionen verursachen. Gegenwärtig laufen Experimente zwecks Anwendung dieses wertvollen eiweißfreien Antibiotikums als Arzneimittel.

Die Vertreter der Familie **Wespen (Vespidae)** sind allem Anschein nach die einzigen Netzflügler, die ihren Giftstachel nicht nur als Verteidigungs-, sondern auch als Angriffswaffe einsetzen. Sie sind zwar „Vegetarier“, ihre Larven aber ausgesprochene Fleischfresser. Deshalb verlassen die Wespen nach der Eiablage ihre Nester und jagen Insekten, Spinnen und Raupen. Man hat beobachtet, daß sich jede Wespenart auf den Fang und die Paralysierung einer bestimmten Insektenart „spezialisiert“ hat. Es ist erstaunlich, daß sie die anatomischen Eigenarten ihrer Beute ausgezeichnet kennen und ihren Giftstachel genau an jenen Stellen ansetzen, in denen die motorischen Nervenganglien gelegen sind. Die Wespen der Art Cerceris, zum Beispiel, greifen den Großen Rübenrüßler (Bothy-

Abb. 79:
Netzflügler mit Giftstachel;
von links nach rechts:
1. Krainer Honigbiene (Apis mellifera);
2. Hornisse (Vespa crabro);
3. Erdhummel (Bombus bombus);
4. Philanthus triangulum;
5. Deutsche Wespe (Paravespula germanica);
6. Polistes nimpha;
7. Wegwespe (Pompilus viaticus);
8. Gemeine Sandwespe (Ammophila sabulosa);
9. Scolia hirta.

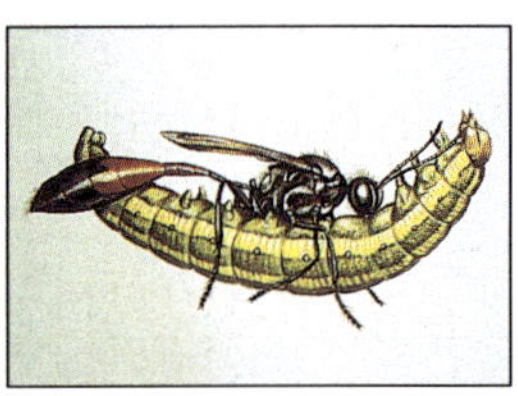

Abb. 80:
Gemeine Sandwespe (Ammophila sabulosa) greift eine Raupe an.

noderes punctiventris) an. Sie fassen ihn mit ihren Kieferzangen beim Rüssel und drücken ihn mit ihrem vorderen Läuferpaar an den Boden. Dabei klaffen die Bauchgelenke auseinander und die Wespe sticht den Käfer genau zwischen das erste und zweite Läuferpaar. Die Lähmung tritt sofort ein, und der Rübenrüßler kann sich nicht mehr fortbewegen. Nun umklammert die Wespe ihre Beute, bringt sie in ihr Nest und legt in den Körper des Beutetiers ein Ei. Auf diese Weise ist die Larve auf lange Zeit mit frischer Nahrung versorgt. Interessant dabei ist, daß die Wespe den Rübenrüßler nicht tötet, da er sonst noch vor dem Ausschlüpfen der Larve verwesen würde. Nur in paralysiertem Zustand kann er als frische Nahrung dienen.

Die Feldgrillen sind wiederum Beute einer anderen Wespenart, zum Beispiel von der Gattung Sphex. Um die Grille zu lähmen, verabreicht diese Wespe drei Stiche an genau bestimmten Körperstellen – in den Hals, in die Brust und in das Verbindungsglied zwischen Brust- und Bauchteil. Da im Vergleich zum Rübenrüßler bei den Feldgrillen die motorischen Nervenganglien in größeren Abständen liegen, kann nur ein Stich das Insekt nicht lähmen.

Die Gemeinen Sandwespen (Gattung Ammophilia) füttern ihre Larven mit Raupen, die sie mit ihren Kiefern genau hinter dem Kopf packen. Die Raupe windet sich und krümmt bogenförmig ihren Körper. Nun wird sie von der Wespe an neun Stellen, genau in die Nervenknoten gestochen. Sollte die Wespe nur einen Nervenknoten übersehen, würde sich die Raupe mit dem entsprechenden Paar Brustbeine oder Bauchfüße weiter bewegen und die Wespe dadurch behindern, ihre Beute in das Nest zu bringen.

Die Wegwespen (Gattung Pompila) führen äußerst riskante und gefährliche Angriffe durch. Zu ihrer Beute gehört nicht irgendwer, sondern Taranteln und Schwarzspinnen, deren Gift die Wespe sofort tötet. Die Wespe paralysiert die Spinne immer auf ein- und dieselbe Weise: sie bohrt im passendsten Augenblick ihren langen Giftstachel in die Brust der Spinne, die nach nur wenigen konvulsiven Zuckungen völlig gelähmt ist. Aber nicht immer verläuft der Angriff erfolgreich. Sollte es der Spinne gelingen, die Wespe mit ihren Chelizern zu fassen, wird die Wespe das Opfer.

Eine der in Europa am meisten verbreiteten Wespen sind die Dachwespen, auch Deutsche Wespen genannt (Paravespula/Vespula/germanica), und die Hornissen (Vespa crabro), die ihren Giftstachel sowohl als Abwehr- als auch Angriffswaffe einsetzen. Sie ernähren sich von Süßsäften und suchen deshalb oft die Wohnungen des Menschen auf. Sie reagieren auf jeden Versuch, sie zu verscheuchen sehr empfindlich und greifen unverzüglich an. Ihre Stiche sind sehr schmerzhaft und verursachen Schwellungen, die erst nach einigen Tagen, manchmal sogar einer Woche zurückgehen. Nach dem Stich ziehen diese Insekten den Giftstachel wieder ein, da er keine Widerhaken hat und leicht aus der Menschenhaut herausgleitet.

Abb. 81: Wegwespe (Pompilus plumbeus) nach siegreichem Kampf mit der stark giftigen Wolfsspinne (Lycosa raptoria).

Im Unterschied zu den Wespen dient der Giftstachel der **Honigbiene** (Apis mellifera) nur zur Verteidigung. Die Honigbiene kann ihren mit Widerhaken ausgestattenen Giftstachel nicht mehr zurückziehen. Er bleibt in der Stichwunde stecken, ein Teil der Gedärme des Insektes reißt ab, wonach es verendet. Man stellte fest, daß die Honigbiene ungefähr 0,2–0,3 mg (selten bis 0,8 mg) Bienengift in die Stichwunde ergießt. Das Bienengift ist eine farblose, klare Flüssigkeit, bitter schmeckend und mit angenehmen Geruch. Es trocknet an der Luft rasch und bildet Kristalle. Seine Zusammensetzung ist sehr gut erforscht. Es enthält ungefähr 40% Trockensubstanz. Zu seiner Zusammensetzung gehören: Aminosäuren (Arginin, Alanin, Asoaragin- und Glutaminsäure, Lysine, Zystin, Histamin, Serine u.a.); Enzyme (Hialutonidase, Lezithinase A, Phospholipase A u.a.); Magnesiumphosphat, Ameisen-, Salz- und Orthophosphorsäure; viele Mikroelemente (Eisen, Zink, Jod, Kalium, Kalzium, Mangan, Magnesium, Nickel, Silber, Schwefel, Chrom u.a.) und andere Verbindungen. Die wichtigsten physiologischen Wirkungen des Bienengiftes hängen von den in ihm enthaltenen Eiweißstoffen ab. Der Eiweißstoff Melitin (50–55% der Trockensubstanz und damit Hauptkomponente des Bienengiftes) bestimmt die Hauptwirkung des Giftes auf den menschlichen Organismus. In den Körper geraten, aktiviert es zuerst die Hypophyse und die Nebennieren. Angegriffen wird das Nerven- und Blutkreislaufsystem, Streßzustände machen sich bemerkbar. Bei größeren Dosen kann infolge der Paralyse des Atmungszentrums der Tod eintreten. Bei erwachsenen Menschen wirkt 0,2 g Bienengift tödlich. Man nimmt an, daß ein vollkommen gesunder Mensch 500 Bienenstiche verkraften kann. Leider aber sind manche Menschen Bienengift gegenüber überempfindlich, so daß nur ein Stich schwere Folgen haben kann: Atemnot, Schwellungen, Herz- und Kreislauf-

Abb.82: In einen Bienenkorb eingedrungene und von den Bienen getötete Maus.

kollaps u. a. Falls keine unverzügliche medizinische Hilfe geleistet wird, sind Todesfälle nicht ausgeschlossen. Laut statistischer Angaben sterben jährlich in den USA mindestens 40–50 Personen infolge allergischer Reaktionen auf Insektenstiche (vorwiegend Honigbienen).

Das Problem einer Allergiebehandlung durch Desensibilisierung des Organismus konnte noch nicht zufriedenstellend gelöst werden. Es ist aber bekannt, daß bei Einführung eines Serums aus dem Insektengift die unangenehmen Nebenerscheinungen ausbleiben. Das Problem besteht aber in der Gewinnung größerer Mengen Insektengift, um massenweise antiallergisches Serum herzustellen. In der Vergangenheit wurden Impfungen mit Extrakten aus getrockneten und zerriebenen Bienen, Wespen u. a. vorgenommen, deren Effekt aber zweifelhaft ist. Erst in letzter Zeit konnten erfolgreiche Methoden zur Gewinnung von Bienengift durch „Melken" von Honigbienen entwickelt und damit die Herstellung von Serum und verschiedenen Arzneipräparaten gefördert werden. Die Heilung verschiedener rheumatischer Krankheiten mit Bienengift durch direkte Bienenstiche ist übrigens eine sehr alte Heilmethode. Sie war schon den alten Ägyptern, Indern und Babyloniern bekannt und wurde auch von den Slawen praktiziert. Obwohl recht drastisch, erzielte man mit ihr gute Resultate. Aus historischen Quellen ist bekannt, daß Kaiser Karl der Große (742–814), aber auch der russische Großfürst Iwan IV., genannt der Schreckliche (1530–1584), von ihrem Rheuma eben auf diese Weise geheilt worden sind. In einigen Ländern setzt die Volksmedizin auch heute noch diese Methode zur Behandlung von Rheuma, Ischias, Lumbago u. a. ein (von 2–3 bis 15–20 Stichen täglich bei abgeschlossenem Therapiezyklus von 200 Stichen; vorausgehend wird jedoch ein biologischer Test hinsichtlich eventueller Überempfindlichkeit gegenüber Bienengift vorgenommen. Die Testdosis ist geringer als die Giftmenge von 1 Stich).

Heute gewinnt man das als Arzneimittel wertvolle Honigbienengift durch „Melken" der Bienen mit vollkommener Technologie, ohne daß dabei die Tiere zu Schaden kommen. Die Biene wird mit Stickstoffoxid betäubt, dann in einer Vorrichtung fixiert und mit elektrischem Strom gereizt. Dadurch ziehen sich die Muskeln der Giftdrüse zusammen, wobei das Gift austritt (0,15–0,30 mg). Zur Gewinnung von 1 g Bienengift müssen einmalig 1 Million Bienen „gemolken" werden.

Das Bienengift – auch Apitoxin genannt – wird als Abwehrmittel direkt aus der Natur synthetisiert und erwies sich als hervorragendes Heilmittel bei vielen Krankheiten. Heileffekte wurden bei verschiedenen Erkrankungen der Gelenke und auch anderen erzielt: Arthritis, Neuritis, Plexitis, Radikolitis, Rheuma etc. Gerontologen behaupten, daß Bienengift Alterungsvorgänge verlangsamt. Bienengift wird sowohl von der Volks- als auch der gegenwärtigen Schulmedizin bei Erkrankungen des peripheren Nervensystems, Arthrosen und Verletzungen eingesetzt. Erfolgreich verläuft die Heilung von Knochenauswüchsen, Ischias, Thrombophlebitis, Arterienverkalkung der Extremitäten u.a. durch Einreiben verschiedener Präparate, Injektionen, Ultraschall, Elektrotherapie etc. In vielen Ländern werden auf Basis des Honigbienengiftes verschiedene Präparate hergestellt: Forapin und Apisartron (Deutschland), Melisin (UdSSR), Melivenon (Bulgarien) usw. Pharmakologische Untersuchungen ergaben, daß verschiedene Bienengiftpräparate eine ähnliche Wirkung haben: Schmerzlinderung, Senkung des Blutdruckes und Cholesterinspiegels. Dadurch wird die Entwicklung der Arterienverkalkung verlangsamt. Außerdem wirken sie positiv bei Bronchialasthma, Thrombophlebitis, Stenokardien, akutem und chronischem Rheuma.

Vielversprechend ist auch der Einsatz von Bienengift gegen radioaktive Strahlung. 80% der Testmäuse mit subkutan injizierten, großen Mengen Bienengift überlebten die Bestrahlung. Alle anderen der bestrahlten und nicht mit Bienengift tretierten Testmäuse verendeten. Die Forschungen auf diesem Gebiet werden weitergeführt.

9.8. Giftige Fische

Zur zahlreichen Unterklasse Fische (Pisces) gehören ebenfalls einige giftige Arten. Einige von ihnen besitzen keinen Giftapparat und gelten als passiv giftig, d.h., daß ihre Konsumation – Fleisch und Laich – zu Vergiftungen führt. Chroniken aus dem Jahr 1774 berichten, daß die Expedition des berühmten britischen Weltumseglers, Kapitän James Cook, beinahe deshalb gescheitert wäre, weil er und seine Mannschaft einen unbekannten Fisch verzehrten, den sie einem Fischer von den soeben entdeckten Inseln – Neukaledonien – abge-

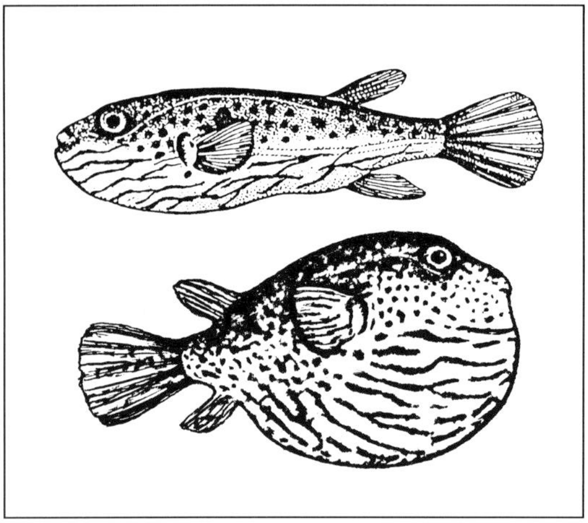

Abb. 83:
Der Fugu-/Fahaka-Fisch (Tetraodon fahaca) in normalem Zustand und aufgeblasen – Drohgebärde.

kauft hatten. Kapitän Cook schildert dieses Ereignis in seinem Bordbuch wie folgt: „Zum Abendbrot verzehrten wir nur die Leber und den Laich des Fisches. Ich und Forster rührten das Essen kaum an. Ungefähr um 4 Uhr morgens wurde ich von schrecklicher Schwäche befallen und verlor das Bewußtsein. Ich konnte fast nicht mehr zwischen leichten und schweren Gegenständen unterscheiden. Die Wasserkanne und die Feder kamen mir gleich schwer vor. Am Morgen wurde einer von den Offizieren, der am vorigen Abend Fischinnereien gegessen hatte, tot vorgefunden." Später stellte man fest, daß Kapitän Cook und ein Teil seiner Mannschaft den Laich und die Leber eines Fisches verzehrt hatten, der von den Eingeborenen „Fahak" genannt wird. Man kann von Glück reden, daß sie nur geringe Mengen zu sich genommen hatten und mit einer nur kleinen Vergiftung davongekommen waren. Es erwies sich, daß dieser Fisch gar nicht so unbekannt war und in England „Ballonfisch" genannt wurde, da er sich bei Gefahr ballonartig aufbläht. In Japan ist er seit uralten Zeiten unter dem Namen Fugu ebenfalls bekannt und wird heute als ganz besondere Delikatesse geschätzt, obwohl alljährlich viele Gourmets seinen giftigen Innereien – Laich und Leber – zum Opfer fallen. Schon 1883 gelang es dem japanischen Naturforscher Joshisumi, das Gift des Fugu-Fisches, Hundsfisch oder Tetraodon genannt (Sphaeroides vermicularis), zu identifizieren und in reinem Zustand zu gewinnen, das er Tetraodotoxin nannte. In kristalliner Form konnte es allerdings erst 1950 gewonnen werden. Heute nimmt jeder japanische Koch an Sonderlehrgängen teil, um in der richtigen Zubereitung dieses gefährlichen Fisches ausgebildet zu werden, auf dessen Genuß die Japaner offensichtlich nicht verzichten möchten.

Bekannt sind auch andere Fischarten, deren Laich während der Begattungsperiode stark giftig ist. Wissenschaftler sind der Meinung, daß der Giftstoff in ihrem Laich wahrscheinlich eine Substanz darstellt, die über dem Blutkreislauf alle Innenorgane erreichen und daß es sich um ein Hormon oder Enzym handeln muß, das für die Produktion der Geschlechtshormone erforderlich ist. Solche sind die Fische der Art Marinka Gemlin (Schizothorax), die in den Bergflüssen Indiens, Indochinas und der UdSSR vorkommen. Während der Begattungsperiode sind ihr Laich und Bauchfell stark giftig.

Andere Fischarten sind mit einem Giftapparat ausgerüstet. Sie kommen in tropischen, subtropischen aber auch in Gewässern gemäßigter Klimaregionen vor. Sie setzen ihr Gift als Abwehrreaktion, insbesondere bei Begegnungen mit dem Menschen ein. Es gilt als bewiesen, daß die meisten Menschenopfer auf zufällige Begegnungen mit den Warzenfischen Synanceja horrida, Synanceja verrucosa und Synanceja trachynis (Giftstachelfisch, Laff, Zauberfisch) zurückzuführen sind. Sie werden 18–36 cm lang und sind von der Ostküste Afrikas bis zu den tropischen Gewässern des Indischen und Stillen Ozeans verbreitet, kommen aber auch im Norden bis zum Schwarzen Meer und im Süden bis Australien vor. Die Begegnung mit ihnen ist für den Menschen deshalb gefährlich, weil sie sich im Sand der seichten Küstengewässer eingraben und kaum zu sehen sind. Wenn man sie beim Baden berührt oder auf sie tritt, kann das zu schweren Folgen führen. Ihr Gift befindet sich in den 13 Strahlen der Rückenflosse, in 3 Strahlen der Schwanzflosse und in je einem Strahl der Afterflossen. Die Giftdrüsen sitzen an der Wurzel jedes Flossenstrahls und scheiden ihr Sekret bei der leisesten Berührung aus. Das Gift fließt durch enge Rillen in die Wunde. Bei heftigem Anstoßen kommen die Stacheln der Schwanz- und Afterflossen zum Einsatz. Das in die Blutbahn geratene Gift hat eine neuroparalytische Wirkung, zerstört die roten Blutkörperchen und paralysiert die Nervenfasern. An der Stichstelle empfindet man unerträgliche Schmerzen, die sich auf den ganzen Körper ausbreiten. Bald danach tritt Schaum aus dem Mund, das Opfer beginnt zu toben und fällt in Deliriumzustand. Wenn nicht schleunigst Serum gegen das Gift dieser Fische gespritzt wird, kann der Tod, gewöhnlich 6 Stunden nach dem Stich, eintreten. In der Familie Drachenfische (Trachinidae) sind 4 gefährliche Giftarten vertreten: Großes Petermännchen (Trachinus draco), Spinnen-Petermännchen (Trachinus araneus), Kleines Petermännchen (Trachinus vipera) und Trachinus radiatus, die in der Nordsee, im Schwarzen Meer und Mittelmeer, im Ostteil des Atlantiks und an der westafrikanischen Küste verbreitet sind. Die bekannteste Art unter ihnen ist das Große Petermännchen, das sich sehr oft in den Fischernetzen verfängt oder am Angelhaken hängt. Wenn man unvorsichtig mit der Hand zugreift, wird man gestochen. Das Große Petermännchen ist mit 5–7 giftigen Strahlen an den Brustflossen

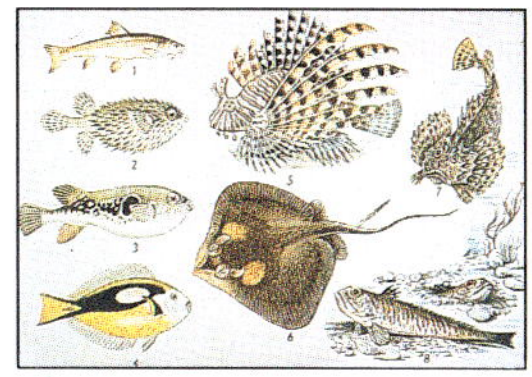

Abb. 84:
Giftige Fischarten:
1. Marinka (Schizothorax intermedius);
2. Gemeiner Igelfisch (Diodon hystrix);
3. Grüner Kugelfisch (Tetraodon fluviatilis);
4. Paletten-Seebader (Paracanthurus hepatus);
5. Rotfeuerfisch (Pterois lunulatus);
6. Gemeiner Stechrochen (Dasyatis pastinaca);
7. Steinfisch (Synanceja verrucosa);
8. Kleines Petermännchen (Trachinus vipera).

und 2 giftigen Dornen an den Kiemendeckeln ausgestattet. An den Wurzeln der Flossenstrahlen und am Hinterteil der Kiemendeckeln befinden sich gut entwickelte Giftdrüsen. Dieser Fisch bewohnt seichte Buchten, gräbt sich in den Sand oder Schlamm ein, so daß man aus Versehen leicht auf ihn treten kann. Er erreicht eine Länge von 30 cm. Die Drüsenzellen platzen bei Druck auf und das Gift fließt in die Wunde. Es wirkt – ähnlich wie das Schlangengift – neuro- und hämotoxisch. Bei sofortiger medizinischer Hilfe kommt man nur mit dem Schmerz davon. Aus wissenschaftlichen Quellen ist uns aber bekannt, daß auch Todesfälle vorkommen.

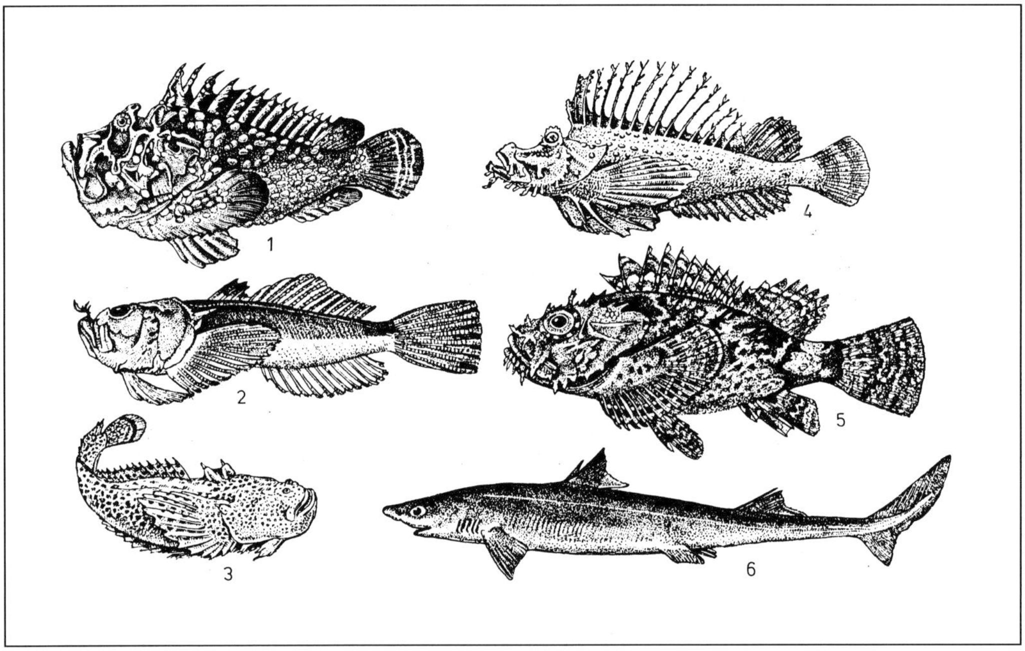

Abb. 85:
Verschiedene Fischarten mit Giftapparat:
1. Synanceja horrida;
2. Uranoscopus scaber;
3. Thalassophryne reticulata;
4. Inimicus japonicus;
5. Scorpaena mystes;
6. Squalus acanthias.

Eng verwandt mit dem Großen Petermännchen ist der Gemeine Sternseher (Uranoscopus scaber), der auch Meerfrosch genannt wird. Er ist im Atlantik, im Schwarzen Meer und im Mittelmeer verbreitet und vor allem während der Begattungsperiode giftig (von Ende Mai bis Mitte September). In dieser Periode gruppieren sich am Ansatz der Kiemendeckeln und über den Brustflossen, die mit spitzen Dornen versehen sind, drüsenähnliche Zellen, die Gift produzieren. Beim Stich empfindet man starke Schmerzen, Atembeschwerden treten ein und der betroffene Körperteil schwillt an. Gewöhnlich – falls keine Komplikationen eintreten – flaut die Infektion nach einigen Tagen ab.

Ein anderer, im Atlantik, Schwarzen Meer und Mittelmeer verbreiteter Vertreter der giftigen Meeresfauna ist der Braune (Kleine Kleinschuppige) Drachenkopf (Scorpaena porcus). Er kommt vorwiegend in Küstengewässern mit starkem Algenwuchs vor und zeichnet sich durch seine Schutzfarbe aus, die ihn fast unentdeckbar macht. Die Giftdrüsen befinden sich in den ersten 11 Strahlen der Rückenflosse, in den ersten Strahlen der Bauch- und in 3 Strahlen der Afterflossen.

Abb. 86:
Giftige Fischarten (von oben nach unten): Dendrochirus brachypterus; Eigentlicher Rotfeuerfisch (Pterois volitans); Scorpaena scrofa; Drachenfisch (Trachinus draco).

Die Feuerfische der Gattung Pterois sind mit den Scorpaena-Fischen verwandt. Sie bevölkern die Korallenriffe der tropischen Küstengewässer, werden 30–40 cm lang, sind bunt gestreift und werden deshalb auch Zebrafische genannt. Der bekannteste unter ihnen ist der Eigentliche Feuerfisch (Pterois volitans). Die Begegnung mit ihm ist nicht ungefährlich. Wenn er sich bedroht fühlt, richtet er unverzüglich die giftigen Dornspitzen seiner Rückenflosse (ungefähr 12–13) gegen die Gefahrenquelle. Schon ein kleiner Stich löst anwachsenden Schmerz aus und kann Bewußtlosigkeit verursachen. Die Stichstelle schwillt an. Der Schmerz flaut erst nach einigen Tagen ab und die Schwellung geht zurück. Bei tiefer eingedrungenen Stichen von mehreren Dornen (beim Versuch das Tier zu fangen oder wenn man hinaufgetreten ist), kann bei versäumter medizinischer Hilfe der Tod eintreten.

In den tropischen Gewässern des amerikanischen Kontinents leben die giftigen Krötenfische der Gattungen Thalassophryne und Thalassothia. Am bekanntesten ist die Art Thalassophryne reticulata. Ihre Vertreter tragen zwei große und scharfe Dornen an der vorderen Rückenflosse und je 2 Giftdornen an den Kiemendeckeln. Ihre Beschaffenheit ähnelt den Giftzähnen der Klapperschlangen. Gewöhnlich findet man sie in steinigen und algenreichen Küstengewässern. Ihr Stich ist sehr schmerzhaft, verursacht aber selten den Tod.

Ein anderer und sehr verbreiteter, aber relativ schwach giftiger Fisch ist der Gemeine Stechrochen (Dasyatis/Trigon/pastinaca), auch Feuerflunder und Pfeilschwanz genannt. Er ist im Mittelmeer (an den Küsten Südeuropas und Nordafrikas), in der Nordsee, im Schwarzen und Asowschen Meer – während der Sommermonate – verbreitet und bevorzugt Buchten mit sandigen Böden. Der Gemeine Stechrochen wird bis 1 m lang. Sein Schwanz ist peitschenartig verlängert und mit einem scharfen, gezackten Dorn ausgerüstet, mit dem er bei Gefahr zuschlägt und Verletzungen zufügt. Das Gift ergießt sich in die Wunde des Verletzten. Der Giftapparat hat eine relativ einfache Struktur. Drüsenartige Zellen bedecken einschichtig die tiefe Rille auf der Unterseite des Dorns. Es verursacht starke Schmerzen, beschleunigt den Pulsschlag, führt zu Muskellähmung, Erbrechen etc.

Der im Schwarzen und Ochotskischen Meer, in der Barentsee und im Japanischen Meer vorkommende Gemeine Dornhai (Squalus acanthias) wird bis 2 m lang. Er verdankt seinen Namen den beiden spitzen Dornen vor den beiden Rückenflossen, die an ihren Wurzeln mit Giftdrüsen ausgestattet sind. Mit diesen Dornen kann der Hai unvorsichtigen Unterwassersportlern schwere Verletzungen zufügen. An der Stichstelle entwickelt sich ein schmerzhafter, infektiöser Prozeß mit Schwellung, Hyperämie, beschleunigtem Puls und Atembeschwerden. Im Unterschied zum Gift der anderen Fische enthält dieses des Dornhais Stoffe mit schwächerer muskellähmender Wirkung, so daß normalerweise bald Genesung eintritt.

Im Roten Meer lebt eine interessante und äußerst giftige Scholle (Pardachirus marmoratus), die man auch Moses-Sohle nennt. Sie fürchtet weder die aggressiven Haie noch andere Raubfische. Im Gegenteil: Alle meiden sie, sogar dann, wenn sie Hunger haben. Die Bauchseite ist milchig weiß, und der Rücken braun gefleckt. Diese Scholle ist mit ihrem tödlichen Gift bekannt, das von etwa 240 Giftdrüsen, die paarweise an den Wurzeln der Rücken- und Afterflossen sitzen, produziert wird. Das Gift ist eine milchige Flüssigkeit, die aus winzigen, tief in den Flossen gelegenen Poren austritt. Bei der chemischen Analyse konnten 3 Proteine und 1 Inhibitor des Hämotoxins (ein Stoff, der dem Gift beigemischt, seine toxische Wirkung verhindern kann) isoliert werden. Außerdem wurde festgestellt, daß dieser Inhibitor die hämotoxische Wirkung des Giftes verschiedener Tiere verhindert – der Skorpione, Bienen, der Brillenschlange, Mamba u. a. Man hat nachgewiesen, daß es im Meerwasser aufgelöst – 1:5000 – kleine Fische und Seesterne tötet. Die namhafte amerikanische Ichthyologin Eudjinia Klark hat unlängst im Roten Meer folgendes Experiment durchgeführt: Sie hat Köder für die Haie ausgesetzt und an den Haken auch ein Netz mit einigen dieser giftigen Schollen gehängt. Sobald sich ein Hai dem Köder näherte, verursachte das ausgestoßene Gift eine Lähmung seiner Kiefermuskeln, wonach er mit weit aufgesperrtem Maul das Weite suchte. Als nach einigen Minuten die lähmende Wirkung des Giftes nachließ und der Hai einen neuen Versuch unternahm, wiederholte sich dieser Vorgang. Klark stellte außerdem fest, daß dieses auf Meerestiere lähmend wirkende Gift bei Menschen keine Wirkung zeigt. Ein Tropfen von ihm auf ihrer Zunge löste nur ein kleines Kribbeln aus. Diese Tatsache führte zu Überlegungen, wonach man aus diesem Gift vielleicht Wirkstoffe gewinnen und synthetisieren könnte, die auf den Körpern von Tauchern und Badenden aufgetragen, sogar die räuberischsten Meerestiere vertreiben könnten. Sollte es den Biochemikern gelingen, diese Überlegungen erfolgreich zu realisieren, würde das Baden in den Weltmeeren mit keinerlei Gefahren verbunden sein.

Unlängst haben japanische Wissenschaftler vom Hundsfisch Tetrodotoxin, eines der stärksten Tiergifte, gewonnen und auf seiner Basis ein äußerst versprechendes schmerzlinderndes Mittel hergestellt, das im Vergleich zum Kokain eine mehrfach größere anästhetische Wirkung besitzt.

In letzter Zeit wurden in den USA detaillierte Forschungen in bezug auf die Eigenschaften und den Einsatz von Giftstoffen der Fische als Arzneimittel angestellt. Die Ergebnisse sind vielversprechend.

9.9. **Produzieren Lurche Giftstoffe?**

Es ist bekannt, daß die Vertreter der Klasse der Lurche (Amphibia) wechselwarme Tiere sind und daß sie sich zuerst im Wasser entwickelt haben und später nach Metamorphosen zu Landtieren wurden. Dabei kam es zu bedeutenden morphologischen und physiologischen Veränderungen. Während ihrer ganzen Existenz tragen sie eine feuchte und schleimige Haut, die neben der Lunge zur Atmung dient, aber auch einen ausgezeichneten Nährboden für Bakterien und Pilze darstellen würde, falls sie nicht mit zahlreichen, Giftstoffe ausscheidenden Drüsen ausgestattet wären. Diese Giftstoffe sind die einzige Abschreckungswaffe der Lurche, die sie vor Raubtieren schützen. Brennreiz und Erbrechen suchen jeden Feind heim, der über Lurche herfällt. Es ist bekannt, daß die Haut aller Lurche (Salamander, Molche, Kröten) mehr oder minder starke Giftstoffe produziert.

So ist, zum Beispiel, der in Mittel- und Südeuropa, Nordafrika und im Westteil Kleinasiens verbreitete Feuersalamander (Salamandra salamandra) mit Anhäufungen von Gift prodzierenden Hautdrüsen (Parotiden) hinter der Trommelfellmembrane ausgestattet. Einzelne Giftdrüsen sitzen in Längsreihen auch auf dem Rücken. In gereiztem Zustand stoßen sie ein giftiges Sekret aus, das Samandarin (Salamandrin) enthält *(Abb. 87)* und in chemischer Hinsicht den steroiden Alkaloiden nahesteht. Diese Stoffe hemmen die Bakterien- und Pilzentwicklung auf der Haut. Laborforschungen ergaben, daß das Salamandrin die Eiweiß synthesierenden Ribosomen und auch andere Zellenstrukturen angreift. Gleichzeitig löst das Salamandrin Konvulsionen aus und wirkt stark toxisch auf das Zentralnervensystem höherer Tiere und schützt die Salamander vor ihren räuberischen Feinden.

Abb. 87:
Feuersalamander
(Salamandra salamandra)

Der den Salamandern eng verwandte Kalifornische Wassermolch (Taricha torosa) verfügt über Hautdrüsen, die auf Tiere mit konstanter Körpertemperatur stark wirkendes Gift ausscheiden. Es wurde unlängst von Wissenschaftlern der Stanford-Universität in Palo Alto (USA) untersucht. Sie stellten fest, daß es mit dem Tetrodotoxin des Hundsfisches identisch ist. Die Haut der Frösche und Kröten scheidet ebenfalls Giftstoffe aus. Sogar eine der in allen Kontinenten (ausgenommen Australien) verbreitetsten Kröten der Gattung Bufo – Wechsel- oder Erdkröte genannt – besitzt Hautdrüsen, die Brennreiz verursachenden giftigen Schleim ausscheiden. Der Giftstoff dieser Krötenart wird Bufonin genannt, ist seiner Zusammensetzung nach ein Alkaloid und steht dem Strychnin und dem Kurare-Gift nahe. In den Blutkreislauf geraten, wirkt es lähmend auf Herz, Muskulatur und Zentralnervensystem.

Abb. 88:
Kalifornischer
Wassermolch
(Taricha torosa)

Starkes Gift sekretiert auch die Haut (vorwiegend am Kopf) der südamerikanischen Aga-Riesenkröte (Bufo marinus), die auch in Australien vorkommt und bis 25 cm lang wird. Die südamerikanischen Indianer bestreichen mit ihrem Gift ihre Pfeilspitzen. Stark giftig sind auch die südamerikanischen Frösche der Familie Dicoglossidae. Bekannt sind die Rotbauchunke oder Feuerkröte (Bombina bombina) und die Gelbbauch- oder Bergunke (Bombina variegata). Die kleinen, grellfarbigen südamerikanischen Frösche der Familie Brachycephalidae und konkreter der Gattungen Baumsteigerfrösche (Dendrobates), Blattsteigerfrösche (Phyllobates) und Stummelfußfrösche (Atelopus), verfügen über eines der stärksten Gifte nicht nur unter den Lurchen, sondern auch in der ganzen Tierwelt. Diese unikalen Winzlinge mit leuchtender Warnfarbe werden 2–5 cm lang und wiegen nur einige Gramm. Sie sind im Süden Zentralamerikas und auf den Gro-

Abb. 89:
Aga-Riesenkröte
(Bufo marinus)

Abb. 90:
Glänzender Pfeilgiftfrosch
(Dendrobates speciosus)

ßen Antillen verbreitet und leben hauptsächlich auf den Bäumen. Dank der Saugnäpfe an ihren Zehen bewegen sie sich mühelos. Sie suchen selten Wasserbecken auf (ausgenommen während der Fortpflanzungsperiode) und haben deshalb keine Schwimmhäute zwischen den Zehen. Das einzige Abwehrmittel dieser an und für sich trägen Frösche sind ihre Giftdrüsen. Außer den Parotiden sind sie auch auf dem Rücken mit kleinen, Gift ausscheidenden Hautdrüsen ausgestattet. Bei Gefahr (Angriff eines Raubtieres oder Berührung) stoßen sie starkes Gift mit spezifischem Geruch und bitter-brennendem Geschmack und Erbrechen verursachendes Gift aus, das den Angreifer sofort vertreibt.

Unter den Baumsteigerfröschen (Dendrobates) sind 10 Arten mit grellem Farbenkleid bekannt. Besonders schön ist der Baumsteigerfrosch (Dendrobates azureus) mit seinem leuchtend blauen Kleid. Der in Costa Rica verbreitete Baumsteigerfrosch, auch Smaragdbaumsteiger genannt (Dendrobates auratus), ist leuchtend grün mit auf dem Rücken regelmäßig verteilten schwarzen Flecken. Das Erdbeerfröschlein (Dendrobates typographicus) wird nur 2 cm lang und sieht wie mit leuchtend roter Farbe gelackt aus. Seine Extremitäten sind dunkelgrau und der Rücken mit Punktbändern verziert. Noch kleiner ist das Rote Erdbeerfröschchen, auch Zwerg-Panamabaumsteigerfröschchen genannt (Dendrobates pumilio), das als Winzling unter den Gattungen der ganzen Familie nur 1,8 cm lang wird. Sein Rücken leuchtet orangefarben mit etwas dunkleren punktartigen Flecken und seine Extremitäten sind schwarz. Die gelben Baumsteigerfrösche (Dendrobates histrionicus) haben einen rotschwarzen Rücken und einen gelben Bauch.

Zur Gattung der Blattsteigerfrösche (Phyllobates) gehören ebenfalls einige stark giftige Arten. Die bekannteste ist diese des Zweifarben-Blattsteigerfrosches (Phyllobates bicolor), der von den Indianern „Kokoe“ genannt wird. Sie bestreichen mit dem Gift nur eines Frosches 50 Pfeilspitzen, das sofort zum Tode des von einem Pfeil getroffenen Tieres führt. Ein interessanter Vertreter dieser Gattung ist der in Venezuela verbreitete Phyllobates trinitatis mit grau-grünlichem, dunkel geflecktem Rücken und zitronengelbem Bauch beim Weibchen. Aber der wohl giftigste unter allen Froscharten ist der 1973 in Westkolumbien entdeckte Phyllobates terribilis, und es ist kein Wunder, daß er dementsprechende Namen trägt: Fürchterlicher Blattsteigerfrosch, Goldener oder Schrecklicher

Abb. 91:
Rotes Erdbeerfröschchen (Dendrobates pumilio)

Abb. 92:
Punktierter Pfeilgiftfrosch (Dendrobates historionicus)

Abb. 93:
Dendrobates leucomelas

Abb. 94:
Goldener oder Schrecklicher Giftfrosch (Phyllobates terribilis)

Giftfrosch, Gelber Pfeilgiftfrosch. Im Vergleich zu den anderen Froscharten ist sein Hautsekret 20mal giftiger. Seine Haut sekretiert 1900 mg Gift, das für die Tötung von 1500 Menschen ausreicht.

Die Gattung Stummelfußfrösche (Atelopus) hat die meisten Arten – insgesamt 26. Sie werden nur 2–3 cm lang, aber ihr Hautsekret ist keineswegs weniger giftig als dieses bei den anderen Giftarten. Zu den bekanntesten gehören die Arten Atelopus stelzneri – mattroter, gelb gefleckter Rücken, gelber Bauch und rote Zehen; Pracht- oder Panama-Stummelfuß (Atelopus varius) – schwarz, gelb und rot gefleckter Rücken und gelber Bauch; der stark giftige Atelopus boulengeri – in den hohen Andenregionen verbreitet, und auch der Gelbe Stummelfuß (Atelopus flavescens).

Die örtlichen Indianer kennen und verwenden seit uralten Zeiten den von den Hautdrüsen dieser Froschwinzlinge ausgeschiedenen giftigen Schleim. Sie bestreichen mit ihm ihre Pfeil- und Speerspitzen sowohl zu Jagdzwecken als auch bei Feldzügen gegen feindliche Stämme und weiße Eindringlinge. Die amerikanischen Naturforscher John Dely und Bernard Witcap nannten dieses Gift Batrachotoxin (von altgrch. batrachos – Frosch + toxin – Gift). Sie stellten fest, daß es die Funktion des Nervensystems stört. Ein einziger Tropfen Batrachotoxin im Körper des Opfers stört den Ionenaustausch und die Durchläßigkeit der Nervenimpulszellen, kann aber auch die Herztätigkeit zum Stillstand bringen.

Ein Stoff mit derartigen Eigenschaften ist für die Wissenschaft von außergewöhnlicher Bedeutung. Erstens, weil in Südamerika einige Schlangenarten diese giftigen Frösche verschlingen, ohne Schaden zu nehmen, und zweitens, weil dieses starke Gift es ermöglicht, festzustellen, wie die Nervenimpulse im Tierorganismus, vielleicht aber auch in diesem des Menschen weitergeleitet werden. Diesbezügliche Forschungen erbrachten, daß das Batrachotoxin das Zusammenziehen des Herzmuskels beschleunigt. Vielleicht liegt gerade darin eine Möglichkeit zur Behandlung einiger Herz- und Gefäßkrankheiten. Es könnte aber auch sein, daß dieser starke Giftstoff auch in anderen Bereichen der Medizin Anwendung findet. Es werden übrigens bereits Präparate auf der Basis des Batrachotoxins erfolgreich als Anästhetikum verwendet.

*

9.10. Ist der schlechte Ruf der Kriechtiere berechtigt?

Abb. 95:
Echsen mit Giftzähnen: Heloderma suspectum – oben; Heloderma horridum – unten.

Immerhin kommen die meisten giftigen Vertreter der Tierwelt in der Klasse der Kriechtiere (Reptilia) vor. Diese Feststellung bezieht sich vor allem auf die giftigen Schlangenarten, da unter den 3000 Arten der Unterklasse **Echsen** (Lacertilia) nur einige Vertreter der Familie Krustenechsen (Helodermatidae) giftig sind, und das nur von der Gattung Heloderma mit 2 giftigen Echsenarten: 1. Heloderma suspectum, die in den Südregionen Nordamerikas (Arizona und Nevada sowie im nordwestlichen Mexiko) verbreitet ist und 50 cm lang wird; 2. Heloderma horridum, die in den Gebieten der Wassersammelbecken mexikanischer, in den Stillen Ozean mündender Flüsse verbreitet ist. Diese beiden Echsenarten ergreifen bei Gefahr nicht die Flucht, sondern bleiben demonstrativ auf ihrem Platz, indem sie auf ihre Warnfarbe bauen – eine Kombination zwischen gelb, rosa und schwarz *(Abb. 95)*. Der Giftapparat dieser Echsen ähnelt diesem der Schlangen, besteht also aus veränderten Speicheldrüsen. Während aber der Giftapparat bei den Schlangen im Oberkiefer eingebettet ist, befindet er sich bei den giftigen Echsen im Unterkiefer. Jede Giftdrüse hat mehrere Kanälchen, durch die sich das Gift bei Erregung in die Schleimhautfalten zwischen der Unterlippe und dem Unterkiefer ergießt. Von hier sickert es in die scharfen und gefurchten Zähne, so daß es beim Biß von allen Zähnen in die Wunde gerät. Der Biß ist äußerst schmerzhaft. Das Gift enthält Neurotoxin und den Stoff Serotonin, die das Nervensystem angreifen und die Atmung paralysieren.

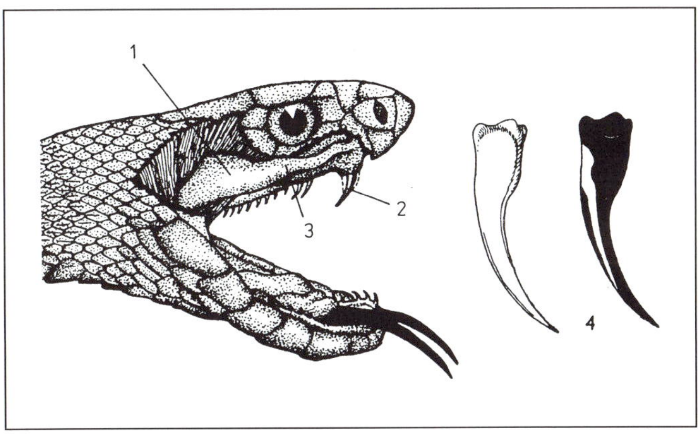

Abb. 96:
Giftapparat der Taipan-Schlange:
1. Giftdrüse;
2. Giftzahn;
3. Giftkanal;
4. Giftzähne (vergrößert; rechter Zahn mit Giftkanal).

Man hat festgestellt, daß bei Warmblütern das Gift stärker als bei Kaltblütern wirkt. Bei kleinen Nagetieren beträgt die tödliche Dosis 1 mg pro 100 g Körpergewicht. Im Vergleich dazu sind für dasselbe Körpergewicht 40 mg Schlangengift erforderlich. Die giftigen Echsen jagen ihre Beute wie die Giftschlangen. Sie beißen zuerst zu (gewöhnlich kleine Säugetiere und am Boden nistende Vögel), lassen ihre Beute unbehindert fliehen, folgen dann ihrer Spur, dank ihres ausgezeichneten Geruchssinnes, um sie schließlich zu verschlingen. Die giftigen Echsen sind, wie die Giftschlangen, ihrem eigenen Gift gegenüber resistent (eine für 45 Meerschweinchen tödliche Dosis ist für sie vollkommen ungefährlich).

Die giftigen Echsen meiden gewöhnlich die Begegnung mit den Menschen, und die bisher registrierten Bisse hatten keinen tödlichen Ausgang. Alles kommt auf die Tiefe der Bißwunde und die Zahl der eingedrungenen Zähne und damit auch der Giftmenge an.

Nach den Wissenschaftlern – Herpetologen – zählen heute zur Unterordnung **Schlangen** (Ophidia) ungefähr 2700 Arten. Sie gehören 10 Familien an, in denen 412 Giftschlangen vertreten sind. Die giftigsten Schlangenarten gehören zur Familie der Crotalidae – 122 Arten (Grubenottern, Lochottern, Klapperschlangen), der Familie Alapidae – 180 Arten (Giftnattern), der Familie Hydrophiidae – 50 Arten (Seeschlangen) und der Familie Colubridae – nur 2 Arten (Nattern).

Die Herpetologen suchen schon seit geraumer Zeit nach einer Erklärung für die Tatsache, daß ein Teil der Schlangen einen Giftapparat *(Abb. 96)* entwickelt haben und wie er zustande gekommen ist. Damit verbunden sind mehrere Hypothesen im Umlauf. Nach der glaubwürdigsten unter ihnen hat sich das Gift im Laufe der Evolution aus dem Speichel einiger der primären Schlangen gebildet, der Verdauungsenzyme, in den meisten Fällen in irgendeinem Maß giftig, enthielt. Und es ist bekannt, daß die Schlangen ihre Beute weder zernagen noch in Stücke reißen, sondern ganz verschlingen. Für die Verdauung des Beutetiers sind rasch wirkende Stoffe notwendig, die seinen Körper zersetzen. Die angeführte Hypothese wird von der Tatsache erhärtet, daß die eigentliche Aufgabe der Giftwirkung in vorausgehender Zersetzung, Zerstörung und Verdauung der Gewebe des gebissenen Opfers besteht. Diese Erkenntnis gewann man dank eines Experimentes mit einer Brillenschlange und Ratten: Die gebissene und verschlungene Ratte wurde in ungefähr 4 Tagen von der Schlange verdaut; für die Verdauung einer anderen, von der Schlange nicht gebissenen Ratte, brauchte sie ungefähr 4 Wochen. Man stellte fest, daß ohne Teilnahme des Giftes die Verdauung träge und anormal verläuft und der Stoffwechsel gestört wird. Die Wissenschaftler vertreten die Meinung, daß die Hauptfunktion des Schlangengiftes in der beschleunigten Vorverdauung der Beute durch die in ihm enthaltenen Enzyme, und zwar außerhalb des Schlangenkörpers besteht (d.h. durch Zersetzung des Gewebes der Beute).

Allem Anschein nach ist die Abwehr- und Angriffsfunktion des Giftes eine sekundäre Entwicklung, indem im Laufe von Jahrtausenden die Giftzähne zum „Einspritzen" des Drüsensekrets gebildet wurden. Man vermutet, daß das Gift ursprünglich über die gefurchten Zähne – wie bei den giftigen Echsen – in die Bißwunde floß. Allmählich wurden diese Furchen immer tiefer, bis ihre Ränder schließlich zusammenwuchsen und auf diese Weise Kanälchen entstanden, durch die es wie mit einer Injektionsnadel in den Körper des jeweiligen Opfers „gespritzt" wird. Das Schlangengift stellt eine komplizierte chemische Verbindung dar. Es ist eine farblose oder schwach gelbe, glyzerinähnliche Flüssigkeit, die beim Trocknen kristallisiert und in diesem Zustand einige dutzende Jahre aufbewahrt werden kann.

Die Giftschlange produziert – ihrer Art und ihres Alters entsprechend – von 10 bis 300 mg Gift (Trockensubstanz). Das Gift der verschiedenen Schlangenarten hat eine unterschiedliche Zusammensetzung und Wirkung auf die einzelnen Organismusarten. Ihrer physiologischen Wirkung nach unterscheiden wir zwei Arten Gift. Die erste Art ist ein Neurotoxikum, das die Funktion des Nervensystems paralysiert (z.B. Brillenschlangen, Giftnattern, Seeschlangen u.a.). Es verursacht keine besonderen Schmerzen, führt aber bei Menschen zu Schwindelanfällen, Atemnot und Bewußtlosigkeit. Die zweite Art ist hämotoxisch oder eher hämolytisch, zerstört das Blut, die Blutgefäße und Gewebe (z.B. Klapperschlangen, Sandvipern, Kreuzottern u.a.). Der Biß ist sehr schmerzhaft, verursacht innere Blutergüsse, Schwellungen, Abszesse, Geschwüre und Nekrose des betroffenen Gewebes.

Das Schlangengift zersetzt die roten Blutkörperchen, verhindert oder verlangsamt wesentlich die Blutgerinnung, einige seiner Bestandteile paralysieren die Tätigkeit des Herzmuskels (z.B. das Gift der Brillenschlange) andere blockieren die Atmung, wobei nicht die Funktion des Atmungszentrums, sondern die Säge- und Zwerchmuskeln gehemmt werden. Es enthält den sogenannten Giftfaktor des Stoffwechsels, der die Funktion des Gehirns und die Sauerstoffaufnahme der Organe blockiert und rasch den Blutzuckerspiegel anhebt.

Der Giftapparat der Schlangen besteht aus im Kopf gelegenen spezialisierten Drüsen. Sie sind durch Kanälchen mit den beiden Giftzähnen verbunden, die sich vorne am Oberkiefer befinden *(Abb. 96)*. Bei geschlossenem Maul liegen sie nach hinten umgeklappt. Beim Biß klappen sie nach vorne auf, ein Muskel drückt auf die Drüsen und das Gift fließt durch die Kanälchen in die Zähne und von ihnen in den Körper des gebissenen Opfers. Kleinere Tiere verenden gewöhnlich nach einigen Minuten. Wird der Mensch von einer stark giftigen Schlange gebissen, kann der Tod nach einigen Stunden eintreten, falls kein Schlangenserum injiziert wird.

Oft stellt man die Frage, welche der Schlangen die allergiftigste und gefährlichste sei? Da eine Vielfalt an Giftschlangen in der ganzen Welt verbreitet sind, fällt es den Herpetologen schwer, eine eindeutige Antwort zu geben. Außerdem sind Schlangen, die laut Laboranalyse die stärksten Gifte produzieren, nicht immer aggressiv. Wichtige Faktoren sind die Giftstärke, die Menge des in die Bißwunde entleerten Giftes, die Tiefe der Bißwunde und auch die Zahl der Bißwunden. Die statistischen Angaben über die Zahl der an Schlangenbissen ums Leben gekommenen Menschen sind ebenfalls kein genaues Kriterium, da in noch vielen Ländern die medizinische Betreuung unzulänglich ist und oft lebensrettendes Schlangenbißserum fehlt.

Abb. 97: Diamant-/Florida-Klapperschlange (Crotalus adamanteus)

Kennzeichnend ist, daß jeder Kontinent (ja sogar einzelne Länder) sein „Schlangen-Ungeheuer“ hat, das im Laufe der Jahrhunderte zur Quelle verschiedener Legenden und Sagen wurde. Der nordamerikanische Kontinent ist mit seinen 60 Crotalus-Arten (Gattung Crotalus), Klapperschlangen genannt, berüchtigt geworden. Das wichtigste Erkennungszeichen der Klapperschlangen ist die am Schwanzende gelegene Klapper oder Rassel aus Hornringen *(Abb. 97)*, die das erregte Tier durch Hin- und Herbewegen des Schwanzes mit lautem, durchdringenden Geräusch zum Schwirren bringt und damit seine Feinde warnt. Außerdem

Abb. 98: Texas-Klapperschlange (Crotalus atrox)

sind die Klapperschlangen mit einem Thermorezeptor ausgestattet, mit dem sie die Wärmestrahlen der Warmblüter empfangen und auch bei völliger Dunkelheit ihre Beute orten. In den Vereinigten Staaten nimmt die Texas-Klapperschlange (Crotalus atrox) die meisten Menschenopfer und gilt daher als die gefährlichste ihrer Gattung, obwohl angenommen wird, daß die Diamantklapperschlange (Crotalus adamanteus) in Florida noch giftiger ist. Kaum minder gefährlich ist auch die Waldklapperschlange (Crotalus horridus).

Abb. 99:
Wald-Klapperschlange
(Crotalus horridus)

In Mittelamerika (Mexiko u. a.) wurden 40 Arten und Unterarten der Gattung Klapperschlangen gezählt.

In Südamerika kommen ebenfalls 2 Arten Klapperschlangen vor, aber ein bei weitem größeres Problem sind die Bisse anderer Grubenottern, die zu den folgenden vier Gattungen gehören: Lachesis, Bothrops, Trimeresurus und Agkistrodon. Die wohl giftigste Schlange dieses Kontinents ist der Buschmeister (Lachesis mutus). Mit ihrer Länge von 3,5 m ist sie der größte Vertreter der Grubenottern. Diese Schlange ist mit außergewöhnlich langen Giftzähnen ausgestattet und produziert große Mengen Gift. Zum Glück ist sie relativ träge und dem Menschen gegenüber kaum aggressiv. In Brasilien ruft jede Begegnung mit den Jararaca-(Bothrops jararaca) und Jararacussu-Schlangen (Bothrops jararacussu) helles Entsetzen hervor. Beide Arten werden bis 1,5 m lang und ihr Biß ist tödlich. Das einzige schlangenfreie Land Südamerikas ist Chile.

Abb. 100:
Brasilianische Jararaca-Schlange
(Bothrops jararaca)

In Afrika sind ebenfalls viele Giftschlangen verbreitet, die unter den Eingeborenen Grauen verbreiten. Als besonders giftig gelten die Schwarze Mamba (Dendroaspis polylepis), die Grüne Mamba (Dendroaspis viridis), aber auch die 4,5–6 m lange Blattgrüne Mamba (Dendroaspis abgusticeps). Das Gift der Mamba-Schlangen ist zwar sehr stark, noch gefährlicher aber werden sie dank ihrer außergewöhnlichen Beweglichkeit, Kletterfähigkeit und vor allem ihrer Geschwindigkeit, die im Unterschied zu den üblichen 1–2 km/h der anderen Schlangen 11,3 km/h erreicht. Hinzu kommt noch ihre ausgezeichnete grüne Schutzfarbe, die sie in hohen Gräsern und im Laub der Bäume fast unbemerkbar macht. Des-

Abb. 101:
Grüne Mamba
(Dendroaspis viridis)

halb kommt es oft zu folgenschweren Begegnungen mit ihr, die ohne sofortiger medizinischer Hilfe tödlich enden.

Einen ähnlich schlechten Ruf hat auch die Gabunviper oder Gabunotter (Bitis gabonica), die wohl in bezug auf die Länge ihrer Zähne – 52 mm, den Weltrekord unter den Schlangen innehat. Da ihre Zähne tief in den Körper des Opfers eindringen, wirkt ihr starkes Gift unverzüglich. Man behauptet, daß die Grubenotter die einzige Schlange ist, deren Biß den sofortigen Tod des Menschen herbeiführt! Eng verwandt mit ihr und stark giftig ist die derselben Gattung angehörende Gewöhnliche Puffotter (Bitis arietans).

Abb. 102: Gabunviper (Bitis gabonica – oben, Bitis lachesis – unten)

Zu den gefährlichen und schon zur Zeit der Pharaone gefürchteten Giftschlangen gehört die ägyptische Kobra (Naja haje), auch als Brillen- oder Uräusschlange bekannt.

Afrika aber ist auch die Heimat der „speienden" Giftschlangen. Beispiele dafür sind die Speikobra (Naja nigricollis) und die Ringhalskobra (Hemachatus haemachatus). Durch plötzliches Zusammenziehen (Kontraktion) spezieller Muskeln speien sie durch den Giftkanal ihrer Zähne das Gift bis 2 m Entfernung. Ihr Gift wirkt sofort vorwiegend bei kleineren Tieren, die gleich paralysiert werden. Man hat beobachtet, daß diese Schlangen dutzendmal nacheinander das Gift ausspeien können, bis der gewünschte Effekt erzielt ist. Sie sind für den Menschen sehr gefährlich, weil sie erstaunlich genau seine Augen treffen und dadurch zeitweilige Erblindung verursachen. Dabei empfindet man starken Schmerz, und es kommt zu unheilbaren Augenverletzungen. Bekannt sind Fälle, bei denen Speikobras ihr Gift auf glänzende Knöpfe oder Uhren „abgeschossen" haben, die sie offensichtlich mit Augen verwechselten.

Abb. 103: Ägyptische Kobra – Uräusschlange (Naja haje)

Abb. 104: Indische Kobra – Brillenschlange (Naja naja)

Die in Asien verbreiteten, stark giftigen und sehr gefährlichen Giftschlangen sind die indische Kobra (Naja naja) sowie die mit ihr verwandte mittelasiatische Kobra (Naja naja oxiana) und die Brillenschlange (Naja naja kaouthia).

Sehr gefährlich ist auch die indonesische Speikobra (Naja naja sputatrix).

In Südostasien, Birma, Indien, Indochina und anderen Ländern lebt die Königskobra (Ophiophagus hannah), auch Riesenhutschlange genannt. Mit ihrer 4,5–5,5 m Länge ist sie die größte ihrer Gattung. Ihr Name ist auf die altindische Überlieferung zurückzuführen, wonach ihr von allen anderen Schlangen „königliche Ehren“ erwiesen werden. Diese Überlieferung wurzelt wahrscheinlich in der Tatsache, daß sie sehr kräftig und äußerst aggressiv ist und sich vorwiegend von anderen Kriechtieren (giftigen und ungiftigen Schlangen und Echsen) ernährt. Manchmal gehören zu ihren Opfern sogar die indische Kobra und die Brillenschlange.

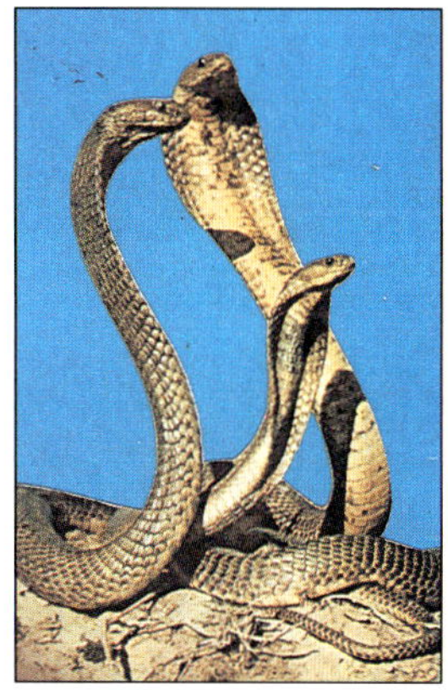

Abb. 105:
Mittelasiatische Kobra (Naja naja oxiana)

Im Unterschied zu den anderen Giftschlangen flüchtet die Königskobra vor den Menschen nicht, sondern greift ihn unverzüglich an. Bekannt sind sogar Fälle, in welchen sie die Verfolgung aufgenommen hat.

Abb. 106:
Brillenschlange Kobra (Naja naja kaouthia)

Laut Statistik werden in Indien jedes Jahr rund 200.000 Menschen von Giftschlangen gebissen. Was Todesfälle betrifft, entfallen 4,8% auf die Kobra-Schlangen, 8,3% auf dieKettenviper (Vipera russellii) und die meisten mit 88,9% auf den Gewöhlichen Bungar (Bungarus caeruleus). Der australische Kontinent ist die Heimat einer der gefährlichsten, stark giftigen Schlangen. Die Tigerotter (Notechis scutatus) ist in Südaustralien und auf Tasmanien verbreitet. Sie ist äußerst aggressiv und verschuldet jährlich den höchsten Prozentsatz der Todesfälle. Es könnte sein, daß für den Menschen die Taipan-Schlange (Oxyuranus scutellatus) noch gefährlicher ist. Sie produziert große Mengen Neurotoxin, das bald nach dem Biß den Tod herbeiführt. Einen schlechten Ruf hat ebenfalls die Todesotter (Acanthopsis antarcticus). 1975 entdeckten australische Herpetologen in den Gebieten am Flußlauf des Diamantina-River eine bis dahin unbekannte kleinschuppige Schlange, die sie Rasende Schlange (Parademansia microlepidotus) nannten. Sie stellten fest, daß ihr Gift neunmal stärker ist als dieses der Tigerotter. Charakteristisch für die 2 m lange Rasende Schlange ist die außergewöhlich hohe Produktivität ihrer Giftdrüsen. Von sieben dieser Tiere wurden durchschnittlich je 44,4 mg Gift gewonnen. Eines von ihnen lieferte sogar 110 mg. Die australischen Herpetologen vermuten, daß auf Grund ihrer hohen Produktivität und starken Toxizität diese Schlange die giftigste auf der ganzen Welt ist.

Abb. 107:
Australische Taipan-Schlange
(Oxyuranus scutellatus)

Das alte Europa ist arm an giftigen Schlangen. Vertreten sind 7 giftige Schlangenarten, die alle zur Gattung Vipern (Vipera) gehören. Sie unterscheiden sich von den vorkommenden Schlangenarten durch ihr dunkles Zickzackband auf dem Rücken, das bei den meisten Vertretern der Gattung vorhanden ist. Die bekannteren Tiere dieser Gattung sind die Kreuzotter (Vipera berus), die Sandotter (Vipera ammodytes), auch Hornotter und Sandviper genannt, die durch einen Schuppendorn zwischen den Augen gekennzeichnet ist, die Aspisviper (Vipera aspis), auch Aspotter oder Juraviper genannt, die Wiesen- oder Karstotter (Vipera ursinii), die Levanteotter (Vipera lebetina) u.a. Giftige Arten sind auch in der Gattung Echis vertreten, wie zum Beispiel die Sandrasselotter (Echis carinatus). Aber im Vergleich zu den stark giftigen Schlangen der anderen Kontinente sind die europäischen „harmlose" Tiere. Obwohl sie die Begegnung mit den Menschen meiden und gewöhlich die Flucht ergreifen, können sie gefährlich werden. Ihr Gift dringt leicht in den Körper ein, weil bei den europäischen Giftschlangen, im Unterschied zu den Brillen-und anderen Giftschlangen, die Giftzähne beim Biß waagrecht zur Schädelachse nach vorne schnellen, so daß sie nicht zubeißen, sondern nur „picken". Das Gift ruft eine schmerz-

Abb. 108:
Australische Todesotter
(Acanthopsis antarcticus)

hafte rote Anschwellung hervor, man empfindet Schläfrigkeit, manchmal kann Ohnmacht oder übermäßige Erregung eintreten, der Blutdruck fällt und die Herztätigkeit läßt nach. Das Gift der in Europa verbreiteten Schlangen zersetzt das Eiweiß im Blut, erhöht die Durchläßigkeit der Blut- und Lymphgefäße und beschädigt einige Zentren des peripheren Nervensystems und des Zentralnervensystems. Beobachtet werden Schwäche, Ohnmacht und Ausschlag mit Juckreiz. Todesfälle sind selten und treten, falls keine Gegenmaßnahmen getroffen werden, zwischen dem ersten und achten Tag nach dem Biß ein.

Abb. 109: Kreuzotter (Vipera berus)

Abb. 110: Sandotter (Vipera ammodytes)

Europa ist nicht nur von stark giftigen Land-, sondern auch von **Seeschlangen** verschont geblieben, die an den Küsten aller anderen Kontinente verbreitet sind. Zur Familie der Seeschlangen (Hydrophiidae) mit 2 Unterfamilien gehören ungefähr 50 Arten. Die bekanntesten Vertreter der Unterfamilie Laticaudinae sind die Gewöhnliche Seeschlange (Laticauda semifasciata) und die Zeilen-Seeschlange (Laticauda laticaudata), und der zweiten Unterfamilie Hydrophinae – die Gebänderte Ruderschlange (Hydrophis fasciatus) und die Blaugebänderte Ruderschlange (Hydrophis eganocinctus). Als giftigste Seeschlangen gelten die Vertreter der Art Hydrophis belcheri, deren myotoxisches Gift 100mal stärker ist als dieses der australischen Taipan-Schlange. Alle diese Seeschlangen bewohnen die tropischen Gewässer des Indischen und Stillen Ozeans (vorwiegend an den Küsten Afrikas, Asiens und Australiens), und nur eine Art, die Plättchen-Seeschlange (Pelamis platurus) kommt an den Westküsten Mittel- und Südamerikas vor. Prinzipiell sind alle giftigen Seeschlangen für den Menschen stark toxisch. Obwohl ihr Gift bedeutend stärker ist als das der Landschlangen, sind sie für den Menschen keine besonders große Gefahr, weil sie kurze Zähne haben, wenig Gift ausscheiden und sich Menschen gegenüber nicht aggressiv verhalten.

Abb. 111: 1. Zeilen-Seeschlange (Laticauda laticaudata); 2. Ruderschlange (Hydrophis spiralis).

Abb. 112: Plättchen-Seeschlange (Pelamis platurus) – links; Thalassophis anomalus – rechts.

Seit fernster Vergangenheit haben die Giftschlangen Grauen verbreitet und waren stets Objekt besonderer Aufmerksamkeit. Gleichzeitig aber wurden Schlangenprodukte immer wieder von Schamanen bei kultischen Handlungen und von Volksmedizinern als Heilmittel verwendet. In ägypischen Papyrusrollen aus dem Jahr 1550 v. u. Z. sind einige aus

Abb. 113:
Asklepios – Gesundheits- und Heilgott der Thraker und Griechen (bei den Römern Äskulap)

Schlangengift gewonnene Arzneimittel beschrieben. Wir wissen, daß die Thraker, die einst die heutigen Gebiete Bulgariens bevölkerten, als erstes Volk den Kult des griechischen Gottes der Heilkunst, Asklepios (bei den Römern – Aesculapius), übernahmen *(Abb. 113)*. Sprachwissenschaftler nehmen an, daß das Wort „asklepi" aus zwei thrakischen Wörtern gebildet wurde: „as" – Schlange, und „klepi" – Stab. Der Äskulapstab – von einer Schlange umwunden, ist das Sinnbild der gegenwärtigen Heilkunde.

Den wachsamen Augen der damaligen Menschheit ist nicht entgangen, daß Schlangen lange leben (über 10 Jahre) und daß sie jedes Jahr ihre Haut abstreifen. Diese biologische Besonderheit bekräftigte ihren Glauben an die ewige Jugend der Schlangen, in der Annahme, daß sie das Alter mit ihrer Haut abstreifen und mit der neuen Haut ihre Jugend wieder gewinnen. Die im Frühling abgestreifte Haut wurde von den Volksmedizinern vieler Völker des Altertums als Heilmittel verwendet. Man legte sie bei Fieber den Kranken auf den Bauch, bei Augenentzündungen auf die Augen oder bei Zahnschmerzen auf die Zähne. Gleichzeitig war man dem Schlangengift gegenüber völlig hilflos und deshalb stets auf der Suche nach einem effektiven Gegenmittel. Erst 1895, als eine Methode vorgeschlagen wurde, war es so weit. Diese Methode wurde vom Schüler des großen Pasteur, Dr. Albert Calmette, erarbeitet. Zu diesem Zweck hatte er in das Blut von Pferden große Dosen Schlangengift eingeführt. Im Blut der Tiere bildeten sich Antikörper, die als Antitoxine die Wirkung des eingedrungenen Schlangengiftes verhinderten. Auf diese Weise gewann Dr. Calmette ein an Antikörpern reiches Schlangengiftserum. In das Blut des von einer Giftschlange gebissenen Menschen eingeführt, wirkt es antitoxisch und verhindert eine schwere Erkrankung oder den Tod. Laut Statistik werden jedes Jahr ungefähr 500.000 Menschen von Schlangen gebissen. Dank des Schlangebißserums konnte die Todesrate auf ein Minimum von 1,5–2% (vor allem bei Menschen, die nicht mit diesem Serum behandelt wurden) gesenkt werden. Heute wird das Schlangengiftserum in großen Mengen aus Pferdeblut gewonnen. Zu diesem Zweck wird den eigens selektierten Tieren sechzehn Monate Schlangengift gespritzt – anfangs ungefährliche und dann zunehmend größere Mengen. Inzwischen werden dem Tier 75 Liter Blut entnommen, das nach entsprechender Reinigung an Versuchstieren (Hasen) erprobt und dann in zugeschweißten Ampullen gelagert wird. Mit diesem Serum wurde und wird vielen Menschen das Leben gerettet, die sich rasch vom Schlangenbiß erholen, auch dann, wenn es erst einige Stunden nach dem Biß eingeführt wird.

Bisher konnte kein Schlangengift synthetisiert werden. Deshalb hat man in vielen Ländern Schlangenfarmen (Herpetarien) eingerichtet. Die größte befindet sich in Brasilien (das Serologische Institut „Butantan" in Sao Paulo, 1899 gegründet), in dem nicht nur Schlangenbißserum, sondern auch Serum gegen das Gift von Skorpionen, Spinnen und einigen giftigen Insekten gewonnen wird.

In Guinea wird ebenfalls ein großes Institut für die Gewinnung von Schlangenbißserum und anderen Arzneimitteln auf der Basis von Schlangengift betrieben. Es befindet sich in der Stadt Kandia, etwa 20 km von der Hauptstad Conakry entfernt und wurde als Filiale des berühmten Pasteur-Instituts in Frankreich gegründet.

Auch in der UdSSR sind einige große Herpetarien in Betrieb. Im Kirgisischen Kombinat in der Stadt Frunse werden ungefähr 12.000 Giftschlangen gezüchtet. Jeden Tag sammelt man von ungefähr 100 Reptilien das Gift. Das Kombinat beliefert nicht nur die sowjetische Pharmaindustrie, sondern exportiert auch einen Teil seiner Produktion. Ebenfalls modern eingerichtet ist das Herpetarium in Taschkent, in dem die aserbaidschanischen Wissenschaftler die Schlangenzucht und die Gewinnung industriemäßig organisiert haben. Dazu gehört ein von ihnen konstruierter Brutapparat, in dem optimale Temperatur, Feuchtigkeit und Licht automatisch gesteuert wird. Eine Unterlage aus Sägespänen und Schwämmen sorgt für die unversehrte Erhaltung der Schlangeneier. Der Brutapparat sichert das Ausschlüpfen von 80% der Eier und nähert sich damit den natürlichen Bedingungen. Das Taschkent-Herpetarium beliefert 72 Forschungsinstitute und Pharmabetriebe mit kristallinem Schlangengift.

In Turkmenien – Kalinin (im Zentrum des europäischen Teils der UdSSR) – sind ebenfalls Herpetarien für Schlangengiftgewinnung eingerichtet. In den sowjetischen Herpetarien wird hauptsächlich Gift von den in der Sowjetunion verbreiteten Schlangen gewonnen – mittelasiatische Kobra-Schlangen, Sandvipern, Levanteottern u. a.

In Suchodol bei Sofia (Bulgarien) besteht ein Herpetarium mit Experimentalbasis des Instituts für Epidemologie und Mikrobiologie. In ihm wird vorwiegend Gift aus Kreuzottern und Sandvipern gewonnen.

Abb. 114:
Klassische Methode zur Schlangengiftgewinnung.

Die Gewinnung des Schlangengiftes erfolgt nach der klassischen Methode: Man faßt die Schlange hinter dem Kopf und drückt ihre Zähne an die Innenwand einer sterilen Glasschale, wobei das Gift ausfließt *(Abb. 114)*. Dieser Vorgang wird jede drei Wochen wiederholt, da die Drüsen das Gift sehr langsam reproduzieren. Man läßt das Gift kristallisieren und stellt es dann den Pharmainstituten und Betrieben zu, wo sowohl das lebensrettende Schlangenbißserum als auch andere Arzneipräparate hergestellt werden. Man hat festgestellt, daß getrocknetes Schlangengift ungefähr 20 Jahre haltbar ist.

Das Schlangengift ist ein sehr teures Produkt. 1 g kostet ungefähr zehnmal mehr als 1 g Gold. Aber um dieses 1 g zu gewinnen, braucht man das Gift von 100 Schlangen. Da sehr oft die gebissenen Menschen nicht wissen, welcher Schlange sie über den Weg gelaufen sind, wird in vielen Pharmainstituten polivalentes Schlangenbißserum hergestellt, das gegen das Gift aller Schlangenarten der jeweiligen Weltregion wirkt.

Gleichzeitig ist aber auch bekannt, daß die Einführung des lebensrettenden Schlangebißserums nicht völlig problemlos ist. Im Organismus der Menschen, die schon mehrmals mit verschiedenen Impfstoffen und Seren behandelt worden sind, bilden sich Antikörper. Das Immunsystem des Menschen kann aber solche großen Mengen von Fremdstoffen nicht verarbeiten und reagiert allergisch. Oft sieht sich der Arzt mit der schwierigen Frage konfrontiert, ob er unverzüglich das Schlangenbißserum injizieren soll, um dem Patienten das Leben zu retten, oder ob zuerst eine Blutprobe zwecks Verträglichkeitsanalyse zu nehmen ist. Bis aber die Analyse durchgeführt wird, verbreitet sich das Gift mit dem Blut im ganzen Körper. Dieses Problem wurde vom amerikanischen Arzt und Wissenschaftler, Richard Strat und seinem Kollegen, dem Biologen, S. Snayder, bewältigt. Auch vor ihnen war jedermann bekannt, daß Schlangen auf ihr eigenes Gift nicht reagieren, so daß in ihrem Blut wahrscheinlich ein unbekannter Stoff vorhanden sein muß, der als Gegengift wirkt. Es gelang den beiden Wissenschaftlern, Blutplasma von Klapperschlangen zu isolieren. Die biochemische Analyse ergab, daß im Blut der Klapperschlangen ein spezialisiertes Eiweiß enthalten ist, das das Gift völlig neutralisiert. Dieses Eiweiß wirkt schneller als alle bisher bekannten Gegengifte. Vorläufig gelang die Herstellung eines Vaksins auf Schlangenblutplasma noch nicht. Dies aber ist prinzipiell möglich, und das neue Vaksin wäre für jeden allergischen, von einer Giftschlange gebissenen Menschen vollkommen verträglich.

Das Schlangengift ist auch eine wichtige Substanz vieler wertvoller Arzneimittel, die bei Neuralgien und chronischen Krankheiten der Gelenke Heileffekte erzielen. Mit ihnen werden Muskelschmerzen und Infektionen behandelt. Aus Brillenschlangengift gewinnt man ein äußerst wirksames Arzneimittel gegen rheumatische Gelenkentzündungen, das nicht nur schmerzlindernd ist, sondern im Unterschied zu vielen anderen schmerzlindernden Präparaten keine negativen Nebenwirkungen hat. Das aus dem Gift der Levanteotter gewonnene Präparat wird als blutstillendes Mittel eingesetzt (die sowjetische Pharmaindustrie stellt auf seiner Basis das Arzneimittel Lebetox her). Aus dem Gift der malaiischen Levanteotter wird ein Arzneimittel hergestellt, das die Blutgerinnung verhindert. Vielleicht gelingt es, mit seiner Hilfe die Thrombose zu heilen, die Blutpfropfenbildung in den Gefäßen verursacht. Das sowjetische Präparat Viprosal-Ungt. erzielt Heileffekte bei Radikulitis, Ischias und Polyarthritis. Das Kobrotoxin wird von den sowjetischen Pharmakologen aus dem Gift der mittelasiatischen Kobra gewonnen. Mit diesem Präparat behandelt man Bronchialasthma und hohen Blutdruck. Gleichzeitig experimentiert man seine Anwendung gegen Geschwülste, einschließlich bösartigen. In Bulgarien wird das Präparat Vipraplex-Ungt. mit antirheumatischer Wirkung hergestellt. In die Haut eingerieben, wirkt es toxisch auf die Blutgefäße und ruft Hyperämie hervor (vermehrte örtliche Blutfülle). Das Vipraplex setzt die Sensibilität der Nervenrezeptoren herab und findet Anwendung bei Muskel- und Gelenkrheuma, Ischias, Arthritis, degenerative Veränderungen und Entzündungen der Gelenke, Arthropatien und Zustände nach Frakturen, Luxationen, Distorsionen u. a. Präparate aus Schlangengift werden auch in anderen Ländern hergestellt.

9.11. **Gibt es giftige Säugetiere?**

Abb. 115:
Große Wasserspitzmaus (Neomis fodiens)

Es ist verwunderlich, daß in der derart zahlreichen Klasse der Säugetiere (Mammalia) nur sehr wenige Arten mit Giftwaffen ausgestattet sind. Giftige Säugetiere sind einige Vertreter der Familie Wühlmäuse (Soricidae), auch Spitzmäuse oder Spitzrüßler genannt, die mit dem Maulwurf verwandt sind, aber eher wie Mäuse aussehen. Erwiesen giftig sind folgende Arten: Die nordamerikanische Kurzschwanzspitzmaus

(Neomys anomalus), die Maskenspitzmaus (Sorex cinereus) und der Haiti-Schlitzrüßler (Solenodon paradoxus) von der Familie Schlitzrüßler (Solenodontidae).

Alle diese Säugetiere ernähren sich von Insekten, Spinnen, Würmern, Wegschnecken u. a., die sie mit ihrem giftigen Biß töten. Die Schneidezähne an ihrem Unterkiefer haben eine Öffnung, in die zwei Kanälchen münden, die mit zwei veränderten, Gift produzierenden Speicheldrüsen verbunden sind. Die beiden unteren Schneidezähne-Paare sind nach vorne gerichtet und bilden eine Rille, über die das Gift in die Bißwunde einfließt. Dieses Gift ist zu schwach, um den Tod des Menschen herbeizuführen. Außerdem sind Begegnungen mit diesen Tieren sehr selten.

Abb. 116: Schnabeltier (Ornithorhynchus anatinus) – oben; Tachyglossus aculeatus – unten.

Zu den primitivsten, heute lebenden Säugetieren gehören die eierlegenden Tiere der Ordnung Kloakentiere (Monotremata). Einer ihrer Vertreter ist das Schnabeltier (Ornithorhynchus anatinus), das nur in Australien vorkommt. Die Männchen besitzen scharfe und bewegliche Fersensporen, in denen große Giftdrüsen münden. Beim unsachgemäßen Fang dieser Tiere ist es zu schweren Vergiftungen gekommen. Einige Wissenschaftler sind der Meinung, daß einige Vertreter der Familie Tachyglossidae, wie zum Beispiel der Ameisenigel, mit ihren Stacheln ebenfalls eine Giftwaffe besitzen. Die Natur hat sich beim amerikanischen Iltis, Streifenskunk (Mephitis mephitis) genannt, etwas ganz Besonderes einfallen lassen *(Abb. 117)*. Er setzt seine chemische Waffe wie bei einem „Giftgas-Angriff" ein, indem er ein Sekret mit unausstehlichem Geruch versprüht, der auch noch in größeren Entfernungen wirksam bleibt. Dieses kleine 1–1,5 kg wiegende Tierlein, wird sogar von größeren Tieren (Hunden, Bären u. a.) sorgfältig gemieden. Sein Geruch wirkt nicht nur abstoßend und betäubend, sondern verursacht auch zeitweilige Blindheit. Daß Menschen einige Stunden in Ohnmacht fallen, ist nicht ausgeschlossen. Der Streifenskunk setzt seine Waffe nur dann ein, wenn er sich bedroht oder herausgefordert fühlt. Dann hebt er den Schwanz und sprüht aus dem After einen Strahl der stinkenden Flüssigkeit auf 3–4 m aus, die in einer kleinen, zweiteiligen Afterdrüse produziert wird. Ihr Hauptbestandteil ist das Äthylmerkaptan, das kein einziges Tier ausstehen kann. Interessant dabei ist, daß die Reserve dieses chemischen Stoffes in der Afterdrüse recht groß ist, sodaß der Streifenskunk 5–6mal nacheinander einen Strahl auszustoßen vermag. Dann aber braucht sein „chemisches Labor" mehrere Tage, um die Waffe wieder zu „laden".

Abb. 117: Streifenskunk (Mephitis mephitis)

Seine europäischen Verwandten – der europäische Iltis (Mustela putorius), der Steppeniltis (Mustela eversmanni) und der osteuropäische Tigeriltis (Vormela peregusna), auch Tigermarder genannt, versprühen durch den After ebenfalls eine abstoßend riechende Flüssigkeit, deren Wirkung aber überhaupt nicht mit dem mörderischen Gestank des Skunk zu vergleichen ist.

* * *

Groß ist die Zahl der Gifte, die von den „lebenden biochemischen Laboratorien" der Tierorganismen produziert werden und den Menschen schon in fernster Vergangenheit bekannt waren. Viele Schriftquellen und Kulturdenkmäler aus jener Zeit liefern Belege dafür, daß sie in der Volksmedizin breite Anwendung fanden. Jahrhundertelang flößten die „Giftwaffen" der Tiere und vor allem der Schlangen den Menschen panischen Schrecken ein. Deshalb gaben sie ihre Suche nach wirksamen Gegengiften nie auf. Heute wird dieses Gift zunehmender als heilkräftiges Arzneimittel eingesetzt, und seine Produzenten verwandeln sich von Feinden in Helfer der Menschheit.

Abb. 118:
Mit Kurare bestrichene Pfeilspitzen der Indianer – einzig wirksame Waffe gegen die Flinten der spanischen Konquistadoren.

10. Das Geheimnis des Indianergiftes Kurare

Als Ende des 15. und Anfang des 16. Jahrhunderts die spanischen Konquistadoren in die Ländereien eindrangen, die seit Jahrhunderten Lebensraum der Indianer waren, schreckten sie vor dem Gift zurück, mit dem die Urbewohner ihre Pfeilspitzen bestrichen. Von diesen Pfeilen getroffene Menschen und Tiere starben nach nur einigen Minuten. Bald wußte man, daß es sich um das Gift Kurare handelt. Die Opfer fielen sofort um, konnten sich nicht mehr bewegen und starben an Erstickung. Alle Versuche, etwas mehr über dieses Gift zu erfahren, blieben erfolglos. So kam es, daß seine Zusammensetzung jahrhundertelang von den Indianerstämmen streng gehütet, den Ruf von etwas Geheimnisvollen, fast Magischen erhielt. Die Lüftung dieses Geheimnisses hat eine außergewöhnlich lange und interessante Geschichte. Man wußte ursprünglich eigentlich nur, daß das Fleisch von mit Giftpfeilen erlegten Tieren genießbar ist und daß die Pfeile mit Bogen oder Blasrohren abgeschossen wurden. Die Blasrohre bestanden aus zwei gleichen Teilen, die nach sorgfältiger Glättung mit Bast zusammengebunden wurden und ein „Mundstück" aus tierischem Rohrknochen enthielten.

Die ersten Nachrichten über das geheimnisumwitterte Kurare-Gift finden sich in den ersten Schriften der Mönche am Hof der Königin Isabella I. in Spanien, die durch ihre Ehe mit König Ferdinand von Aragonien, das kastilische und aragonische Königreich unter eine Krone brachte und damit die Voraussetzung für die Entstehung des Königsreiches Spanien schuf. Sie war es, die Kolumbus entsandte, die Neue Welt (den amerikanischen Kontinent) zu entdecken, aus dem wahrscheinlich das legendäre Indianergift nach Europa gebracht wurde.

Viel später wurde bekannt, daß nur die ältesten und erfahrensten Frauen des jeweiligen Indianerstammes das Gift zubereiten konnten und durften. Sie brauten in einem großen Kessel verschiedene Pflanzenwurzeln, Säfte aus verschiedenen Früchten, Harze, Schlangengift, den Hinterkörper von Skorpionen, Ameisenköpfe etc., bis eine dunkle zähflüssige Masse übrig blieb. Die Stärke des derart zubereiteten Giftes wurde auf drastische Weise getestet. Es wurde nur dann als wirksam

Abb. 119:
Oft wurden die Kurare-Pfeile aus Blasrohren abgeschossen.

befunden, wenn zumindest eine der zubereitenden Frauen nach Einatmung des Giftdunstes das Bewußtsein verlor oder starb. Sollte der Test die erwarteten Resultate nicht zeigen, bestrafte man die Frauen grausam. Das gewonnene Gift wurde in dicken Bambusrohren, ausgehöhlten Kürbissen oder Terrakottabehältern aufbewahrt und dementsprechend benannt, zum Beispiel Tobukurare. Allmählich fand man heraus, welche Gifttiere zu seiner Zusammensetzung gehörten. Was aber die Pflanzenbestandteile betrifft, tappte man weiterhin im Dunklen. Erst nach eingehenden Forschungen entdeckte man, daß es sich um flüssige Extrakte aus den Früchten, Wurzeln und Blättern der südamerikanischen Pflanzengattungen Strychnos und Chondrodendron handelt. Als man die zur Herstellung des Kurare-Giftes verwendeten Pflanzen identifiziert hatte, blieb immer noch die Frage offen, welcher Stoff stark toxisch wirkt und worin der Mechanismus seiner Wirkung auf Mensch und Tier besteht. Um diese Fragen zu beantworten, wurden langwierige wissenschaftliche Forschungen gestartet. Die ersten diesbezüglichen Untersuchungen und Experimente unternahm 1781 F. Fontana und äußerte danach, wenn auch fälschlicherweise, die Vermutung, daß das Kurare „nur die Endverzweigungen der Nerven" beeinflußt.

Im Jahre 1828 gelang des den Forschern J. Roulin und J.-B. Boussingault, aus Kurare ein dickflüssiges, stark toxisches Alkaloid zu isolieren, das sie Kurarin nannten und das sich sogar toxischer erwies als die Ausgangsbasis.

Gleichzeitig wurde die Erforschung des Mechanismus der Giftwirkung fortgesetzt. Ein erster, zufällig gewonnener Lichtblick in diesem Zusammenhang waren die Beobachtungen an einem mit Giftpfeil verwundeten Maultier, das durch intensives Einpumpen von Luft in die Lungen gerettet werden konnte. Daraus schlußfolgerte man, daß der Tod bei Kurarevergiftung infolge unterbrochener Atmung, oder exakter ausgedrückt, durch Paralyse der Atmungsmuskeln eintritt. Später stellte man fest, daß die Paralyse zuerst die Bewegungsmuskulatur und danach die Atmungsmuskeln ergreift. Ungeklärt blieb der Charakter dieser Paralyse, welche Organe und Zentren angegriffen und wie die Nervenimpulse von den Nervenfasern zu den Muskeln weitergeleitet werden. Bis dahin nahmen die Wissenschaftler an, daß es sich um einen physikalischen Prozeß, exakter ausgedrückt – um eine elektrische Erscheinung handelt. Bei der Erforschung der Wirkung des Kurare-Giftes auf den lebenden Organismus kamen begründete Zweifel in bezug auf diese irrtümliche Meinung auf. Mit der Lösung dieser Fragen befaßten sich die namhaftesten Physiologen des 19. Jahrhunderts – Claude Bernard und du Bois-Reymond. Im Jahre 1851 schenkte sogar der Neffe Napoleons I. – der zukünftige französische Kaiser Napoleon III. – Claude Bernard eine bestimmte Menge Kurare, in der Hoffnung, daß es dem Wissenschaftler gelingen wird, das Geheimnis des Giftes zu lüften. Claude Bernard begann unverzüglich mit einer ganzen Serie von Experimenten. Als Versuchstiere wählte er Frösche. Er band die Arterie ab, die eines der Hinterbeine des Vesuchtieres mit Blut speist und injizierte in sie Kurare. Nach einigen Minuten waren alle Muskeln des Tieres mit Ausnahme dieser des Hinterbeines gelähmt. Damit war erwiesen, daß das Gift nicht auf dem Blutweg in das Hinterbein eindringen konnte. Offen blieb jedoch die Frage, ob es über die Nervenstränge in das Hinterbein eindringen könnte, die seine Muskulatur steuern. Deshalb setzte er seine Experimente mit isoliertem Froschmuskel und in ihm eingebetteten Nervenfortsatz fort. Auf Grund seiner Beobachtungen stellte er die Hypothese auf, daß Kurare weder auf den Nerv noch auf den Muskel wirkt, sondern auf die Stelle ihrer Verbindung. Diese Schlußfolgerung konnte jedoch die Tatsache nicht erklären, wie es zur Lähmung der gesamten Muskulatur des von einem Giftpfeil getroffenen Menschen oder Tieres kommt. Im Laufe von fast 20 Jahren nach diesen Experimenten kam es zu vielerlei neuen Erkenntnissen. 1877 sprach du Bois-Reymond die Vermutung aus, daß „. . . von den bekanntesten natürlichen Prozessen, die eine Erregung übertragen könnten, nur zwei in Betracht kommen: entweder ist an der Grenze des sich verkürzenden Gewebes eine Stelle mit reizbarem Sekret aus stark erregbarem Stoff vorhanden, oder aber ist diese Erscheinung elektrischer Natur“.

Weitere Experimente mit Kurare provozierten die Forscher zur Annahme, daß zwischen den Muskeln und Nervenenden ein Mikroraum vorhanden sein muß, in dem wahrscheinlich eine Substanz lagert, die auf das Gift reagiert. Diese „Kontaktstelle“ zwischen den einzelnen Nervenfasern oder zwischen den Nervenenden der Muskeln, wurden Synapse genannt (nach dem gr. Wort „verbinden“). Dank der Synapsen und der sich vermutlich in ihnen befindenden Substanz, sei die tödliche Wirkung des Kurare-Giftes zu erklären. Einmal in den Organismus geraten – lauteten weiterhin die Erklärungen – hemme das Gift die Fähigkeit genannter Synapse-Substanz, den Nervenimpuls auf den Muskel weiterzuleiten. Auf diese Weise erklärte man die Funktionsstille der Muskeln, trotz der gewaltigen, von Angst und Schmerzen hervorgerufenen Willensanstrengung des verwundeten Menschen oder Tieres. Die Muskeln reagieren einfach nicht auf die Nervenimpulse, sie erschlaffen, und die Lähmung der Atmungsmuskulatur führt zum Tode, ohne das ein sichtbarer Kampf ums Überleben stattfindet.

Leider waren die beiden namhaften Physiologen nicht mehr am Leben, als die Existenz der von ihnen vermuteten Substanz tatsächlich entdeckt wurde. 1931 nämlich gelang es dem österreichischen Pharmakologen, Otto Loewi, nach zahlreichen scharfsinnigen Experimenten zu beweisen, daß die Überleitung von Nervenimpulsen auf chemischen Wege erfolgt, und zwar durch eine Mediumsubstanz, die die Nervenimpulse zum Muskel weiterleitet und von ihm „beschleunigende Substanz“ genannt wurde. Acht Jahre danach extrahierten der englische Wissenschaftler Henry Dale und Mitarbeiter des Nationalen Instituts für medizinische Forschungen diese Substanz aus einem Pferdemilzextrakt, bestimmten ihre chemische Formel und nannten sie Acetylcholinum[1]. Für diese ihre wissenschaftliche Leistung erhielten beide Wissenschaftler 1936 den Nobelpreis.

Damit war die Forschungsgeschichte des Kurare-Giftes nicht abgeschlossen. 1935 untersuchte der englische Wissenschaftler, H. King, Kurare aus einem brasilianischen Museum, das man in einer Bambusstube aufbewahrt hatte. Es gelang ihm, einen kristallinen Stoff zu extrahieren, den er Tubokurarin nannte. Nach einer Reihe von Experimenten wurde die empirische Formel des Tubokorarins bestimmt. Beim Vergleich der Strukturformeln des Acetylcholinums und des Tubokurarins stellt man fest, daß beide Substanzen ein vierwertiges Stickstoffatom enthalten. Diese Ähnlichkeit lieferte den

1 Heute sind Synapse bekannt, in welchen als Medium nicht nur Acetylcholinum, sondern auch Noradrenalinum enthalten ist.

Ausgangspunkt für die Aufstellung einer neuen Theorie in bezug auf die Wirkung des Kurare-Giftes, wonach das Tubokurarin, dank seiner Ähnlichkeit mit dem Acetylcholinum, ebenfalls in chemische Reaktion mit jenen biochemischen Systemen tritt, wie das Acetylcholinum bei Weiterleitung des Nervenimpulses. Das Tubokurarin verbindet sich wie das Acetylcholinum mit den biochemischen Systemen, vermag aber den normalen physeologischen Prozeß – die Verkürzung des Muskels – nicht hervorzurufen. Nur bei großer Kurare-Konzentration kann es das Acetylcholinum ersetzen.

Schon Ende des 19. Jahrhunderts wurde Kurare als muskelerschlaffendes Gift in der Medizin angewandt. Aber erst Mitte des 20. Jahrhunderts wurde es weltweit zu diesem Zweck injiziert. Der größte Verdienst in diesem Zusammenhang fällt Dr. Smith, einem jungen Arzt an der Universität des USA-Staates Utah zu, der sich freiwillig für Experimente mit Kurare zur Verfügung stellte. Trotz der gutgemeinten Warnungen seiner Kollegen, ließ er sich von einem Freund kleine Dosen des tödlichen Giftes hintereinander injizieren. Im Laufe mehrerer Stunden beobachteten seine Kollegen voller Bangen die Resultate seines waghalsigen Autoexperimentes. Zuerst kam es zur Paralyse der Halsmuskeln, worauf Dr. Smith nicht mehr schlucken konnte. Dann erschlaffte die Muskulatur der Arme und Beine und allmählich des ganzen Körpers. Dr. Smith spürte nur noch seinen Pulsschlag. Kritisch wurde es, als er zu ersticken drohte, trotzdem aber zu verstehen gab, das Experiment fortzusetzen. Das Atmen ließ derart nach, daß sein Gesicht fahl wurde und Anzeichen auftraten, die jene Reise anmelden, von der es kein Zurück gibt. Das Ärzteteam unterbrach sofort das Experiment und begann den Kampf um die Rettung des mutigen Forschers. Dr. Smith wurde gerettet und machte als „Wahnsinniger" Schlagzeilen. Diesem „Wahnsinnigen" aber verdankt die Menschheit den Einsatz des Kurare-Giftes in der Medizin.

Bei schwierigen und lang dauernden chirurgischen Eingriffen ist eine Erschlaffung der Körpermuskulatur des Patienten erforderlich. Zu diesem Zweck werden gewöhnlich Narkotika angewandt, die aber den Nachteil haben, daß sie nur in großen Dosen wirken und deshalb schädliche Nebenwirkungen verursachen. Deshalb begann man eine Mischung aus Äther und Tubokurarin zu verabreichen, womit der gewünschte Effekt – die Erschlaffung der Muskulatur – erzielt wurde. Das Tubokorarin nämlich steigert die Wirksamkeit der Narkotika um das zwei- bis dreifache, was logischerweise die Herabsetzung ihrer Menge und damit die Schmälerung der schädlichen Nebenwirkungen ermöglichte. Die breiten Anwendungsmöglichkeiten des Kurare-Giftes mobilisierten die Pharmaindustrie für die Produktion kurare-ähnlicher Stoffe.

Heute wird Kurare nicht nur in der Chirurgie, sondern auch für die Produktion von Arzneimitteln verwendet, die bei Tetanus, Tollwut, Epilepsie und in letzter Zeit auch bei der Heilung von Knochenbrüchen und Verrenkungen Genesung bringen. Auf diese Weise gelang es der modernen Medizin, das berüchtigte Indianergift erfolgreich für das Wohl der Menschheit einzusetzen.

11. Nachwort

Unser Bericht über die Gifte in der Natur ist nun zu Ende. Wir hoffen, daß er für unseren werten Leser interessant und zugleich nützlich ausgefallen ist. Sie haben vieles über die „Geheimnisse“ der im Altertum sagenumwobenen Gifte erfahren. Schon in fernster Vergangenheit und auch während des Mittelalters wurde ihnen außergewöhnliches Interesse entgegengebracht, aber das unausreichende Niveau der damaligen wissenschaftlichen Forschung konnte für die Lüftung genannter Geheimnisse wenig beitragen. Auf ihrem Weg nach immer neueren Kenntnissen, gelang es der Menschheit, tiefe Einblicke in die verborgensten Prozesse der lebenden Materie zu gewinnen und eine Reihe von den „Patenten“ der Natur zu dechiffrieren. In der Epoche des wissenschaftlich-technischen Fortschrittes wurden sehr viele der Naturrätsel gelöst, eine Leistung, von der die verwegensten Wissenschaftler der Vergangenheit nur träumen konnten. Allmählich wurden die Naturgifte von todbringenden in lebensrettende Mittel verwandelt. Ein typisches Beispiel in dieser Hinsicht ist das letzte Kapitel des Buches über das geheimnisumwobene Kurare-Gift, das heute vielen Menschen bei komplizierten chirurgischen Eingriffen das Leben rettet und mit dem gerade deshalb unser Bericht endet. Dasselbe gilt für viele andere Naturgifte, die heute von der Pharmaindustrie als Basis für die Herstellung wertvoller Arzneipräparate dienen.

Wir sind fest davon überzeugt, daß die Schöpfungen der Mutter Natur, einschließlich die giftigen, auch weiterhin unversiegbare Quellen für die Entdeckung neuer effektiver Arzneimittel bleiben werden, um die noch immer lebensbedrohenden Geißel unseres Jahrhunderts – den Krebs und Aids – zu bezwingen. Man sollte wissen, daß heute in der ökologischen Wissenschaft der Terminus „schädliche“ Tiere, Pflanzen, Algen, Pilze u. a. seine Bedeutung verloren hat. Alle Organismen unserer Erde haben das Recht auf Existenz und sind unentbehrlich für das ökologische Gleichgewicht. Dessen Störung durch das Verschwinden einiger Arten kann zu einer Katastrophe für die Menschheit führen.

Deshalb gilt es, die Gaben der Natur zu schätzen und zu pflegen und öfter mit ihr Kontakt aufzunehmen. Sie veredelt den Menschen und festigt seine Gesundheit. Die Natur hilft uns, alle Krankheiten zu überwinden. Deshalb sollten wir sie wie unser Augenlicht schützen.

12. LITERATURNACHWEIS

1. **Akimuschkin, I.** Die ersten Erdbewohner, Vlg. Mijsl, Moskwa, 1972
2. **Akimuschkin, I.** Das Tierreich (Erzählungen über Insekten), Vlg. Molodaja Gwardia, Moskwa, 1975
3. **Barakliew, G.** Mythologie der Antike, Vlg. P. Beron, Sofia, 1985
4. **Beljaew, I. I.** Der Tabak – Feind unserer Gesundheit, Vlg. Medizina, Moskwa, 1973
5. **Beschkow, M.** Allgemeine Mikrobiologie, Vlg. Chr. Danow, Plowdiw, 1982
6. **Black, D.** Animal Wonders of the World, Exter Books, New York, 1983
7. **Caras, R.** Dangerous to man, Penguin Books Ltd. Harmondsworth, Middlesex, 1975
8. **Ceram, C.** Götter, Gräber und Gelehrte, Rowohlt Verlag, Reinbek bei Hamburg, 1967
9. **Danilenko, W., Rodionow, P.** Starke Pflanzenvergiftungen, Vlg. Zdorowlja, Kiew, 1981
10. **Danon-Mosche, C. u.a.** Sanitäre Mikrobiologie, Vlg. Medizina 'i Fiskultura, Sofia, 1985
11. **Delkow, N.** Dendrologie, Vlg. Zemisdat, Sofia, 1988
12. **Denisowa, G.A.** Die wunderbare Pflanzenwelt, Vlg. Prosweschtenie, Moskwa, 1973
13. **Denkow, W.** Patente der lebenden Natur, Vlg. Nauka i iskustwo, Sofia, 1988
14. **Denkow, W.** An der Grenze des Lebens, Vlg. Nauka i iskustwo, Sofia, 1984
15. **Dozier, T.** Dangerous Sea Creatures, Time-Life International, N. V., 1968
16. **Ehrhardt, J.-P., Seguin G.** Le plancton-composition, écologie, pollution, Bordas, Paris, 1978
17. **Fedorow, L.** Erzählungen über Gifte, Gegengifte, Arzneimittel und Wissenschaftler, Vlg. Znanie, Moskwa, 1983
18. **Felix, J.** Hadi, Státni zemědělské nakladatelstvi, Praha, 1978
19. **Folta, J., Novy, L.** Dejiny prirodnych vied v datach Smena, Bratislava, 1981
20. **Freytag, G.** Vom Wasser- zum Landleben, Urania-Verlag, Leipzig, Jena, Berlin, 1978

21. **Fritzsche, J.** Das praktische Terrarienbuch, Neuman Verlag, Leipzig, Radebeul, 1981
22. **Gawrilowa, D. u. a.** Anleitung für Übungen in toxikologischer Chemie, Vlg. Nauka i iskustwo, Sofia, 1985
23. **Gervas, R.** I Borgia. Rizzoli, Milano, 1976
24. **Glaser, H.** Dramatische Medizin, Selbstversuche an Ärzten, Zürich, 1959
25. **Golikow, S. H.** Gifte und Gegengifte, Vlg. Znanie, Moskwa, 1968
26. **Grigorjew, M. S., Anitschkow, M. N.** Kurare und kurareähnliche Präparate in der Chirurgie, Vlg. Medizina, Leningrad, 1957
27. **Grom, I., Schuoinskaja, M.** Gaben der Natur, Vlg. Medizina, Moskwa, 1972
28. **Gruew, D.** Die Giftpilze und ihre eßbaren Doppelgänger, Vlg. Zemisdat, Sofia, 1964
29. **Hartschenko, S., Litwin, W., Tarabara, I.** Handbuch der Mykosen und Mykotoxikosen bei Landwirtschaftstieren, Vlg. Uroschaj, Kiew. 1986
30. **Hinkowa, M. u. a.** Unsere Pilze, Vlg. Zemisdat, Sofia, 1978
31. **Iwtschenko, S.** Das Geheimnis des Chinarindenbaumes, Vlg. Zemisdat, Sofia, 1977
32. **Iliewa, St.** Arzneimittelkuren, Vlg. Zemisdat, Sofia, 1967
33. **Jojrisch, N. P.** Die Bienen – fliegende Pharmazeuten, Vlg. Medgis, Moskwa, 1968
34. **Jurukow, B., Slatew, Iw., Slawkow, Il.** Toxische Infektionen und bakterielle Intoxikationen durch Nahrungsmittel, Vlg. Nauka i iskustwo, Sofia, 1987
35. **Jankow, J.** Mikrobiologie des Fleisches und der Fleischprodukte, Vlg. Zemisdat, Sofia, 1987
36. **Jones, L.** Veterinary pharmacology and therapeutics, Iowa, State University Press, Ames, Iowa, 1965
37. **Jordanow, D., Nikolow, P., Bojtschinow, A.** Phytotherapie, Vlg. Medizina i fiskultura, Sofia, 1973
38. **Kasanzew A., Matkowskij, W.** Handbuch der Infektionskrankheiten, Vlg. Kartja Moldowenjaske, Kischinew, 1989
39. **Kalinkow, W.** Botanik, Vlg. Zemisdat, Sofia, 1985
40. **Kirowa, I., Denkow, W.** Die Natur – wunderbare Heilkünstlerin, Vlg. Medizina i fiskultura, Sofia, 1984
41. **Kitanow, B.** Heilkräuter – Merkmale und Sammeln, Vlg. Zemisdat, Sofia, 1987

42. **Kolew, Iw.** Die Unkrautpflanzen in Bulgarien, Vlg. BAN, Sofia, 1985
43. **Kolew, Iw.** Botanik des Tropiks und Subtropiks, Vlg. Zemisdat, Sofia, 1985
44. **Kolew, N.** Wildwachsende Giftpilze und ihre eßbaren Doppelgänger, ungenießbare und zweifelhafte Gattungen, Vlg. OF, Sofia, 1990
45. **Koljakow, J. E.** Veterinäre Mikrobiologie, Vlg. GISL, Moskwa, 1952
46. **Koslow, M. A.** Lebende Organismen – Begleiter des Menschen, Vlg. Prosweschtenie, Moskwa, 1976
47. **Kraus, G.-L., Miersch, J.** Chemische Signale (Biochemie-Lebensgemeinschaft-Umwelt), Urania-Verlag, Leipzig, Jena, Berlin, 1979
48. **Krastew, T.** Populäre Epidemologie, Vlg. Medizina i fiskultura, Sofia, 1982
49. **Kun, N. A.** Legenden und Mythen des alten Griechenland, Moskwa, 1957
50. **Lange, E.** Die Farben der Tiere, Urania-Verlag, Leipzig, Jena, Berlin, 1979
51. **Losew, A. F.** Die antike Mythologie in ihrer historischen Entwicklung, Moskwa, 1957
52. **Manow, Al.** Akute Intoxikationen, Vlg. Medizina i fiskultura, Sofia, 1968
53. **Metelew, W. W. u.a.** Toxikologie des Wassers, Vlg. Kolos, Moskwa, 1971
54. **Mießner, E., Needon, Ch.** Gartenblumen, Urania-Verlag, Leipzig, Jena, Berlin, 1975
55. **Mitrew, A., Popowa, Sw.** Atlas der Heilpflanzen in Bulgarien, Vlg. BAN, Sofia, 1982
56. **Moore, R.** Die Evolution, Time-Life Int., N. V., 1964
57. **Neschew, G., Landschew,** Il. Handbuch der Kräuter, Vlg, P. Beron, Sofia, 1989
58. **Nikolowa, M., Manolow, P.** Handbuch der Behandlung mit Heilkräutern, Vlg. Medizina i fiskultura, Sofia, 1990
59. **Orlow, N. I.** Eßbare und giftige Pilze, Vlg. Medgis, Moskwa, 1953
60. **Pejtschew, P.** Die Pilze – Nahrungsmittel, Arznei und Gift, Vlg. Chr. Danow, Plowdiw, 1975
61. **Petkow, W.** Moderne Phytotherapie, Vlg. Medizina i fiskultura, Sofia, 1982
62. **Peschew, Z., Jossifow, M., Boschkow, D. u.a.** Die Tierwelt Bulgariens, Vlg. Nauka i iskustwo, Sofia, 1984

63. **Pejanitschki, Chr.** Giftige Bisse, Vlg, Medizina i fiskultura, Sofia, 1972
64. **Pigulewski, S.** Giftige Tiere, Vlg. Medizina, Leningrad, 1975
65. **Prodanow, P.** Giftpflanzen und Schutz vor Vergiftungen, Vlg. Zemisdat, Sofia, 1968
66. **Rumjanzew, G. u.a.** Allgemeine Hygiene, Vlg. Medizina, Moskwa, 1985
67. **Salo, W. M.** Die grünen Freunde des Menschen, Vlg. Nauka, Moskwa, 1975
68. **Sarkissow, A. Ch.** Mykotoxikosen, Vlg. Selhosgis, Moskwa, 1954
69. **Schdanow, W. u.a.** Unterhaltsame Mikrobiologie, Vlg. Znanie, Moskwa, 1967
70. **Schljachow, E. N.** Praktische Epidemologie, Schtinza, Kischinew, 1983
71. **Schlifni, I.** Heilpflanzen-Lexikon, Verlag Wilhelm Ennsthaler, Steyr, 1990
72. **Schmidt, E.** Kigyokrol, Bekakrol, Natura, Budap., 1977
73. **Schmidt-Nielsen, K.** Animal Physiology (adaptation and environment), Cambridge University Press, London, New York, Melbourne, 1979
74. **Serkissow, A. u.a.** Diagnostik der Pilzkrankheiten bei Tieren, Vlg. Kolos, Moskwa, 1971
75. **Setschanow, Iw.** Die Pilze in Bulgarien, Vlg. Nauka i iskustwo, Sofia, 1957
76. **Slawkow, I., Todorow, D.** Vergiftungen mit Nahrungsmitteln, Vlg. Zemisdat, Sofia, 1971
77. **Slawtschew, Sw.** Verbündete gegen den Tod, Vlg. Narodna mladesch, Sofia, 1968
78. **Solbrig, O., Solbrig, D.** Introduction to Population Biology und Evolution, Addison-Wesley Publishing Company, Readinng, Massachussetts, Menlo Park, California, London, Amsterdam, Don Mills, Ontario, Sydney, 1979
79. **Sosnowskii, I. P.** Amphibien und Reptilien in Wäldern, Vlg. Lesnaja promischlenost, Moskwa, 1983
80. **Stanewa-Stojtschewa, D., Owtscharow, R., Stojtschew, Z.** Pharmakologie und Toxikologie, Vlg. Medizina i fiskultura, Sofia, 1981
81. **Stanewa, D. u.a.** Heilpflanzen in jedem Heim, Vlg. Medizina i fiskultura, Sofia, 1982
82. **Steinmann, H.** Az Allatok Fegyverei, Natura, Budapest, 1979

83. **Stojanow, N.** Unsere Arzneipflanzen, Vlg. Nauka i iskustwo, Sofia, 1973
84. **Tokin, B. P.** Heilkräftige Giftpflanzen, Vlg. Universität Leningrad, Leningrad, 1980
85. **Tomow, Al.** Toxikologie der Futtermittel, Vlg. Zemisdat, Sofia, 1955
86. **Tomow, Al. u.a.** Vergiftungen bei Haustieren, Fischen und Bienen, Vlg. Zemisdat, Sofia, 1970
87. **Topalow, W., Gawrilow, Ml., Jankulow., J.** Kräuter und Kräutersammeln, Vlg. Chr. Danow, Plowdiw, 1983
88. **Tschechanina, M. u.a.** Niedere Pflanzen, Karelien, Petrosawodsk, 1978
89. **Varnalis, K.** Die Diktatoren (Übers. aus dem Gr.), Vlg. OF Sofia, 1989
90. **Wojno-Jassenetzkii, M. W.** Biologie und Pathologie der Infektionsprozesse, Vlg. Medizina, Moskwa, 1981
91. **Zajzew, J. P.** Dieses wundervolle Meer, Vlg. Majak, Odessa, 1978
92. **Zakussow, W.** Pharmakologie, Vlg. Medgis, Moskwa, 1960
93. **Zmanowskii, J. F., Lukojanow, J. E.** Gesundheit ohne Zigaretten, Vlg. Fiskultura i sport, Moskwa, 1979
94. Biologisches enzyklopädisches Wörterbuch, Vlg. Sow. Enzyklopädie, Moskwa, 1968
95. Bolschaja medizinische Enzyklopädie, Vlg. Sow. Enzyklopädie, Moskwa, 1956–1965
96. Das Leben der Tiere (Enzyklopädie in 6 Bd.), Vlg. Prosweschtenie, Moskwa, 1968–1971
97. Das Leben der Pflanzen (Enzyklopädie in 6 Bd.), Vlg. Prosweschtenie, Moskwa, 1974–1978
98. Mythen der Völker (2 Bd.), Vlg. Sow. Enzyklopädie, Moskwa, 1987–1988
99. Natur – Kleine Enzyklopädie, VEB Bibliographisches Institut, Leipzig, 1987
100. Populäre medizinische Enzyklopädie, Vlg. Sow. Enzyklopädie, Moskwa, 1988
101. The Natural World, Mitchell Blazley, London, 1977
102. The complete Encyclopedia of the Animal World, Octopus Books Limited, London, 1980
103. The Guinness Book of Records – 1990, London, 1989
104. Veterinäre Enzyklopädie (6 Bd.), Vlg. Sow. Enzyklopädie, Moskwa, 1968–1976

13. Register der lateinischen Namen